入門 eBPF

Linuxカーネルの可視化と機能拡張

Liz Rice　著

武内 覚
近藤 宇智朗　訳

O'REILLY®
オライリー・ジャパン

Learning eBPF

Programming the Linux Kernel for Enhanced Observability, Networking, and Security

Liz Rice

Beijing · Boston · Farnham · Sebastopol · Tokyo

訳者まえがき

　私が初めてeBPFという技術の存在を知ったのは、2017年ごろ、当時の所属企業で運営していたサーバホスティングサービスで、負荷の増大や可観測性の問題にぶつかっていた時でした。当時のeBPFの状況と利用していたカーネルのバージョンの制限で実践投入までには至らなかったのですが、とはいえ運用上のさまざまな課題の解決にeBPFの力が非常に役立ちそうだ、という期待感に胸を膨らませたのを覚えています。その後、個人的に開発していたBCCのRubyバインディングに関する提案が2019年度Rubyアソシエーション開発助成の選考に通過し[1]、おかげでBCCとeBPFに向き合う時間を与えてもらうことができました。

　eBPFとの出会いから6年ほどが経過し、その時に比べてlibbpf、BPF検証器、CO-REなどなどさまざまな機能が追加あるいは強化され、CiliumやFalcoなど多くのクラウドネイティブミドルウェアで使われるようになり、「実用」の段階に至りました。Lizも言及していますが、ひと昔前にあったLinuxコンテナの拡大期のような勢いを感じます。

　このように注目を集めているeBPFですが、技術に飛びつく前に少しだけしゃがんで、eBPFの概念や内部実装について思いを馳せてみるのも面白いのではないかと思います。本書は手を動かしながら、一歩一歩eBPFサブシステムを構成する技術を確認し、理解していく構成となっています。単に隠蔽された技術を使うのではなく、メンタルモデルを構築してから活用したい技術者や、低レイヤ技術を深掘りするのが好きな方にはうってつけの本だと思います。また、本書の内容でeBPFのプログラミングに関する基本的な要素がほとんどカバーされています。したがってLinuxのための新しいOSSを作ってみたいプログラマにもお勧めします。

　eBPFはサーバインフラ開発者や運用者にとって待ち望まれた技術であるとともに、いろいろな使い方を想像できるワクワクするような技術でもあります。ぜひ、その本書でワクワクの一端に触れてみてください。

　本書を翻訳するにあたって、共訳者という立場で作業を進めつつ、翻訳のコツから技術的観点までさまざまなアドバイスをくださった武内覚さんはもちろんのことですが、丁寧に本書全体のレビューをしていただいた大岩尚宏さん、武内祐子さん、多田健太さん、森田浩平さん、読みやすさの観点で各所にご指摘をくださった鳥井雪さんにはこの場をお借りして感謝を申し上げます。

2023年11月
近藤宇智朗

※1　「RbBCC - Linuxのトレーシング技術をCRubyから利用する環境の整備」https://www.ruby.or.jp/ja/news/20200508

まえがき

eBPFは、クラウドネイティブコミュニティの範囲を超えて、近年最も注目されている技術の1つです。ネットワーク、セキュリティ、可観測性など、さまざまな分野で、eBPFをプラットフォームとして使用した次世代の強力なツールやプロジェクト（https://ebpf.io/applications）が生み出されてきました。現在でもその数は増え続けています。これらのツールやプロジェクトは、従来のものよりも高性能かつ高精度です。eBPF関連のカンファレンス、例えばeBPF Summit（https://ebpf.io/summit-2022）やCloud Native eBPF Day（https://oreil.ly/q9-p3）には数千人の参加者や視聴者が集まります。執筆時点では、eBPF Slack（https://ebpf.io/slack）の登録者数は14,000人を超えます。

eBPFが多くのインフラ関連ツールの基盤技術として選ばれているのはなぜでしょうか。eBPFはどのようにして性能を向上させているのでしょうか。性能情報のトレースからネットワークトラフィックの暗号化までの多岐にわたる技術分野で、eBPFはどのように役立つのでしょうか。

本書の目的は、eBPFコードの基本的な書き方の紹介はもちろん、さらにeBPFがどのように機能するかを理解してもらい、これらの質問に答えることです。

対象読者

本書の対象読者はeBPFに興味があり、その仕組みをもっと知りたいと思っている開発者、システム管理者、オペレーター、学生たちです。本書はeBPFプログラムを自分で書くための基礎知識を提供します。eBPFは次世代の計測ツールを構築するための基盤となっているため、今後数年間はeBPF開発者に働き口があるでしょう。

eBPFコードを自分で書く予定でない人にとっても本書は有用です。運用、セキュリティ、ソフトウェア基盤に関する業務をしている場合、今後数年間以内にeBPFベースのツールに遭遇する可能性があります。これらのツールの内部を理解しておくと、効果的に使用できるようになるでしょう。各種イベントがeBPFプログラムをどのようにトリガーするかを知っていると、性能メトリクスが具体的にどのようなデータを採取しているのかを、より正確に理解できます。アプリケーション開発者の場合でも、これらのeBPFベースのツールに触れる機会があるかもしれません。例えばアプリケーションの性能チューニングをしている際に、Parca（https://www.parca.dev）などの

ツールによって、最も時間のかかっている関数を示すフレームグラフを作れます。セキュリティツールを評価している場合は、eBPFが有用な場面とそうでない場面を見分けられるようになります。

現在はeBPFツールを使用していないとしても、Linuxのシステムにおいて、かつて存在しなかった領域について興味深い知識を本書から得られます。ほとんどの開発者はカーネルが提供するものを、あって当然と考えています。これらの機能を使って、開発者たちは高レベルに抽象化された便利なプログラミング言語を使用してアプリケーション開発に集中できます。デバッガや性能解析ツールなどを使用して作業を効率化できます。これらのツールの動作論理を知るのは興味深いかもしれませんが、必須ではありません。しかし、仮に必須ではないとしても、われわれ技術者の多くにとって、さらなる知識のために深掘りをするのは楽しく充実した体験です[1]。また、ほとんどの人はeBPFツールを内部構造を気にせずに使っています。アーサー・C・クラークは、「十分に高度な技術は魔法と見分けがつかない」と書きましたが、私個人としては、どういうトリックなのか知りたいと思っています。私と同じような人は本書を楽しんでいただけると思います。

本書で扱うこと

eBPFは急速に進化しているため、陳腐化しない包括的なリファレンスを作るのは困難です。その一方で、大きく変更される可能性は低い基本、および、基本的な原則がいくつかあります。本書は後者について扱います。

「**1章 eBPFとは何か? なぜ、重要なのか?**」では、eBPFがなぜ強力な技術なのかを説明するとともに、オペレーティングシステムのカーネルでカスタムプログラムを実行できることが、どのように多くの魅力的な機能を実現しているかを説明します。

「**2章 eBPFの「Hello World」**」では、いわゆる「Hello World」プログラムのような簡単な実例を通してeBPFプログラムの概念を説明します。

「**3章 eBPFプログラムの仕組み**」ではさらに詳細に踏み込んで、eBPFプログラムがカーネル内でどのように実行されるかについて説明します。

「**4章 bpf()システムコール**」では、ユーザ空間アプリケーションとeBPFプログラムのやり取りについて説明します。

ここ数年、eBPFプログラムのカーネルバージョン間での互換性が大きな課題となっています。「**5章 CO-RE、BTF、libbpf**」では、この課題を解決するための「1回コンパイルすればどこでも実行できる」(CO-RE) アプローチについて説明します。

eBPFプログラムの検証プロセスは、カーネルモジュールとeBPFプログラムを区別する最も重要な特徴かもしれません。「**6章 eBPF検証器**」ではeBPF検証器について説明します。

「**7章 eBPFのプログラムとアタッチメントタイプ**」では、多くの異なる種類のeBPFプログラムとそれらを仕掛けるアタッチメントポイント (attachment point) について説明します。アタッチメントポイントの多くはネットワークスタック内にあります。「**8章 ネットワーク用eBPF**」では、ネットワーク機能についてeBPFができることについて詳しく説明します。「**9章 セキュリ**

※1 2017年に開催されたdotGo Parisカンファレンスで、デバッガの仕組みについて話した (https://youtu.be/TBrv17QyUE0)。

ティ用eBPF」では、eBPFを使ってセキュリティツールをどのように作っているのかについても説明します。

eBPFプログラムと対話するユーザ空間アプリケーションを作る際には、さまざまなプログラミング言語向けに提供された、たくさんの役立つライブラリやフレームワークを使えます。「**10章 プログラミングeBPF**」では、それらのライブラリ、フレームワークのいくつかを紹介します。

最後に、「**11章　eBPFの将来の進化**」では、eBPFやeBPFを取り巻く世界が将来どうなりそうかについて述べます。

前提知識

本書を読むためにいくつかの前提知識が必要です。まず、Linuxにおいて基本的なシェルコマンドを使いこなせて、かつ、コンパイラ型言語を使ってプログラミングすることに慣れている必要があります。例えばMakefileに書くためのサンプルコードが出てくるため、makeコマンドがMakefileをどのように利用するかについて知っておく必要があります。

本書にはまたPython、C、Goで書かれた多くのサンプルコードが出てきます。サンプルコードで何をしているかを理解するために、これらの言語を熟知しておく必要はありませんが、知識があるに越したことはありません。また、ソースコードの中でメモリ位置を識別するためのポインタの概念に精通していることも前提としています。

サンプルコードと演習

本書には多くのサンプルコードがあります。コードはGitHubリポジトリ（https://github.com/lizrice/learning-ebpf）にあります。自分で実行してみたい場合は、リポジトリ内のインストールと実行に関する説明を見てください。

各章最後の演習において、サンプルコードを拡張したり独自のプログラムを作成することによって、eBPFプログラミングについての知識を深められます。

eBPFは進化し続けているため、カーネルバージョンによって利用可能な機能が異なります。過去のバージョンに存在していた多くの制限は、新しいバージョンではなくなっているか、あるいは緩和されています。IO Visorプロジェクトは、eBPFの個々の機能がどのカーネルバージョンから使えるようになったかという役立つ情報を提供しています。本書内で説明されている機能について、どのバージョンで追加されたかを記述しています。サンプルコードはカーネルv5.15上の環境でテストしました。執筆時点では、このバージョンのカーネルは、よく使われているLinuxディストリビューションではまだサポートしていない場合があります。本書が出版された直後に読んでいる場合は、一部が機能しない可能性があることに注意してください。

eBPFはLinux専用？

元々BPFはLinux用に開発されましたが、他のオペレーティングシステムでも技術的には同じアプローチを使えます。Microsoftは実際にWindows用のeBPF（https://oreil.ly/k7AvA）を開

発中です。これについては、「11章　eBPFの将来の進化」で簡単に説明しますが、本書のそれ以外の部分についてはLinuxの実装に焦点を当てており、すべてのサンプルコードはLinux上で動作させることを想定しています。

本書の表記法

ゴシック（サンプル）
　新しい用語や強調を示す。

等幅（sample）
　プログラムリストに使うほか、本文中でも変数、関数、データベース、データ型、環境変数、文、キーワードなどのプログラムの要素を表す。

等幅イタリック（*sample*）
　ユーザが指定する値やコンテクストによって決まる値に置き換えるべきテキストを表す。

 一般的な注釈を表す。

サンプルコードの使用

　本書で使われているデータファイルや関連する素材はGitHubリポジトリ（https://github.com/lizrice/learning-ebpf）に用意されています。

　サンプルコードを使用する上で質問や問題がある場合は、bookquestions@oreilly.com宛てにメールを送信してください。

　本書は、読者の仕事の実現を手助けするものです。一般に、本書のコードを読者のプログラムやドキュメントで使用できます。コードの大部分を複製しない限り、O'Reillyの許可を得る必要はありません。例えば、本書のコードの一部をいくつか使用するプログラムを書くのに許可は必要ありません。O'Reillyの書籍のサンプルの販売や配布には許可が必要です。本書を引き合いに出し、サンプルコードを引用して質問に答えるのに許可は必要ありません。本書のサンプルコードの大部分を製品のマニュアルに記載する場合は許可が必要です。

　出典を明らかにしていただくのはありがたいことですが、必須ではありません。出典を示す際は、例えば、『*Learning eBPF*』Liz Rice著、O'Reilly、Copyright 2023 Liz Rice、978-1-098-13512-6、邦題『入門eBPF』（オライリー・ジャパン、ISBN978-4-8144-0056-0）のように、タイトル、著者、出版社、ISBNを記載してください。

　サンプルコードの使用について、公正な使用の範囲を超えると思われる場合、または上記で許可している範囲を超えると感じる場合は、permissions@oreilly.comまでご連絡ください。

オライリー学習プラットフォーム

オライリーはフォーチュン100のうち60社以上から信頼されています。オライリー学習プラットフォームには、6万冊以上の書籍と3万時間以上の動画が用意されています。さらに、業界エキスパートによるライブイベント、インタラクティブなシナリオとサンドボックスを使った実践的な学習、公式認定試験対策資料など、多様なコンテンツを提供しています。

https://www.oreilly.co.jp/online-learning/

また以下のページでは、オライリー学習プラットフォームに関するよくある質問とその回答を紹介しています。

https://www.oreilly.co.jp/online-learning/learning-platform-faq.html

連絡先

本書に関するコメントや質問については下記にお送りください。

株式会社オライリー・ジャパン
メール japan@oreilly.co.jp

本書には、正誤表、サンプルコード、追加情報を掲載したWebページが用意されています。

https://oreil.ly/learning-eBPF（原書）
https://www.oreilly.co.jp/books/9784814400560/（日本語）

本書についてのコメントや、技術的な質問については、bookquestions@oreilly.comにメールを送信してください。

本、コース、カンファレンス、ニュースの詳細については、当社のWebサイト（https://www.oreilly.com）を参照してください。

その他にもさまざまなコンテンツが用意されています。

LinkedIn

https://linkedin.com/company/oreilly-media

Twitter

https://twitter.com/oreillymedia

YouTube

https://www.youtube.com/oreillymedia

謝辞

本書の執筆に多大な貢献をいただいた多くの方々に感謝いたします。

- Timo Beckers、Jess Males、Quentin Monnet、Kevin Sheldrake、Celeste Stingerには本書の技術レビューをしていただきました。詳細なフィードバック、および、サンプルコードを改善するための素晴らしいアイデアをいただいたことに感謝します。

- Daniel Borkmann、Thomas Graf、Brendan Gregg、Andrii Nakryiko、Alexei Starovoitovをはじめとした多くの方々がeBPFを開発、普及、そして持続可能にするために貢献してきました。貢献にはコードを書くだけではなく、カンファレンスにおける講演やブログ投稿も含みます。私は彼ら巨人たちの背中に立っています。

- 優秀で素敵なIsovalentの同僚のみんなに心から感謝します。彼らのうちの多くはeBPFとカーネルの専門家であり、私は彼らから多くのことを日々学び続けています。

- O'Reillyのチーム、特に編集者のRita Fernandoには執筆過程で膨大なサポートをいただきました。出版までのスケジュールを守るための計画を立ててくださったこともあわせて感謝します。最初に本書を書くよう提案してくれたJohn Devinsにも感謝いたします。

- Phil Pearlは、コンテンツへの有益なフィードバックに加えて、食事や休憩を取るようにとアドバイスしてくれました。彼のサポートと励ましに心から感謝します。

長年にわたってオフラインイベントあるいはソーシャルメディアで励みになるメッセージをくださったみなさんに感謝します。私がこれまで作ってきたコンテンツが技術的なものの理解に役立ったり、自ら何かを生産してみたいという気持ちになったことを知れたのはとても嬉しかったです。ありがとうございます！

目　次

訳者まえがき ⋯⋯⋯⋯⋯⋯⋯⋯⋯⋯⋯⋯⋯⋯⋯⋯⋯⋯⋯⋯⋯⋯⋯⋯⋯⋯⋯ v

まえがき ⋯⋯⋯⋯⋯⋯⋯⋯⋯⋯⋯⋯⋯⋯⋯⋯⋯⋯⋯⋯⋯⋯⋯⋯⋯⋯⋯⋯⋯ vii

1章　eBPFとは何か？ なぜ、重要なのか？ ⋯⋯⋯⋯⋯⋯⋯⋯⋯⋯⋯⋯⋯ 1

　1.1　eBPFのルーツ：Berkeley Packet Filter ⋯⋯⋯⋯⋯⋯⋯⋯⋯⋯ 1

　1.2　BPFからeBPFへ ⋯⋯⋯⋯⋯⋯⋯⋯⋯⋯⋯⋯⋯⋯⋯⋯⋯⋯⋯⋯ 2

　1.3　本番環境に向けてのeBPFの進化 ⋯⋯⋯⋯⋯⋯⋯⋯⋯⋯⋯⋯⋯⋯ 3

　1.4　名前付けは難しい ⋯⋯⋯⋯⋯⋯⋯⋯⋯⋯⋯⋯⋯⋯⋯⋯⋯⋯⋯⋯ 4

　1.5　Linuxカーネル ⋯⋯⋯⋯⋯⋯⋯⋯⋯⋯⋯⋯⋯⋯⋯⋯⋯⋯⋯⋯⋯ 5

　1.6　カーネルへの新機能の追加 ⋯⋯⋯⋯⋯⋯⋯⋯⋯⋯⋯⋯⋯⋯⋯⋯ 7

　1.7　カーネルモジュール ⋯⋯⋯⋯⋯⋯⋯⋯⋯⋯⋯⋯⋯⋯⋯⋯⋯⋯⋯ 8

　1.8　eBPFプログラムの動的ロード ⋯⋯⋯⋯⋯⋯⋯⋯⋯⋯⋯⋯⋯⋯⋯ 9

　1.9　高性能なeBPFプログラム ⋯⋯⋯⋯⋯⋯⋯⋯⋯⋯⋯⋯⋯⋯⋯⋯ 10

　1.10　クラウドネイティブな環境におけるeBPF ⋯⋯⋯⋯⋯⋯⋯⋯⋯ 11

　1.11　まとめ ⋯⋯⋯⋯⋯⋯⋯⋯⋯⋯⋯⋯⋯⋯⋯⋯⋯⋯⋯⋯⋯⋯⋯ 13

2章　eBPFの「Hello World」 ⋯⋯⋯⋯⋯⋯⋯⋯⋯⋯⋯⋯⋯⋯⋯⋯⋯ 15

　2.1　BCCの「Hello World」 ⋯⋯⋯⋯⋯⋯⋯⋯⋯⋯⋯⋯⋯⋯⋯⋯⋯ 15

　2.2　「Hello World」の実行 ⋯⋯⋯⋯⋯⋯⋯⋯⋯⋯⋯⋯⋯⋯⋯⋯⋯ 18

　2.3　BPF Map ⋯⋯⋯⋯⋯⋯⋯⋯⋯⋯⋯⋯⋯⋯⋯⋯⋯⋯⋯⋯⋯⋯ 20

　　　2.3.1　ハッシュテーブルMap ⋯⋯⋯⋯⋯⋯⋯⋯⋯⋯⋯⋯⋯⋯ 21

　　　2.3.2　PerfリングバッファMap ⋯⋯⋯⋯⋯⋯⋯⋯⋯⋯⋯⋯⋯ 23

　　　2.3.3　関数呼び出し ⋯⋯⋯⋯⋯⋯⋯⋯⋯⋯⋯⋯⋯⋯⋯⋯⋯ 28

　　　2.3.4　Tail Call ⋯⋯⋯⋯⋯⋯⋯⋯⋯⋯⋯⋯⋯⋯⋯⋯⋯⋯⋯ 29

　2.4　まとめ ⋯⋯⋯⋯⋯⋯⋯⋯⋯⋯⋯⋯⋯⋯⋯⋯⋯⋯⋯⋯⋯⋯⋯ 33

　2.5　演習 ⋯⋯⋯⋯⋯⋯⋯⋯⋯⋯⋯⋯⋯⋯⋯⋯⋯⋯⋯⋯⋯⋯⋯⋯ 33

3章　eBPFプログラムの仕組み 35

3.1　eBPF仮想マシン 35

3.1.1　eBPFレジスタ 36

3.1.2　eBPF命令 36

3.2　ネットワークインタフェース用のeBPF「Hello World」 38

3.3　eBPFオブジェクトファイルのコンパイル 39

3.4　eBPFオブジェクトファイルを確認する 40

3.5　カーネルへのプログラムのロード 42

3.6　ロードしたプログラムの確認 42

3.6.1　BPFプログラムのタグ 44

3.6.2　翻訳後のeBPFバイトコード 44

3.6.3　JITコンパイルされた機械語 45

3.7　イベントへのアタッチ 46

3.8　グローバル変数 48

3.9　プログラムのデタッチ 50

3.10　プログラムのアンロード 50

3.11　BPF to BPF Call 51

3.12　まとめ 52

3.13　演習 53

4章　bpf()システムコール 55

4.1　BTFのデータのロード 58

4.2　Mapの作成 59

4.3　プログラムのロード 60

4.4　Mapをユーザ空間から操作する 61

4.5　BPFプログラムとMapへの参照 62

4.5.1　ピン留め（ピンニング） 62

4.5.2　BPF Link 64

4.6　eBPFに関係する他のシステムコール 64

4.6.1　Perfリングバッファの初期化 64

4.6.2　kprobeイベントへのアタッチ 65

4.6.3　Perfイベントの設定と読み出し 66

4.7　BPFリングバッファ 67

4.8　Mapからの情報の読み出し 69

4.8.1　Mapの検索 69

4.8.2　Mapの要素の読み出し 70

4.9　まとめ 71

4.10　演習 72

5章　CO-RE、BTF、libbpf ──────────── 75

5.1　移植性に対する BCC のアプローチ ──────────── 75

5.2　CO-RE の概要 ──────────── 77

5.3　BTF（BPF Type Format） ──────────── 78

　　5.3.1　BTF のユースケース ──────────── 78

　　5.3.2　bpftool を使用して BTF 情報をリストアップ ──────────── 79

　　5.3.3　BTF における型情報 ──────────── 80

　　5.3.4　BTF 情報を含む Map ──────────── 83

　　5.3.5　関数と関数プロトタイプの BTF 情報 ──────────── 83

　　5.3.6　Map とプログラムの BTF データを調査する ──────────── 84

5.4　カーネルヘッダファイルの生成 ──────────── 85

5.5　CO-RE eBPF プログラム ──────────── 86

　　5.5.1　ヘッダファイル ──────────── 86

　　5.5.2　Map の定義 ──────────── 88

　　5.5.3　eBPF プログラムのセクション ──────────── 89

　　5.5.4　CO-RE を用いたメモリアクセス ──────────── 91

　　5.5.5　ライセンス定義 ──────────── 92

5.6　CO-RE のための eBPF プログラムのコンパイル ──────────── 93

　　5.6.1　デバッグ情報 ──────────── 93

　　5.6.2　最適化 ──────────── 93

　　5.6.3　ターゲットアーキテクチャ ──────────── 93

　　5.6.4　Makefile ──────────── 94

　　5.6.5　オブジェクトファイル内の BTF 情報 ──────────── 94

5.7　BPF の再配置 ──────────── 95

5.8　CO-RE ユーザ空間コード ──────────── 96

5.9　ユーザ空間の libbpf ライブラリ ──────────── 96

　　5.9.1　BPF スケルトン ──────────── 96

　　5.9.2　libbpf サンプルコード ──────────── 100

5.10　まとめ ──────────── 101

5.11　演習 ──────────── 101

6章　eBPF検証器 ──────────── 103

6.1　検証プロセス ──────────── 103

6.2　検証器のログ ──────────── 105

6.3　コントロールフローの可視化 ──────────── 107

6.4　ヘルパ関数の検証 ──────────── 108

6.5　ヘルパ関数の引数 ──────────── 109

6.6　ライセンスの確認 ──────────── 110

6.7　メモリアクセスの確認 ……………………………………………………………… 110

6.8　ポインタの参照をたどる前の確認 …………………………………………………… 113

6.9　コンテクストへのアクセス ………………………………………………………… 114

6.10　実行完了の保証 ……………………………………………………………………… 114

6.11　ループ ………………………………………………………………………………… 115

6.12　戻り値の確認 ………………………………………………………………………… 115

6.13　不正な命令コード …………………………………………………………………… 116

6.14　到達不可能な命令 …………………………………………………………………… 116

6.15　まとめ ………………………………………………………………………………… 116

6.16　演習 …………………………………………………………………………………… 117

7章　eBPFのプログラムとアタッチメントタイプ …………………………………… 119

7.1　プログラムのコンテクスト引数 …………………………………………………… 119

7.2　ヘルパ関数とその戻り値 …………………………………………………………… 120

7.3　Kfuncs ………………………………………………………………………………… 121

7.4　トレーシング ………………………………………………………………………… 121

　　7.4.1　kprobe と kretprobe …………………………………………………………… 122

　　7.4.2　fentry/fexit …………………………………………………………………… 124

　　7.4.3　Tracepoint ……………………………………………………………………… 125

　　7.4.4　BTFが有効なTracepoint ……………………………………………………… 127

　　7.4.5　ユーザ空間へのアタッチ ……………………………………………………… 127

　　7.4.6　LSM ……………………………………………………………………………… 128

7.5　ネットワーク ………………………………………………………………………… 129

　　7.5.1　ソケット ………………………………………………………………………… 131

　　7.5.2　トラフィックコントロール（TC）……………………………………………… 131

　　7.5.3　XDP ……………………………………………………………………………… 131

　　7.5.4　フローディセクタ ……………………………………………………………… 132

　　7.5.5　軽量トンネリング ……………………………………………………………… 132

　　7.5.6　cgroup …………………………………………………………………………… 133

　　7.5.7　赤外線コントローラ …………………………………………………………… 133

7.6　BPFアタッチメントタイプ ………………………………………………………… 133

7.7　まとめ ………………………………………………………………………………… 134

7.8　演習 …………………………………………………………………………………… 134

8章　ネットワーク用eBPF ……………………………………………………………… 137

8.1　パケットのドロップ ………………………………………………………………… 138

　　8.1.1　XDPプログラムの戻り値 ……………………………………………………… 138

　　8.1.2　XDPでのパケットのパース …………………………………………………… 139

8.2　ロードバランサーとパケットの転送 ･････････････････････････････ 142

8.3　XDPオフローディング ･･･････････････････････････････････････ 145

8.4　トラフィックコントロール ･･･････････････････････････････････ 146

8.5　パケットの暗号化と復号 ･････････････････････････････････････ 150

　　8.5.1　ユーザ空間のSSLライブラリ ･･･････････････････････････ 150

8.6　eBPFとKubernetesネットワーク ･････････････････････････････ 153

　　8.6.1　iptablesの回避 ･･････････････････････････････････････ 156

　　8.6.2　ネットワークプログラム同士の連携 ･･･････････････････････ 156

　　8.6.3　ネットワークポリシーの強制 ･･･････････････････････････ 158

　　8.6.4　コネクションの暗号化 ･･･････････････････････････････ 159

8.7　まとめ ･･ 161

8.8　演習と参考資料 ･･･ 161

9章　セキュリティ用eBPF ･･････････････････････････････････････ 163

9.1　セキュリティの可観測性に必要なポリシーとコンテクスト ･･･････････ 163

9.2　セキュリティイベント用のシステムコールの使用 ･････････････････ 164

　　9.2.1　seccomp ･･･ 165

　　9.2.2　seccompプロファイルの自動生成 ･････････････････････ 166

　　9.2.3　システムコール追跡ベースのセキュリティツール ･･････････ 167

9.3　BPF LSM ･･ 170

9.4　Cilium Tetragon ･･ 171

　　9.4.1　カーネルの関数へのアタッチ ･･･････････････････････････ 171

　　9.4.2　予防的セキュリティ ･････････････････････････････････ 172

9.5　ネットワークセキュリティ ･･･････････････････････････････････ 174

9.6　まとめ ･･ 174

10章　プログラミングeBPF ･･････････････････････････････････････ 175

10.1　bpftrace ･･ 175

10.2　カーネル向けeBPFのための言語の選択肢 ･･･････････････････ 178

10.3　BCC Python/Lua/C++ ･･････････････････････････････････ 179

10.4　C言語とlibbpf ･･･ 181

10.5　Go言語 ･･ 182

　　10.5.1　gobpf ･･ 182

　　10.5.2　ebpf-go ･･･････････････････････････････････････ 182

　　10.5.3　libbpfgo ･･･････････････････････････････････････ 185

10.6　Rust ･･ 186

　　10.6.1　libbpf-rs ･･･････････････････････････････････････ 186

　　10.6.2　Redbpf ･･･････････････････････････････････････ 186

　　　　10.6.3　Aya ·· 187

　　　　10.6.4　Rust-bcc ··· 189

　　10.7　BPFプログラムのテストとデバッグ ··· 189

　　10.8　複数のeBPFプログラム ··· 189

　　10.9　まとめ ··· 190

　　10.10　演習 ··· 191

11章　eBPFの将来の進化 ··· 193

　　11.1　eBPF財団 ··· 193

　　11.2　Windows用のeBPF ··· 194

　　11.3　Linux eBPFの進化 ·· 196

　　11.4　eBPFはプラットフォームであり、機能ではない ······························· 197

　　11.5　結論 ··· 199

索　引 ·· 201

1章
eBPFとは何か？
なぜ、重要なのか？

　eBPFは革新的な技術です。eBPFによって開発者は、カーネルの振る舞いを変更できるカスタムコードを、カーネルの内部に動的にロードし、実行することができます（もしカーネルとは何かについて自信がなくとも心配しないでください。この章でこの後すぐにご説明します）。

　これにより、新世代の高性能なネットワーク、可観測性、そしてセキュリティツールが実現できます。そしてこれから見るように、もしこれらeBPFベースのツールを利用してアプリケーションを計測しようとする場合でも、eBPFがカーネルの中にちょうどいい見晴し台を持っているおかげで、アプリケーションそのものを変更したり再設定する必要は全くないのです。

　以下は、eBPFによって可能になる事柄のうちいくつかの例です。

- システムの非常に多くの面についての性能トレース
- 可観測性を持った高性能なネットワーク機能
- 悪意のある活動の検知と、（必要に応じての）防止

　それでは、eBPFの歴史から見ていきましょう。まずは、「Berkeley Packet Filter」と呼ばれていた時代の話から始めます。

1.1　eBPFのルーツ：Berkeley Packet Filter

　私たちが今日「eBPF」と呼んでいる技術のルーツは「BSD Packet Filter」で、BPFとはこの頭文字に由来しています。BPFはローレンス・バークレー国立研究所のSteven McCanneとVan Jacobsonにより1993年に書かれた論文で初めて登場しました[1]。この論文では**フィルタ**を動かすことができる擬似的な機械について論じており、そのフィルタの中身は、ネットワークパケットを通過させるか拒絶するかを決定するために書かれたプログラムでした。これらのプログラムはBPFの命令セット、具体的にはアセンブリ言語によく似た32ビットの汎用的な命令セットにより書かれていました。次に示すのが、その論文から直接引用したプログラム例です。

---

[1] 「The BSD Packet Filter: A New Architecture for User-level Packet Capture（BSD Packet Filter：ユーザレベルでパケットキャプチャをするための新機構）」（https://oreil.ly/4GpgQ）、Steven McCanneとVan Jacobsonによる。

```
ldh      [12]
jeq      #ETHERTYPE IP, L1, L2
L1:      ret     #TRUE
L2:      ret     #0
```

　この小さなコード片では、Internet Protocol（IP）でないパケットをフィルタして除外しています。このフィルタへの入力はイーサネットパケットであり、その最初の命令（ldh）はパケットの12バイト目から2バイト分の値をロードします。次の命令（jeq）では、その値はIPパケットであることを示す値と比較されます。もし一致したら、L1のラベルが付いた命令へのジャンプを実行し、そして非ゼロの値（ここでは#TRUEで表現されています）を返すことでパケットは受け入れられます。もし一致しなかった場合は、パケットはIPパケットではないとされて、0が返却されて拒絶されます。

　パケットのプロトコル以外の情報を利用して決定を行う、より複雑なプログラムについても想像することができるでしょう（この論文には実際のそのような例があります）。プログラマが自分で書いたフィルタプログラムをカーネルの中で実行できること、これがeBPFで実現できることの核となるものです。

　BPFは「Berkeley Packet Filter」の頭文字だとされるようになりました。そしてLinuxには1997年に初めて導入され、そのときのカーネルバージョンは2.1.75でした[2]。それはtcpdumpユーティリティの中で、トレースされるべきパケットをキャプチャする効果的な方法として使われました。

　2012年に時を早送りすると、seccomp-bpfがカーネルv3.5で導入されています。この機能は、ユーザ空間のアプリケーションがシステムコールを呼び出すことについて、BPFプログラムを使って許可するか禁止するかを決定させることができるものです。これについては「**10章　プログラミングeBPF**」でより詳細に踏み込みます。そしてこの機能は、BPFがそのパケットフィルタという狭い守備範囲から、現在のような、より汎用的な機能へと進化する上での最初のステップでした。この段階から、「packet filter」という名前はあまり意味を持たなくなりました。

1.2　BPFからeBPFへ

　BPFが、今日私たちが呼ぶような「拡張された（extended）BPF」、あるいは「eBPF」という名前に進化したのは、2014年にリリースされたカーネルバージョン3.18からでした。このとき、いくつかの重要な変更がリリースされました。

- BPFの命令セットは完全に作り直され、64ビットのマシン上でより効率的に動作するようになり、インタプリタはすっかり書き直された。
- eBPF **Map**が導入された。これはBPFのプログラムとユーザ空間のアプリケーションの両方からアクセス可能なデータ構造で、互いの情報の共有を可能にする。「**2章　eBPFの「Hello World」**」で詳細を学ぶ。

---

[2]　これらの話についての詳細は、Alexei Starovoitovによる2015年のNetDevにおけるプレゼンテーション「BPF – in-kernel virtual machine」（https://oreil.ly/hISe1）を参考にしている。

- bpf() システムコールが追加され、ユーザ空間のプログラムとカーネル内部の eBPF プログラムとで相互にやり取りができるようになった。「**4章 bpf() システムコール**」でこのシステムコールについて学習できる。
- いくつかの BPF ヘルパ関数が追加された。「**2章 eBPF の「Hello World」**」でいくつかの例を確認することができ、「**6章 eBPF 検証器**」でもう少し詳細を学べる。
- eBPF 検証器が追加され、eBPF プログラムの実行が安全かどうかを確認できるようになった。これについては「**6章 eBPF 検証器**」で論じる。

これにより eBPF の基盤部分が導入されましたが、まだまだ開発のスピードは落ちませんでした。ここから、eBPF は大幅な進化を遂げています。

1.3 本番環境に向けての eBPF の進化

「kprobe」（kernel probe）と呼ばれる機能は、2005 年から Linux カーネルに導入されました。kprobe はカーネル内のほとんどの命令に対してフックを入れて、追加の命令を実行できます。開発者は kprobe に関数をアタッチしたカーネルモジュールを書くことで、デバッグや性能測定の目的に利用できました[3]。

eBPF プログラムを kprobe にアタッチする機能は 2015 年に追加され、このことは、Linux システム全体をまたがって計測を行う方法についての革命のきっかけとなりました。同時期に、カーネルのネットワークスタックの内部にフックが追加され、eBPF プログラムはより多くのネットワーク機能に対して利用できるようになりました。この内容については「**8章 ネットワーク用 eBPF**」で取り上げます。

2016 年までに、eBPF ベースのツールは本番環境で使われるようになりました。Brendan Gregg （https://www.brendangregg.com）の Netflix 社におけるトレースに関する知見はインフラと運用技術の界隈で広く知られるようになり、また同時に、eBPF は「Linux に絶大な力をもたらすだろう」という彼の宣言（https://oreil.ly/stV6v）も有名になりました。同じ年に、Cilium プロジェクトがアナウンスされました。これは eBPF を用いた最初のネットワークのプロジェクトとなり、コンテナ環境におけるデータのやり取りの経路を根本から置き換えようとしています。

続く年に Facebook（今の Meta）は Katran（https://oreil.ly/X-WsL）をオープンソースにしました。Katran はレイヤ 4 のロードバランサーで、Facebook の非常にスケーラブルで高速なソリューション（https://oreil.ly/zl4yX）というニーズに応えたものでした。2017 年から、Facebook.com （http://Facebook.com）に届くどんなパケットでも 1 つ残らず eBPF/XDP を通っています[4]。筆者個人としても、この年にテキサスのオースティンで開催された DockerCon で Thomas Graf の eBPF についての講演（https://oreil.ly/g9ya0）と Cilium プロジェクト（https://oreil.ly/doKbd）について知ることになり、それからこの技術が可能にする新しい世界についての興奮が非常に高まった年でもありました。

---

[3] カーネルのドキュメント（https://oreil.ly/Ue6Ii）に、kprobe がどのような仕組みなのかについての優れた説明がある。

[4] この驚くべき事実は、Daniel Borkmann による KubeCon 2020 での講演「eBPF and Kubernetes: Little Helper Minions for Scaling Microservices（eBPF と Kubernetes：マイクロサービスのスケールのための小さなお助けミニオンたち）」（https://oreil.ly/tIR9o）で明らかになった。

　2018年に、eBPFはLinuxカーネルにおける独立したサブシステムになり、IsovalentのDaniel Borkmann（http://borkmann.ch） とMetaのAlexei Starovoitov（https://oreil.ly/K8nXI） がメンテナに指名されました（同じくMetaのAndrii Nakryiko（https://nakryiko.com）がその後に加わりました）。同じ年に、BPF Type Format（BTF）の導入も日の目を見ることになり、これによりeBPFはさらにもっと移植性が高くなりました。BTFについては「**5章　CO-RE、BTF、libbpf**」で見ていきます。

　2020年にはLSM BPFも登場します。これはeBPFプログラムにLinux Security Module（LSM）カーネルインタフェースへのアタッチを可能にするものです。このことは、eBPFの3つ目の主要な用途が特定されたことを示唆しました。eBPFはネットワークと可観測性に加えて、セキュリティツールのための素晴らしいプラットフォームでもあることが明らかになったのです。

　何年もの間、eBPFの能力は安定して成長していきました。これは300名を超えるカーネル開発者の仕事と、関連するユーザ空間でのツール（例えばbpftool、このツールについては「**3章 eBPFプログラムの仕組み**」で取り上げます）、コンパイラ、そしてプログラム言語のためのライブラリへの数多くの貢献者のおかげだと言えます。プログラムはかつては4,096命令に制限されていましたが、その制限は100万の検証済みの命令を許可するところまで拡大され[5]、そして末尾呼び出し（Tail Call）と関数呼び出しの許可により実質的に考慮しなくて済むようになりました（これらの機能については「**2章　eBPFの「Hello World」**」と「**3章　eBPFプログラムの仕組み**」で見ていきます）。

eBPFの歴史についてのより深い考察については、eBPFの初期から関わり続けてきたメンテナたち以上に適切な人がいるでしょうか？

Alexei StarovoitovはBPFの歴史（https://youtu.be/DAvZH13725I）について、ソフトウェア定義ネットワーク（SDN）にルーツを持つところからの素晴らしいプレゼンテーションをしました。この講演では、彼はカーネルに初期のeBPFのパッチを取り込んでもらうための戦略について議論し、またeBPFの公式な誕生日は2014年9月26日であると明らかにしました。この日は、検証器、BPFシステムコール、Mapについての最初のパッチセットが受理された日とのことでした。

Daniel Borkmannも同じくBPFの歴史と、ネットワークとトレース機能のサポートへの進化について論じました。彼の講演「eBPF and Kubernetes: Little Helper Minions for Scaling Microservices」（https://youtu.be/99jUcLt3rSk）は非常にお勧めです。この中には、興味深い情報がこれでもかと詰まっています。

1.4　名前付けは難しい

　eBPFのアプリケーションでできることはパケットのフィルタ範囲をとうに超えており、その頭文字は今や実質的に無意味になってしまい、単独の用語として扱われています。そして今日広まっているLinuxカーネルにおいては、「拡張された」部分の全体がサポートされているので、**eBPF**という用語と**BPF**という用語はおおよそ同じ意味です。カーネルのソースコードやeBPFプログ

※5　この命令数の制限と「複雑性の制限」についての詳しい内容は、「Did You Know? Program size limit」（https://oreil.ly/0iVer）を参照してほしい。

ラミングでは、よく見かける用例は「BPF」です。例えば、私たちがこれから**「4章　bpf()システムコール」**で見るように、eBPF とやり取りをするためのシステムコールは bpf() で、ヘルパ関数は bpf_ から始まり、それぞれのタイプの（e）BPF のプログラムは BPF_PROG_TYPE から始まる名前によって識別がされます。カーネルのコミュニティの外側では、「eBPF」という名前は今でも残っているように見えます。例えば、コミュニティのサイト ebpf.io（https://ebpf.io）や、eBPF 財団（http://ebpf.foundation）の名前などです。

1.5　Linux カーネル

　eBPF を理解するためには、Linux におけるカーネルとユーザ空間との違いの概要を、しっかりと理解しておく必要があります。筆者はこれについて「What Is eBPF?」というレポートで説明しており[6]、今回、その内容をもとに、次のいくつかの段落で説明をしようと思います。

　Linux カーネルは、アプリケーションと、その上でそれらを動かしているハードウェアとの間に存在するソフトウェアのレイヤです。アプリケーションは**ユーザ空間（user space）**と呼ばれる非特権的なレイヤで実行され、そこからはハードウェアに直接アクセスすることができません。その代わり、アプリケーションはシステムコール（syscall）というインタフェースを使うことにより、カーネルが代わりに実行するようにリクエストを送れます。このハードウェアへのアクセスはファイルの読み出しや書き込み、ネットワークトラフィックの送受信、あるいはメモリへのアクセスまでも含みます。カーネルはまた同時に、並行実行されるプロセスを協調させることにも責任を持ち、それによりたくさんのアプリケーションを一度に動かせます。この内容は**図1-1**に図解しています。

　アプリケーション開発者は、典型的にはシステムコールインタフェースを直接は使っていません。なぜならプログラミング言語は高レベルな抽象レイヤや標準ライブラリを提供しており、それらはプログラミングする上でより扱いやすいインタフェースであるためです。結果として、多くの人は自分たちのプログラムが動いている間、いかにカーネルが多くのことを行っているか、気にせずに済みます。カーネルがどういう動作を、どれくらい頻繁にしているかについての感覚を掴みたいなら、strace というユーティリティコマンドを使って、あるアプリケーションが作り出しているシステムコールを観察することができます。

---

[6]　以下は Liz Rice による「What Is eBPF?」からの抜粋。O'Reilly Media の許可のもとに引用する。Copyright© 2022 O'Reilly Media

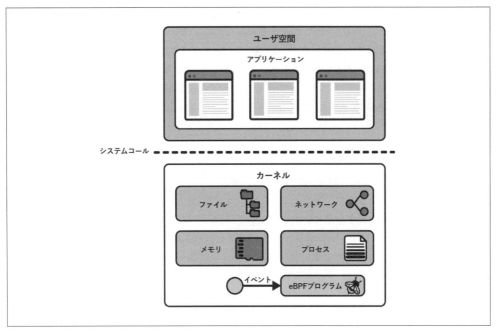

図1-1　ユーザ空間のアプリケーションはシステムコールインタフェースを使って、カーネルへリクエストを送る

　次に示す例では、echoコマンドを使い「hello」という単語をスクリーンに出力することで、100以上のシステムコールが呼び出されています。

```
$ strace -c echo "hello"
hello
% time     seconds  usecs/call     calls    errors syscall
------ ----------- ----------- --------- --------- ----------------
 24.62    0.001693          56        30        12 openat
 17.49    0.001203          60        20           mmap
 15.92    0.001095          57        19           newfstatat
 15.66    0.001077          53        20           close
 10.35    0.000712         712         1           execve
  3.04    0.000209          52         4           mprotect
  2.52    0.000173          57         3           read
  2.33    0.000160          53         3           brk
  2.09    0.000144          48         3           munmap
  1.11    0.000076          76         1           write
  0.96    0.000066          66         1         1 faccessat
  0.76    0.000052          52         1           getrandom
  0.68    0.000047          47         1           rseq
  0.65    0.000045          45         1           set_robust_list
  0.63    0.000043          43         1           prlimit64
  0.61    0.000042          42         1           set_tid_address
  0.58    0.000040          40         1           futex
------ ----------- ----------- --------- --------- ----------------
100.00    0.006877          61       111        13 total
```

アプリケーションはカーネルに大きく依存しているので、私たちがアプリケーションとカーネルの間の相互のやり取りを観察できたら、その振る舞いについて多くを学べます。eBPFがあれば、私たちはカーネルに情報収集のためのコードを追加して、その中身を確認できます。

例えば、ファイルをオープンするときのシステムコールに割り込むことができたら、どんなアプリケーションであっても、何のファイルにアクセスしているかの情報を見ることができます。ですがそのような割り込みはどうすればできるでしょうか？ カーネルを変更して、システムコールが呼ばれたときに毎回そのイベントを出力する新しいコードを追加するとしたら、何が関係してくるかについて考察しましょう。

1.6　カーネルへの新機能の追加

Linuxカーネルは複雑であり、この文章を書いている時点では3,000万もの行数のコードを有しています[7]。どんなコードベースであれ、変更を加えるには既存のコードについてある程度は詳しくあることが要求されます。したがって、カーネル開発者でもない限り、カーネルコードの変更は大変なことだと思われます。

さらに言うと、アップストリームに貢献したいと思ったら、技術的ではない事柄も考える必要が出てくるので、より一層大変になるはずです。Linuxは汎用的なオペレーションシステムであり、あらゆる環境や状況において使われています。このことは、もしみなさんが公式のLinuxカーネルに変更を加えたいのであれば、単にちゃんと動くコードを書くだけの問題に留まらないということを意味します。そのコードはコミュニティによって（より具体的には、Linuxの作者であり主要な開発者でもあるLinus Torvaldsに）受け入れられなければならず、その変更はすべての面について良い効果をもたらすと認められなければなりません。それは当然のことでしょう。そして送られたもののうち3分の1のパッチのみが受理されています[8]。

みなさんが、ファイルを開くシステムコールに割り込みをするための素晴らしい技術的アプローチを見つけ出したとしましょう。何ヶ月かの議論と、大変な開発作業を経たのちに、その変更がカーネルに受理されたと想像してみましょう。素晴らしい！しかしその変更が皆のマシンに到着するまでにどれくらいの時間が必要でしょうか？

Linuxカーネルの新しいリリースは2から3ヶ月ごとにあります。しかし1つの変更がそれらのリリースのうちの1つに取り込まれたとしても、多くの人々の本番環境で使えるようになるまでには、さらにもっと時間が必要になります。これは、私たちのほとんどはLinuxカーネルを直接使っているわけではないからです。私たちはDebian、Red Hat Enterprise Linux、Alpine、そしてUbuntuといったLinuxディストリビューションを使っており、それらディストリビューションでは他のさまざまなコンポーネントと一緒に、Linuxカーネルの特定のバージョンをパッケージングして配布しています。みなさんが使っているディストリビューションでは、数年前にリリースされたカーネルを使っていることに気付くのではないでしょうか。

※7 「Linux 5.12 Coming In At Around 28.8 Million Lines（Linux 5.12は2,880万行のコードとともにやってきた）」という記事（https://oreil.ly/9zJP2）がある。Phoronix, March 2021

※8 Jiang Y, Adams B, German DM. 2013.「Will My Patch Make It? And How Fast?」（https://oreil.ly/rj2P4）より。この調査論文によれば、33％のパッチだけが受理され、そのほとんどは3から6ヶ月かかっている。

　例えば、多くのエンタープライズのユーザはRed Hat Enterprise Linux（RHEL）を採用しています。この文章を書いている段階では、現在のRHELのリリースは8.5で、そのリリース日は2021年11月です。そしてLinuxカーネルのバージョン4.18を利用しています。このカーネルは2018年8月にリリースされました。

　図1-2のマンガに描かれているように、1つの新しい機能が、アイデアの段階から本番環境のLinuxカーネルに届くまでは、文字通り数年が必要になります[9]。

図1-2　カーネルへの新機能追加（マンガは Vadim Shchekoldin、Isovalent による）

1.7　カーネルモジュール

　もし、みなさんによる変更がカーネルに入るまでに何年も待てないというのであれば、別の選択肢があります。Linuxはカーネルモジュールを受け付けるように設計されており、これは必要に応じてロード、アンロードできます。もしカーネルの振る舞いを変更したり拡張したい場合は、モジュールを書くことは間違いなく1つの方法ではあります。カーネルモジュールは公式なLinuxリリースとは独立して、他の人に使ってもらえるよう配布ができるため、メインのアップストリームにあるコードベースに受理される必要もありません。

　ここで一番難しいのは、カーネルモジュールの開発にはカーネルプログラミングの技術が必要になることです。歴史的に、Linuxユーザはカーネルモジュールを使うときには非常に注意深く振る

※9　ありがたいことに、既存の機能に対するセキュリティパッチはより素早く利用可能になる。

舞う傾向があります。理由は明白です。カーネルのコードがクラッシュしたら、マシンはシャットダウンされ、実行しているプログラムもすべて停止させられるからです。ユーザは、どうしたらカーネルモジュールを実行しても安全だと自信を持つことができるでしょうか?

「安全に実行できる」とはクラッシュしないというだけの話ではありません。ユーザは、カーネルについてセキュリティの観点からも安全であることを知りたいのです。カーネルモジュールには攻撃者が利用できてしまう脆弱性は含まれていないでしょうか? モジュールの作者が悪意のあるコードを中に入れていないと信用できるでしょうか? カーネルは特権を持ったコードですので、マシン上のあらゆるものにアクセスができ、その中にはあらゆるデータも含まれます。そのためカーネルにおける悪意のあるコードは深刻な問題として心配の種になります。このことは、カーネルモジュールにも同じく当てはまります。

カーネルの安全性は、Linux ディストリビューターが新しいリリースを採用するまでに長い時間をかけることの重要な理由の1つです。もし他の人々が、あるカーネルのバージョンをさまざまな環境で数ヶ月、あるいは数年実行していれば、その間に問題は解決されているでしょう。ディストリビューションのメンテナたちは、自分たちのユーザや顧客のために出荷したカーネルについて、それは**堅牢になった**自信を持つことができます。すなわち、このカーネルは安全に実行できます。

eBPF は安全性に対して、全く違ったアプローチをします。**eBPF 検証器**は、eBPF プログラムが安全に実行できると判定されたときのみロードされることを保証します。ここでいう安全とは、プログラムはマシンをクラッシュさせない、無限ループをしない、不正なデータへのアクセスを許可しない、という意味です。その検証のプロセスについては、「**6章　eBPF 検証器**」で詳細を論じていきましょう。

1.8　eBPF プログラムの動的ロード

eBPF プログラムは動的にカーネルにロードしたり、削除したりすることができます。一度プログラムがイベントにアタッチしたら、そのイベントを起こしたきっかけが何であるかに関係なく、そのイベントによってトリガーされます。例えば、プログラムを、ファイルをオープンしたときのシステムコールにアタッチしたら、いつ、どんなプロセスがファイルをオープンしようとしたとしてもトリガーされます。プログラムがロードされた時点で、プロセスがすでに実行中であっても関係はありません。これは、カーネルをアップグレードして、その新しい機能を使わせるためにマシンを再起動することと比較すると大きく有利な点です。

この点は、eBPF を使っている可観測性やセキュリティ関連のツールの大きな強みの1つにつながります。これらのツールは、マシンで起こっていることすべてについて、その場で可視化する能力を持っています。コンテナ実行環境では、ホストマシン上と同じようにコンテナの中で動作しているすべてのプロセスについての可視化も含みます。筆者はこのことがクラウドネイティブな開発にもたらす影響について、この章で後ほど深掘りします。

付け加えると、**図1-3**で描かれているように、他の Linux ユーザに同じ変更を受容することを要求しなくとも、eBPF を用いれば新しいカーネルの機能を非常に素早く開発することが可能です。

図1-3 eBPFでカーネルの機能を追加する（マンガは Vadim Shchekoldin、Isovalent）

1.9 高性能なeBPFプログラム

eBPFプログラムはカーネルに機能を追加するために非常に有用です。一度ロードされてJITコンパイル（「**3章　eBPFプログラムの仕組み**」で知ることができます）されたら、プログラムはCPU上のネイティブなマシン命令として実行されます。さらに言えば、それぞれのコードはカーネル内で実行されるため、実行時にカーネルとユーザ空間の状態遷移（これには多くの時間がかかります）が不要になります。

2018年の論文[10]ではeXpress Data Path（XDP）のことが説明されていますが、この内容にはeBPFがネットワーク分野で可能にするいくつかの性能改善についての説明も含まれています。例えばXDPを使ってルーティングを実装すると、Linuxカーネル内での実装に比べて性能が2.5倍良くなると述べています。ロードバランシングについてはXDPはIPVSに比べて性能が4.3倍高いとのことです。

性能測定とセキュリティ上の可観測性について、eBPFにはもう1つ有利な点があります。それ

※10　Høiland-Jørgensen T, Brouer JD, Borkmann D, 他。"The eXpress data path: fast programmable packet processing in the operating system kernel"（https://oreil.ly/qyhLK）. _Proceedings of the 14th International Conference on emerging Networking EXperiments and Technologies_ (CoNEXT'18). Association for Computing Machinery; 2018:54–66.

は、必要なイベントのみをカーネル内でフィルタすることによって、データをユーザ空間に転送するためのコストを減らせることです。特定のネットワークパケットだけをフィルタすることは、結局のところ、オリジナルのBPF実装の時点に立ち戻ります。今日では、eBPFプログラムはシステム内部のあらゆる形式のイベントについての情報を収集できます。さらに条件が複雑なフィルタをプログラミングで開発することもでき、必要な情報のみをユーザ空間に転送できるのです。

1.10　クラウドネイティブな環境における eBPF

　今日は多くの組織が物理的なサーバ上で直接アプリケーションを動かさなくなってきています。代わりに、多くの場合クラウドネイティブなアプローチをとっています。コンテナであったり、KubernetesやECSのようなオーケストレーターであったり、Amazon Lambda、Cloud Functions、Fargateのようなサーバレスアプローチであったりです。これらのアプローチではどれも、それぞれのワークロードがどのサーバで走るかの決定を自動で行っています。サーバレスでは、私たちはそれぞれのワークロードでどのサーバが走っているかを気にすることすらありません。

　どのようなプラットフォーム上でアプリケーションを動かすにせよ、OSという観点から見れば（ベアメタルか仮想マシンかに関わらず）最終的にアプリケーションはサーバにインストールされたカーネル上で動作します。例えばKubernetes環境では、ノード上のすべてのコンテナは同じカーネル上で動作しているということになります。このカーネル上でeBPFプログラムを動かすと、そのノード上のすべてのコンテナについて、その上で動くワークロードを観測できるようになります。図1-4で図解している通りです。

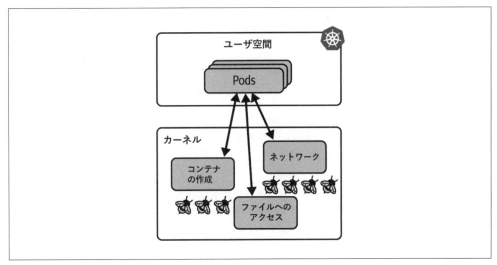

図1-4　カーネル上の eBPF プログラムは、1つの Kubernetes ノード上のすべてのアプリケーションを観測することができる

　このノード上のすべてのプロセスを観測する能力は、eBPFプログラムを動的にロードできる機

能と組み合わさって、私たちにクラウドネイティブコンピューティングにおけるeBPFベースの
ツールという、真に強力な力を与えてくれます。

- eBPFツールで計測をする際に、自分のアプリケーションを変更する必要がなく、もしくは
  設定すら変える必要がない。
- eBPFプログラムはカーネルにロードされてイベントにアタッチしたらすぐに、既存のアプ
  リケーションプロセスの観測を開始できる。

このことを**サイドカーモデル**と比べてみましょう。サイドカーモデルはKubernetesアプリケー
ションにおいてログ、トレース、セキュリティ、サービスメッシュのような機能を追加するために
使われてきました。このアプローチでは、計測の仕組みのような追加機能はそれぞれのアプリケー
ションPodにコンテナの形で挿入されます。このプロセスではアプリケーションPodを定義する
YAMLを編集して、サイドカーコンテナの定義を追加します。このアプローチはアプリケーショ
ンのコードを変更することによって機能追加する従来のやり方よりも、明らかに便利ではあります
（アプリケーションのコードの変更とは、例えばログライブラリを導入し、コード自体を変更して
アプリケーションから呼び出すなどのやり方です）。ですが、サイドカーアプローチにはいくつか
の欠点があります。

- 対象のアプリケーションPodは、再起動してサイドカーを追加する必要がある。
- アプリケーションのYAMLを何かしら編集する必要がある。これは一般的には自動化され
  ているだろうが、何かが間違っていたときには、サイドカーは追加されず、そのためPod
  にも機能追加がされない。例えば、Deploymentの定義にannotationをして、Admission
  Controller※11がDeploymentに対応するPodを生成したときにサイドカーの定義を追加する
  ようなことができる。しかしもしそのDeploymentに適切なannotationが付いていなけれ
  ば、サイドカーは追加されずに、求めている機能も追加されないという結果になる。
- あるPodが複数のコンテナから構成される場合、それらは別々に起動されるため、起動順
  序は保証されない。ここでサイドカーが挿入されることによってPodの起動時間が遅くな
  るかもしれないし、さらに言うとレースコンディションなどの別の問題を引き起こす可能
  性がある。例えば、Open Service Meshのドキュメント（https://oreil.ly/z80Q5）には、
  アプリケーションコンテナはEnvoyのプロクシコンテナの準備ができるまで、すべてのト
  ラフィックがドロップされても問題がないように作られていなければならないと書かれて
  いる。
- サービスメッシュのようなネットワークの機能がサイドカーとして実装されている場合、
  アプリケーションコンテナに出入りするすべてのトラフィックはネットワークプロクシコ
  ンテナを通る必要がある。そうすると、すべてのトラフィックはカーネルのネットワーク
  スタックを1回多く通らなければならないため、レイテンシが増加することになる。この
  話は**図1-5**で図解している。eBPFでネットワークの効率性を高めることについては**「9章
  セキュリティ用eBPF」**で述べていく。

※11　Kubernetesの拡張機能の1つで、特定のリソースを作る際に動的な書き換えや機能追加を行うための機能のこと。

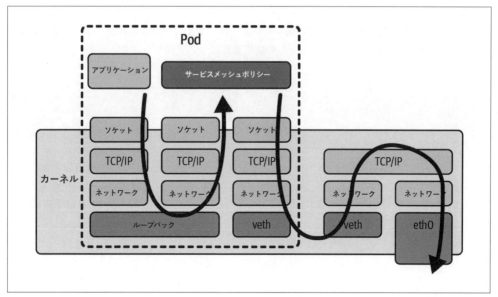

図1-5　サービスメッシュとしてプロクシのサイドカーコンテナを使った際のネットワークパケットの経路

　これらの問題はすべてサイドカーモデルに固有のものです。幸運なことに、今やeBPFはプラットフォームとして利用可能なので、私たちにはこれらの問題を回避するための新しいモデルがあります。さらに言えば、eBPFベースのツールは（仮想）マシンの上で起こっていることをすべて観測できるため、サイドカーアプローチよりもセキュリティ攻撃を難しくさせることができます。例えば、悪意あるユーザがみなさんの管理するホスト上で暗号通貨のマイニングアプリを動作させるとすると、彼らはおそらく、アプリケーションワークロード上のサイドカーをマイニングアプリに取り付ける配慮はしないでしょう。サイドカーベースのセキュリティツールによって予期しないネットワーク接続を防ごうとしていたとしても、マイニングアプリがマイニングプールに接続しようとしていることを検出できないでしょう。これとは対照的に、eBPFを使ったセキュリティツールであれば、ホストマシンのすべてのトラフィックを監視できるので、このマイニングアプリを簡単に停止させられるでしょう。セキュリティの理由でパケットをドロップする機能については「**8章　ネットワーク用eBPF**」でもう一度取り上げます。

1.11　まとめ

　eBPFがどれほど強力なプラットフォームなのかを本章で理解していただけたのであれば幸いです。eBPFによってカーネルの振る舞いを変更することが可能になり、私たちにオーダーメイドのツールやカスタマイズされたポリシーを作成するための柔軟性を提供します。eBPFベースのツールはカーネル中のあらゆるイベントを観察することができ、それはつまり、コンテナ化されているかいないかに関わらず、1つの（仮想）マシン上のすべてのアプリケーションを追いかけられるということです。さらに、eBPFプログラムには動作中のシステムの挙動を変えられるという特徴も

あります。

　ここまで、私たちはeBPFについての概念を取り上げてきました。次の章からは、対象をより具体的にし、eBPFベースのアプリケーションの構成要素について掘り下げていきましょう。

2章
eBPFの「Hello World」

　前章で筆者は、なぜeBPFが強力なのかについて説明しました。まだeBPFのプログラムを動かすことについて具体的なイメージが掴めていないかもしれませんが、問題ありません。本章でシンプルな「Hello World」プログラムを使って、より理解が進むようにしましょう。

　ここまで読んで学んできたように、eBPFのアプリケーションを書くためにはいくつかのライブラリやフレームワークがあります。ウォームアップとして、プログラミングのしやすさという観点で、おそらく最も利用しやすいアプローチをお見せしましょう。それがBCC Pythonフレームワーク（https://github.com/iovisor/bcc）です。これにより、基本的なeBPFのプログラムを非常に簡単に書くことができます。今日、BCCは他のユーザに本番で利用してもらえるようなeBPFアプリケーションを作る際に、必ずしも採用できるアプローチではありませんが、みなさんが最初の一歩を踏み出すためには素晴らしいフレームワークです。詳しくは**「5章　CO-RE、BTF、libbpf」**で説明します。

もし読者が自分でコードを試したい場合、GitHubリポジトリ（https://github.com/lizrice/learning-ebpf）のchapter2ディレクトリで確認できます。
BCCのプロジェクトはhttps://github.com/iovisor/bccで確認でき、インストールの方法はINSTALL.md（https://github.com/iovisor/bcc/blob/master/INSTALL.md）で説明されています。

2.1　BCCの「Hello World」

　次のコードは、BCCのPythonライブラリを用いたeBPFの「Hello World」アプリケーション[1]であるhello.pyのソースコード全体です。

```
#!/usr/bin/python
from bcc import BPF
```

※1　このコードは私が元々「初心者のためのeBPFプログラミングガイド」という発表のために書いたもの。オリジナルのコードとトークのスライドへのリンクはhttps://github.com/lizrice/ebpf-beginnersで確認できる。

```
program = r"""
int hello(void *ctx) {
    bpf_trace_printk("Hello World!");
    return 0;
}
"""

b = BPF(text=program)
syscall = b.get_syscall_fnname("execve")
b.attach_kprobe(event=syscall, fn_name="hello")

b.trace_print()
```

　このコードは2つの部分に分けられます。1つはカーネルの中で実行されるeBPFのプログラム本体で、もう1つはeBPFをカーネルにロードし、そしてそれが生成するトレース結果を読み出すためのユーザ空間のコードです。**図2-1**では、hello.pyはこのアプリケーションのユーザ空間のコード、hello()はカーネルで実行されるeBPFプログラムを表します。

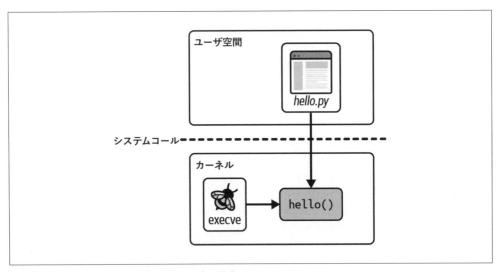

図2-1　ユーザ空間とカーネルの「Hello World」の要素

　理解を深めるために、それぞれの行ごとに深掘りをしていきましょう。
　最初の行は、このプログラムがPythonインタプリタ（/usr/bin/python）で実行されるPythonプログラムであることを示しています。
　eBPFプログラム自体は以下の通りC言語で書かれています。

```
int hello(void *ctx) {
    bpf_trace_printk("Hello World!");
    return 0;
}
```

　このeBPFプログラムがやっていることはbpf_trace_printk()というヘルパ関数を使ってメッ

セージを書き込んでいるだけです。ヘルパ関数は、「extended（拡張）」BPFと「クラシックな」BPFとの重要な違いの1つです。これらは、eBPFプログラムがLinuxのシステムと相互作用をするための関数の集まりです。これらの関数については**「5章　CO-RE、BTF、libbpf」**で詳しく解説します。今のところは、この関数で1行のテキストを出力することができるとだけ考えてください。

　eBPFプログラム全体はprogramという名前のPythonの文字列として定義されています。このC言語のプログラムは実行する前にコンパイルされなければなりません。ですが、このコンパイル作業は、BPFオブジェクト作成時に以下のようなパラメータを渡すことによってBCCフレームワークにやらせることができます（eBPFのプログラムを自分でコンパイルする方法は次の章で述べます）。

```
b = BPF(text=program)
```

　eBPFプログラムは何かしらのイベントにアタッチされる必要があります。この例では、execve()というシステムコールを呼び出すイベントにアタッチします。このexecveは、バイナリのパスを渡してプログラムを実行する目的のシステムコールです。このマシンで新しくプログラムを実行しようとしたときは常にexecve()を呼び出します。そしてそのたびに上述のeBPFプログラムが呼び出されるようになります。「execve()」という関数名はユーザ空間からこのシステムコールを呼び出すときに使う名前ですが、システムコールを実装するカーネル内部の関数名はCPUのアーキテクチャによって異なることがあります。しかしBCCは実行しているマシンの環境に合ったカーネル関数名を以下のように見つけられます。

```
syscall = b.get_syscall_fnname("execve")
```

　ここまでのコードでsyscall変数にはexecve()システムコールを実装するカーネル内の関数の名前が入っています。続いて以下のようなコードを書くとkprobe（kprobeの概念は**「1章　eBPFとは何か？ なぜ、重要なのか？」**で紹介済みです）[2]を用いてhello関数をexecve()呼び出し時に実行させることができます。

```
b.attach_kprobe(event=syscall, fn_name="hello")
```

　このタイミングで、eBPFのプログラムはカーネルにロードされてイベントにアタッチされます。これ以降、このマシンで何かしらプログラムが実行されるたびにhelloプログラムが呼び出されます。後半のPythonコードでは、カーネルに出力されるトレース結果を読み出して画面上に表示します。

```
b.trace_print()
```

　このtrace_print()関数は（プログラムを Ctrl + C などで強制終了させるまで）無限にループして、あらゆるトレース結果を出力し続けます。

---

[2]　カーネルv5.5から、カーネル内関数にeBPFプログラムをkprobeよりも効率的にアタッチするfentryという方法がサポートされた（関数終了時にはkretprobeに対応するkexitを使う）。本書の後半でこれら機能について述べるが、この章では単純化のために今後もkprobeを使う。

　図2-2ではこのコードを図解しています。Pythonのプログラムが、C言語のコードをコンパイルし、それをカーネルの中にロードし、さらにそれをexecve()システムコールにアタッチしています。このマシン（場合によっては仮想化されたマシンかもしれません）の上のプログラムがexecve()を呼ぶたびに、eBPFのhello()プログラムがトリガーされて、それが後述する特定の擬似ファイルに1行のトレース結果を書き込みます。Pythonプログラムは、この擬似ファイルからトレースのメッセージを読み出し、ユーザに表示します。

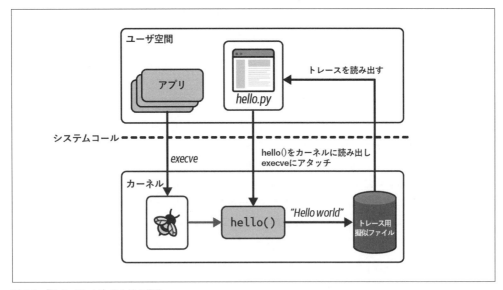

図2-2　「Hello World」のための操作

2.2　「Hello World」の実行

　このプログラムを実行すると、使用中のマシンで起きていることに対応するトレース結果がすぐに表示されるでしょう。なぜならマシンの既存のプロセスがプログラムをexecve()システムコールで実行しているであろう[※3]からです。何も出力されないときは、もう1つターミナルを立ち上げて何でもいいのでコマンドを実行してみましょう[※4]。するとそれに対応したトレースが「Hello World」によって生成されます。

```
$ hello.py
b'      bash-5412   [001] .... 90432.904952: 0: bpf_trace_printk: Hello World'
```

※3　筆者は、VSCode remoteをクラウド上の仮想マシンに接続するために頻繁に利用する。この機能はnode.jsのスクリプトをホストマシンでたくさん走らせるので、このHello Worldアプリケーションによってたくさんのトレースが生成されるだろう。

※4　いくつかのコマンド（echoはよく挙げられる例）はシェルビルトインと呼ばれる、シェルのプロセス自体の内部で実行されるコマンドで、新しいプロセスを生成しない。これらはexecve()イベントをトリガーしないので、トレースも生成されない。

eBPFは非常に強力なため、使う上で特別なLinuxの権限（Linux Capability）[5]が必要となります。すべてのLinuxの権限はrootユーザであれば自動でアサインされているので、一番簡単にeBPFをプログラムを実行する方法はrootになってプログラムを実行することです。おそらくはsudoを使うことになるでしょう。簡潔にするために、本書ではサンプルコマンドのsudoを省略しています。「Operation not permitted（権限がありません）」というエラーが出た場合は最初に権限のないユーザでeBPFプログラムを実行しようとしていないか確認してください。

CAP_BPFはカーネルv5.8で導入された権限で、この権限を持っているユーザは特定のeBPF関連処理を実行できるようになります。例えば特定のタイプのMapを作成するときなどです。しかし、多くの場合必要な権限を追加で付与することになります。

- CAP_PERFMONとCAP_BPFの両方が、トレース関連のeBPFプログラムのロードに必要である。
- CAP_NET_ADMINとCAP_BPFの両方が、ネットワーク関連のeBPFプログラムのロードに必要である。

Milan Landaverdeによるブログ記事「Introduction to CAP_BPF（CAP_BPFの紹介）」（https://oreil.ly/G2zFO）に、より詳細に説明されています。

eBPFプログラムhelloがロードされてイベントにアタッチされると、すぐさま既存のプロセスがイベントにトリガーされます。これによって、**「1章　eBPFとは何か？　なぜ、重要なのか？」**で学んだ2つの点の理解が進むでしょう。

- eBPFプログラムを利用して、システムの振る舞いを動的に変更することができる。マシンの再起動や今あるプロセスの再起動は必要ない。eBPFのコードは、イベントに対しアタッチされたらすぐさま効果を発揮する。
- eBPFに観測させるために、他のアプリケーションの既存の何かを変更する必要はない。どのターミナルからアクセスした場合でも、そのターミナルで実行ファイルを立ち上げれば、execve()システムコールが呼び出される。helloプログラムをそのシステムコールにアタッチしていれば、このプログラムがトリガーされてトレースの出力が生成される。同様に、実行ファイルを内部で起動するスクリプトであれば、このスクリプトは実行ファイルの起動時にeBPFプログラムhelloをトリガーする。ターミナルのシェル、スクリプト、もしくは実行ファイル自体にも何も手を加える必要はない。

トレースの出力は、"Hello World"の文字列だけでなく、eBPFプログラムhelloをトリガーしたイベントに関する追加のコンテキスト情報を含んでいます。このセクションの冒頭で示した例での出力には、該当するexecve()システムコールを発行したプロセスのプロセスIDは5412であること、そしてbashコマンドがそれを実行したということが示されています。このコンテキスト情報はカーネル内のトレースの仕組み用の領域に出力されます。しかしこれからこの章で確認するように、eBPFプログラム自体の内部でこういったコンテキスト情報を取得することも可能です。

このPythonコードは、トレース出力が存在する領域の場所をどのように得ているのでしょうか。実はそれほどたいしたことはしていません。カーネルのbpf_trace_printk()ヘルパ関数は常に同

じ、/sys/kernel/debug/tracing/trace_pipe という擬似ファイル[6]に出力を送ります。このファイルの内容は root 権限で cat コマンドによって読み出せます。

単一のトレース用のパイプの場所は簡単な「Hello World」の例、もしくは基本的なデバッグ目的であれば十分です。しかし、その機能は非常に限定されています。フォーマットの柔軟性はほとんどありませんし、文字列の出力しかサポートしません。なので構造的な情報を渡すにはかなり不向きです。そしておそらく中でも最も重要な問題点としては、1つの（仮想）マシンにこの1つしかパイプの場所がないことです。もし複数の eBPF プログラムを同時に走らせたら、それらはすべて同じトレース用パイプに出力を行い、ログを確認したい管理者にとって非常に混乱する結果になるでしょう。

次節で述べる eBPF Map を使えば eBPF プログラムの情報をさらにうまく読み出せます。

2.3　BPF Map

「eBPF Map」とは eBPF プログラムとユーザ空間の両方からアクセスできるデータ構造です。Map は eBPF が e の付かない従来型の BPF には存在しない非常に重要な機能です。正式名称は eBPF Map ですが、BPF Map と呼ばれることも多いです。これは eBPF と BPF が区別なく使われる多くの例の1つです。

Map は複数の eBPF プログラムの間でデータを共有する場合や、もしくはユーザ空間のアプリケーションとカーネル内の eBPF のプログラムとの間でやり取りをするために使えます。典型的なユースケースは次の通りです。

- ユーザ空間で設定情報を書き込み、eBPF プログラムからその状態を取得する。
- ある eBPF プログラムで状態を保存し、その後別の eBPF プログラム（もしくは同じ eBPF プログラムが将来実行されたとき）から取得する。
- ある eBPF プログラムから実行結果やメトリクスを書き込み、それをユーザ空間のアプリケーションから取得して結果を表示する。

Linux の uapi/linux/ebpf.h ヘッダファイル（https://oreil.ly/1s1GM）にはさまざまな種類の BPF Map が定義されており、カーネルのドキュメント（https://oreil.ly/5oUW7）にも情報があります。Map は広義の Key-Value ストアです。本章では今後 Map をハッシュテーブル、Perf リングバッファ、eBPF プログラムにおける配列として利用する例を紹介します。

いくつかのタイプの Map は配列として定義されており、その場合は常に4バイトのインデックスをキーの型として持っています。他の Map はハッシュテーブルとして、任意のデータ型をキーとして用いることができます。

特定の操作のために最適化された Map タイプも存在し、FIFO（firtst-in-first-out、先入れ先出し）キュー（https://oreil.ly/VSoEp）、FILO（first-in-last-out、先入後出し）スタック（https://oreil.ly/VSoEp）、LRU（least-recently-used、最後のアクセス時刻が最も古いものから破棄してい

※6　訳注：ファイルのパスは、debugfs もしくは tracefs ファイルシステムがマウントされているかどうかと、マウントされている位置によって異なる。多くの環境では本文のパスにあるが、見つからない場合、mount コマンドなどでマウント状況を確認してほしい。

く方式）データストレージ（https://oreil.ly/vpsun）、最長プレフィクスマッチ（https://oreil.ly/
hZ5aM）、ブルームフィルタ（https://oreil.ly/DzCTK、ある要素が存在しているか非常に高速に
判定するために設計された確率的なデータ構造）などです。

　eBPF Mapタイプの一部は特定の種類のオブジェクトについての情報のみを保持します。例えば、
sockmap（https://oreil.ly/UUTHO）やdevmap（https://oreil.ly/jzKYh）はソケットやネット
ワークデバイスに関する情報を保持し、ネットワーク関連のeBPFプログラムでトラフィックをリ
ダイレクトするために使われます。プログラム配列のMapは、インデックス化されたeBPFプロ
グラムの集合を保持します。これは末尾呼び出し（Tail Call）を実現するために使います。これに
よって、あるプログラムが他のプログラムを呼び出せます。他のMapの情報を保持する「Mapの
Map」（https://oreil.ly/038tN）も定義できます。

　情報をCPUごとに保持するためのMapタイプもあります。そのMapではCPUコアごとに値を
持ち、それぞれカーネル上で別のメモリ領域を使います。逆に言えば、全CPUで共有されるMap
へ、複数のCPUコアが同時に同じMap上の値にアクセスして問題が発生してしまうのではないか
と思うかもしれません。この問題を避けるために、いくつかのMapはカーネルv5.1から排他制御
のためのスピンロックをサポートしています。この件については「**5章　CO-RE、BTF、libbpf**」
で再度触れます。

　次の例（GitHubリポジトリ（https://github.com/lizrice/learning-ebpf）のchapter2/hello-
map.py）ではハッシュテーブルMapを用いた基本的な操作を示します。これはMapをPythonか
ら簡単に使うためにBCCが提供する機能の例としても有益なものでしょう。

2.3.1　ハッシュテーブルMap

　本章のここまでの例と同様に、このeBPFプログラムはexecve()システムコールの呼び出し時
のkprobeにアタッチします。このプログラムではハッシュテーブルを作成し、そのKeyはLinux
のユーザIDで、ValueはそのユーザIDが動かすプロセスがexecve()を呼んだ回数のカウンタです。
この例では、それぞれのユーザが何回プログラムを走らせたかを見ることができます。

　まず、eBPFプログラム自体のC言語のコードを見てみましょう。

```
BPF_HASH(counter_table);                          ❶

int hello(void *ctx) {
    u64 uid;
    u64 counter = 0;
    u64 *p;

    uid = bpf_get_current_uid_gid() & 0xFFFFFFFF;  ❷
    p = counter_table.lookup(&uid);                ❸
    if (p != 0) {                                  ❹
        counter = *p;
    }
    counter++;                                     ❺
    counter_table.update(&uid, &counter);          ❻
    return 0;
}
```

❶ BPF_HASH() はハッシュテーブル Map を定義するための BCC のマクロである。

❷ bpf_get_current_uid_gid() はこの kprobe イベントをトリガーしたプロセスを所有している ユーザ ID を取得する。返ってきた 64 ビット長の値のうち、下位 32 ビットがユーザ ID である（上位の 32 ビットにはグループ ID が入っているが、今回はその部分はビットマスク操作で削除している）。

❸ ハッシュテーブルに、対応するユーザ ID のエントリがあるかを確認している。存在する場合はハッシュテーブル内の対応する値へのポインタを返す。

❹ ユーザ ID に対応するエントリがあった場合、counter という変数にハッシュテーブルの現在の値（p ポインタが示す値）を設定する。ユーザ ID に対応するエントリがなかった場合は、ポインタの値は 0 になり、カウンタの値も 0 のままである。

❺ カウンタの値を 1 増やす。

❻ 新しいカウンタの値でハッシュテーブル内のユーザ ID のエントリを更新する。

ハッシュテーブルにアクセスするコードをより詳しく見てみましょう。

❸と❻は正しい C 言語のコードではありません。C 言語ではこういう書き方をする「メソッド」を構造体に定義することはできません[7]。BCC から使える C 言語は実のところ、C 言語そのものではなく、C に似ているけれども、いくつかの便利なショートカット記法やマクロを使えるようになっている C 風の言語なのです。BCC はこの言語を「正しい」C 言語のコードに変換した上でコンパイルします。

この C 言語のコードは program という Python の文字列になっています。「Hello World」の例と同様、プログラムをコンパイルして、カーネルにロードして、execve kprobe にアタッチすることになります。

```
b = BPF(text=program)
syscall = b.get_syscall_fnname("execve")
b.attach_kprobe(event=syscall, fn_name="hello")
```

ハッシュテーブルから情報を読み出すためには、Python 側のコードで少し複雑な操作をする必要があります。

```
while True:                                    ❶
    sleep(2)
    s = ""
    for k,v in b["counter_table"].items():     ❷
        s += f"ID {k.value}: {v.value}\t"
    print(s)
```

❶ この部分のコードは無限ループになっていて、2 秒ごとに採取した情報を出力する。

❷ BCC はハッシュテーブルにアクセスするための Python のオブジェクトを自動で作成する。ここではテーブルにあるすべてのキーと値を出力している。

筆者の環境で、このコードの実行中にもう 1 つ仮想端末を立ち上げて適当にコマンドを実行した

---

[7] C++ならできる。

結果を示します。左側がeBPFプログラムの出力、右側がその出力の契機になったコマンドの実行です。

```
Terminal 1                        Terminal 2
$ ./hello-map.py
                                  [blank line(s) until I run something]
ID 501: 1                         ls
ID 501: 1
ID 501: 2                         ls
ID 501: 3         ID 0: 1         sudo ls
ID 501: 4         ID 0: 1         ls
ID 501: 4         ID 0: 1
ID 501: 5         ID 0: 2         sudo ls
```

この例ではイベント発生有無に関わらず2秒ごとに1行を出力します。最後の行の出力直後には、ハッシュテーブルは以下2つのエントリを保持しています。

- key=501, value=5
- key=0, value=2

もう1つのターミナルではユーザID 501でシェルを立ち上げています。lsコマンドをこのユーザIDで実行すると、execve()カウンタの値が増加します。sudo lsを実行した場合、2回execveを呼び出すことになります。1回はsudoの呼び出しで、ユーザID 501で実行されます。もう1回はlsの呼び出しで、ユーザID 0のrootとして呼び出します。

この例では、eBPFプログラムからユーザ空間にデータを運ぶためにハッシュテーブルを使いました（ここではハッシュテーブルを使いましたが、キーが整数なので、配列タイプのMapも使えたでしょう）。ハッシュテーブルは取得したいデータがKey-Valueペアで自然に表せるものであるときは便利です。その一方でデータが更新されたかどうかを確認するためにユーザ空間のコードから定期的にテーブルの中身を確認する必要があります。現在のLinuxカーネルはperfサブシステムをカーネルからユーザ空間にデータを送る機構として使えるようになっています。そしてeBPFはPerfリングバッファと、その後継者とも言えるBPFリングバッファが使えます。では早速見てみましょう。

2.3.2 Perfリングバッファ Map

本節では「Hello World」をもう少し作り込んだバージョンを紹介します。具体的にはBCCのBPF_PERF_OUTPUTマクロの利用によって、Key-Valueペアではなくユーザが定義したデータ構造をPerfリングバッファ Mapに書き込みます。

「BPFリングバッファ」と呼ばれるより新しいデータ構造も存在し、カーネルv5.8以上であれば、一般にPerfリングバッファよりも好んで使われます。Andrii Nakryikoは彼の「BPF ring buffer」（BPFリングバッファ、https://oreil.ly/ARRyV）というブログ記事で両者の違いを論じています。BCCのPERF_RINGBUF_OUTPUTの利用例は**「4章 bpf()システムコール」**で確認できます。

リングバッファとは

リングバッファはもちろんeBPF固有の概念ではありませんが、読者が初めて知った場合のためにここで説明します。メモリの一部の領域を論理的な輪（ring）のように使うと考えてみてください。その領域は「書き込み」と「読み出し」のポインタが別々になっています。この領域のどこかを指す書き込みポインタに任意長のデータを書き込むとき、データの直前にデータ自身の長さを含むヘッダ情報も書き込まれます。同時に書き込みポインタをそのデータの末尾に移動させ、次の書き込みを待ちます。

読み出しについては領域のどこかにある読み出しポインタから所定量のデータを読み出し、書き込みポインタと同じ方向に、データの長さの分だけ読み出しポインタを移動させます。別々の長さの3つのアイテムを読み出し可能なリングバッファを**図2-3**に示します。

読み出しポインタが書き込みポインタに追いついてしまったら、それ以上読み出すべきデータが存在しないことを示します。書き込みによって書き込みポインタが読み出しポインタを追い越してしまうようになった場合は、データは書き込まれず、**ドロップカウンタ**の値が増加します。読み出し操作はドロップカウンタの参照によって最後の読み出しの後にデータロストが発生したか否かを確認できます。

読み出しと書き込みが全く同じ割合で同じ量のデータを読み書きしていた場合、少なくとも理論的は1つのデータをちょうど格納できるサイズのリングバッファを用意すれば十分です。しかし大抵のアプリケーションは2つの操作の発生パターンには差があるので、リングバッファを作る際はバッファサイズを適切に決める必要があります。

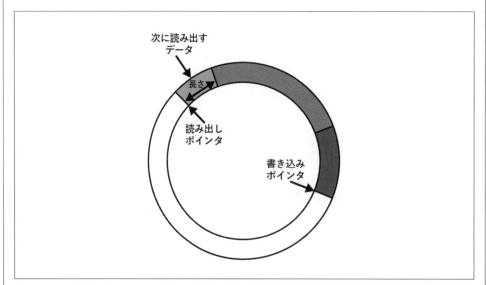

図2-3　リングバッファ

今回のコードのサンプルはGitHubリポジトリ（http://github.com/lizrice/learning-ebpf）のchapter2/hello-buffer.pyにあります。本章の初めに紹介した「Hello World」の例と同様に、今

回も execve() システムコールが呼ばれるたびに "Hello World" の文字列を出力します。一緒に execve() を発行したプロセス ID とコマンド名も調べて、前の例と似たような出力にします。前の例では使っていなかった BPF ヘルパ関数もいくつか紹介します。

次に示すのが、カーネルにロードされる eBPF プログラムの例です。

```
BPF_PERF_OUTPUT(output);                                          ❶

struct data_t {                                                  ❷
    int pid;
    int uid;
    char command[16];
    char message[12];
};

int hello(void *ctx) {
    struct data_t data = {};                                     ❸
    char message[12] = "Hello World";

    data.pid = bpf_get_current_pid_tgid() >> 32;                 ❹
    data.uid = bpf_get_current_uid_gid() & 0xFFFFFFFF;           ❺

    bpf_get_current_comm(&data.command, sizeof(data.command));   ❻
    bpf_probe_read_kernel(&data.message, sizeof(data.message), message); ❼

    output.perf_submit(ctx, &data, sizeof(data));                ❽

    return 0;
}
```

❶ BCC はカーネルからのメッセージをユーザ空間に渡す Map を作るための `BPF_PERF_OUTPUT` マクロを提供している。この Map の名前は output である。

❷ hello() が起動するごとに書き込むデータの型である **data_t** 型の定義。プロセス ID、現在実行中のコマンド名、テキストメッセージを示すフィールドを持つ。

❸ data は送信する予定のデータを保持するローカル変数で、message は「Hello World」の文字列を保持する。

❹ bpf_get_current_pid_tgid() は、この eBPF プログラムをトリガーしたプロセスの ID を取得するヘルパ関数である。この関数は 64 ビットの値を返し、上位の 32 ビットがプロセス ID を示す[8]。

❺ bpf_get_current_uid_gid() はユーザ ID を取得するためのヘルパ関数である。

❻ bpf_get_current_comm() は、execve() システムコールを呼び出したプロセスを立ち上げた実行ファイル（つまり「コマンド」）の名前を取得するヘルパ関数である。この値はプロセ

---

[8] 下位の 32 ビットは**スレッド ID** と呼ばれる。シングルスレッドのプロセスにおいては、この値はプロセス ID と同じである。プロセスが 2 つ以上スレッドを立ち上げている場合、2 つのスレッドは異なるスレッド ID を持つ。詳しく知りたければ GNU C ライブラリのドキュメント（https://oreil.ly/Wo9k3）を参照。

スやユーザIDのような整数ではなく、文字列である。C言語では文字列は単純に=を使って代入することはできないので、このようなヘルパ関数を使う必要がある。対象の文字列が書き込まれている&data.commandをヘルパ関数の引数として渡さなければいけない。

❼ この例で書き込むメッセージは常に"Hello World"である。bpf_probe_read_kernel()はこの文字列をdata変数のmessageフィールドにコピーする。

❽ ここでdata変数にはプロセスID、コマンド名、メッセージがセットされている。output.perf_submit()によって、この変数のデータをMapに挿入する。

最初の「Hello World」の例と同じように、このCプログラムはprogramというPython文字列に代入されています。以下は後半のPythonコードです。

```python
b = BPF(text=program)                            ❶
syscall = b.get_syscall_fnname("execve")
b.attach_kprobe(event=syscall, fn_name="hello")

def print_event(cpu, data, size):                ❷
    data = b["output"].event(data)
    print(f"{data.pid} {data.uid} {data.command.decode()} " + \
            f"{data.message.decode()}")

b["output"].open_perf_buffer(print_event)        ❸
while True:                                       ❹
    b.perf_buffer_poll()
```

❶ C言語のコードをコンパイルし、カーネルにロードし、システムコールにアタッチする行は最初の「Hello World」の例と同じ。

❷ print_eventはデータを画面に出力するためのコールバック関数である。BCCは内部で複雑な操作ラップをして、コード内でb["output"]と書くだけでMapを参照し、b["output"].event()でデータを利用できるようにしている。

❸ b["output"].open_perf_buffer()はPerfリングバッファを開く。この関数はデータがバッファから読み出されたときに使われるコールバックとして、print_eventを引数に使う。

❹ ここで無限ループして[9]、Perfリングバッファをポーリング（定期的に参照）する。まだ取り出していないデータがあれば、取り出してprint_eventを呼び出す。

このコードを実行すると、元々の「Hello World」と大体同じような出力となります。

```
$ sudo ./hello-buffer.py
11654 node Hello World
11655 sh Hello World
...
```

---

[9] これはあくまでサンプルコードなので、Ctrl+Cなどによる割り込みが発生したときのクリーンアップ処理をはじめとするエラー処理はしていない。

　これまでの例のように、出力をトリガーするには同じマシンで別のターミナルを開いてコマンドを実行するとよいでしょう。

　このプログラムと元々の「Hello World」の例との大きな違いは、元のプログラムが単一のトレース用擬似ファイルをパイプとして使っていたのに対して、今回のデータはoutputという名前のリングバッファMapを経由して渡していることです。このMapは**図2-4**で示す通りこのプログラムが自分用に作ったものです。

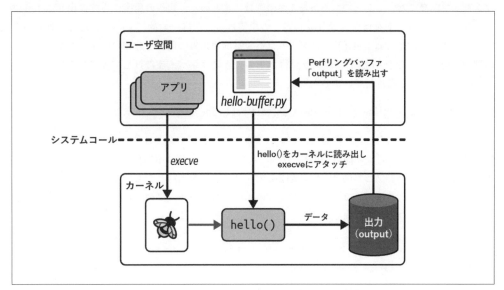

図2-4　Perfリングバッファをカーネルからユーザ空間へデータを渡すために利用する

　トレース用の擬似ファイルに情報が渡っていないことは、次のようなコマンドで確認できます。

```
cat /sys/kernel/debug/tracing/trace_pipe
```

　この例では、リングバッファMapの使い方を示したのに加えて、eBPFプログラムをトリガーしたイベントに関するコンテクスト情報を取得するいくつかのeBPFヘルパ関数も利用しています。ここまで、ユーザID、プロセスID、実行したコマンドの名前を取得するヘルパ関数を説明しました。**「7章　eBPFのプログラムとアタッチメントタイプ」**で説明するように、利用できるコンテクスト情報の集合や、取得のため使用可能なヘルパ関数は、プログラムのタイプと、どのイベントでトリガーされたかに依存します。

　このように、イベントが実行されたコンテクスト情報をeBPFから取得できると可観測性の向上に役立ちます。イベントが発生するたびに、イベントが発生した事実だけではなく、イベントがどういうコンテクストで起こったのかの情報も得られます。すべての情報はカーネル内部で収集しており、イベントが発生するたびに同期的にユーザ空間とカーネル空間のコンテクストスイッチをせずに済みます。これによって情報採取は高速に処理できます。

　本書では今後、eBPFプログラムがどのようにコンテクスト情報を変更するか、どうやってイベ

ント自体を発生しないようブロックするかという例とともに、eBPFヘルパ関数が他のコンテクスト情報を集めるのに使われる例についても示します。

2.3.3 関数呼び出し

eBPFプログラムはカーネルが提供するヘルパ関数を呼び出せるということはすでに説明しました。では、eBPFプログラム内で処理を関数に切り出したい場合はどうすればいいでしょうか。ソフトウェア開発において共通のコードを1つの関数にまとめて、複数の場所から呼び出せるようにし、同じようなコードを何度も繰り返し書くのを避けることは一般的によいことだとされています[10]。初期のeBPFでは、eBPFプログラムはヘルパ関数以外の関数を呼び出せませんでした。この制限を回避するため、eBPFプログラマは以下のようにコンパイラに対して「関数を常にインライン化すること」と指示していました。

```
static __always_inline void my_function(void *ctx, int val)
```

通常ソースコードに書かれた関数は、コンパイルされるとジャンプ命令を生成します。関数呼び出しは、呼び出される対象の関数の最初の命令へのジャンプ命令に相当します。関数の実行終了後、元の場所にまたジャンプして戻ります。**図2-5**の左側はそれを図解したものです。右側は、関数がインライン化したときについて図解しています。この場合はジャンプ命令は生成されず、その関数に対応する命令のコピーを、関数呼び出しの箇所に直接配置します。

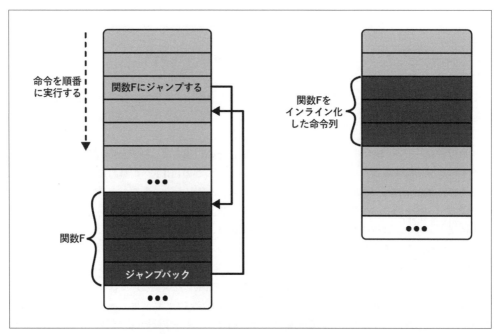

図2-5　インライン化されていない関数と、インライン化された関数の命令のレイアウト

---

[10] この原則はしばしば「DRY」（「Don't Repeat Yourself」、繰り返しを避けること）と呼ばれている。*The Pragmatic Programmer*（https://oreil.ly/QFich、邦題『達人プログラマー 第2版』オーム社）により有名になった。

　関数が複数の箇所から呼び出されているなら、呼び出されている回数だけコードがコピーされます。コンパイラは最適化のためにプログラマによる指示がなくても関数をインライン化することがあります。これが原因で特定の関数のkprobeにeBPFプログラムをアタッチできないことがあります。これについては「**7章　eBPFのプログラムとアタッチメントタイプ**」で再度触れます。

　Linuxカーネルv4.16とLLVM 6.0から、関数をインライン化しなければならないという制約は撤廃されて、eBPFプログラマは関数呼び出しをより自然に書けるようになりました。BPFプログラムからBPFプログラムの関数（BPFサブプログラムとも呼ばれます）を呼び出す機能はBCCでは現在もサポートされていません。このため、この機能については次章で扱います（もちろん、インライン化されていれば引き続きBCCでも関数を使うことはできます）。

　複雑な機能をより小さい部分に分けるにはTail Call（末尾呼び出し）という方法もあります。

2.3.4　Tail Call

　ebpf.io（https://oreil.ly/Loyuz）で説明されている通り、Tail Callは別のeBPFプログラムを呼び出して実行し、実行時のコンテクストを置き換えます。これはexecve()システムコールが普通のプロセスに対して行っているものに近いと言えます。すなわち、Tail Callの実行が完了しても、呼び出し元のeBPFプログラムには復帰しないのです。

> Tail Call（末尾呼び出し、https://oreil.ly/cOA1r）はeBPFプログラムの固有の概念ではありません。一般的な末尾呼び出しの目的は、関数が再起的に呼び出された結果、スタックに対して何度も何度もフレームが追加されて、最終的にスタックオーバーフローに至るという問題を回避することです。もし、あなたが自分のコードで再帰関数呼び出しをするとき、再帰的な呼び出し箇所を関数の最後（末尾）に置いたとしたら、その関数呼び出しに紐づいたスタックフレームは実際には使う必要がありません[11]。末尾呼び出しは、一連の関数呼び出しに対してスタックを成長させずに済みます。これは特に、スタックが512バイトしかない（https://oreil.ly/SZmkd）eBPFにおいてはメリットが大きいです。

　Tail Callはbpf_tail_call()ヘルパ関数を使って実現します。この関数のシグネチャは次の通りです。

```
long bpf_tail_call(void *ctx, struct bpf_map *prog_array_map, u32 index)
```

この関数の3つの引数は、次のような意味を持ちます。

- ctxは呼び出しているeBPFプログラムのコンテクストを呼び出し先に渡している。
- prog_array_mapはBPF_MAP_TYPE_PROG_ARRAY型のeBPF Mapで、eBPFプログラムを特定するファイル記述子の集合を持っている。
- indexはそのMapの中のどのeBPFプログラムが実行されるべきかを示している。

　このヘルパは成功した場合は復帰しないという特徴があります。現在動作しているスタック上のeBPFプログラムは、呼び出されたプログラムで丸ごと置き換わります。失敗した場合、例えば指

※11　訳注：スタックには一般的にはその関数を呼び終えた後の戻り先のアドレスが置かれるが、末尾で関数を呼び出しているので、戻るためのアドレスは不要だからだ。

定されたプログラム配列Mapに存在しないような場合は、呼び出し元のプログラムの実行は継続します。

　BCCを使ってPythonで書かれた単純な例を見てみましょう。このコードはGitHubリポジトリ（http://github.com/lizrice/learning-ebpf）のchapter2/hello-tail.pyにあります。「メイン」のeBPFプログラムは、すべてのシステムコール呼び出しの共通の入口であるtracepointにアタッチされます。このプログラムはシステムコールを呼び出すたびにメッセージを出力します。システムコールの番号が違えば別のメッセージを出力します。このプログラムの実装にTail Callを使います。指定されたシステムコール番号に対応するTail Callがない場合は、プログラムは一般用のメッセージを出力します。

　BCCフレームワークを使っているのなら、Tail Call（https://oreil.ly/rT9e1）のためのよりシンプルな呼び出し方ができます。

```
prog_array_map.call(ctx, index)
```

eBPFのコードをコンパイラに渡す前に、BCCはこの行を次のような行に書き換えます。

```
bpf_tail_call(ctx, prog_array_map, index)
```

次に示すのが、eBPFプログラムとそれらをTail CallするためのCコードです。

```
BPF_PROG_ARRAY(syscall, 300);                              ❶

int hello(struct bpf_raw_tracepoint_args *ctx) {           ❷
    int opcode = ctx->args[1];                             ❸
    syscall.call(ctx, opcode);                             ❹
    bpf_trace_printk("Another syscall: %d", opcode);       ❺
    return 0;
}

int hello_execve(void *ctx) {                              ❻
    bpf_trace_printk("Executing a program");
    return 0;
}

int hello_timer(struct bpf_raw_tracepoint_args *ctx) {     ❼
    if (ctx->args[1] == 222) {
        bpf_trace_printk("Creating a timer");
    } else if (ctx->args[1] == 226) {
        bpf_trace_printk("Deleting a timer");
    } else {
        bpf_trace_printk("Some other timer operation");
    }
    return 0;
}

int ignore_opcode(void *ctx) {                             ❽
```

```
    return 0;
}
```

❶ BCCは`BPF_PROG_ARRAY`マクロを提供し、`BPF_MAP_TYPE_PROG_ARRAY`型のMapを簡単に定義できるようにしている。このMapは`syscall`という名前であり、エントリ数は300である[12]。

❷ 後述するユーザ空間のコードの中で、この行のeBPFプログラムを`sys_enter` Raw Tracepointにアタッチする。Raw Tracepointはあらゆるシステムコールを呼ぶ際に起動する。Raw TracepointにアタッチされたeBPFプログラムに渡されるコンテクストは、この`bpf_raw_tracepoint_args`構造体の形になる。

❸ `sys_enter`の場合、Raw Tracepointの引数には、どのシステムコールが呼ばれたかを区別するための番号が含まれている。

❹ システムコール番号に対応するサブeBPFプログラムを呼び出すTail Callをしている。この行はBCCが`bpf_tail_call()`に書き換えられてからコンパイラに渡す。

❺ Tail Callが成功した場合、この行のシステムコール番号の出力にはたどり着かない。この行以降は、Mapの中に対応するプログラムがなかった場合のデフォルトのトレース出力をするために使っている。

❻ `hello_execve()`は`syscall` Mapにロードするためのプログラムで、システムコール番号が`execve()`のものであったことを示す。これはTail Callとして呼び出される。ここでは単に1行のトレース出力によって、新しいプログラムが実行されたことをユーザに伝えている。

❼ `hello_timer()`も`syscall` Mapにロードされるためのプログラムである。このプログラムは後述するように`syscall`中の複数のエントリから参照している。

❽ `ignore_opcode()`は何もしないTail Callのプログラムである。このプログラムはトレース出力をしてほしくないシステムコールのために使う。

上述のeBPFプログラムのロード、および管理をするユーザ空間側のコードを確認してみましょう。

```
b = BPF(text=program)
b.attach_raw_tracepoint(tp="sys_enter", fn_name="hello")      ❶

ignore_fn = b.load_func("ignore_opcode", BPF.RAW_TRACEPOINT)  ❷
exec_fn = b.load_func("hello_exec", BPF.RAW_TRACEPOINT)
timer_fn = b.load_func("hello_timer", BPF.RAW_TRACEPOINT)

prog_array = b.get_table("syscall")                           ❸
prog_array[ct.c_int(59)] = ct.c_int(exec_fn.fd)
prog_array[ct.c_int(222)] = ct.c_int(timer_fn.fd)
prog_array[ct.c_int(223)] = ct.c_int(timer_fn.fd)
prog_array[ct.c_int(224)] = ct.c_int(timer_fn.fd)
prog_array[ct.c_int(225)] = ct.c_int(timer_fn.fd)
```

---

[12]　Linuxには300強のシステムコールがあるが、この例では最近追加されたシステムコールは使わないため、300で十分と言える。

```
prog_array[ct.c_int(226)] = ct.c_int(timer_fn.fd)

# Ignore some syscalls that come up a lot                          ❹
prog_array[ct.c_int(21)] = ct.c_int(ignore_fn.fd)
prog_array[ct.c_int(22)] = ct.c_int(ignore_fn.fd)
prog_array[ct.c_int(25)] = ct.c_int(ignore_fn.fd)
...

b.trace_print()                                                    ❺
```

❶ ユーザ空間のコードは、以前の例のようにkprobeにアタッチせず、メインのeBPFプログラムをsys_enter Raw Tracepointにアタッチしている。

❷ b.load_func()の呼び出しは、それぞれのTail Callプログラムに対応するファイル記述子を返す。Tail Callのプログラムは親プログラムと同じBPF.RAW_TRACEPOINTタイプでなければならない。また、それぞれのTail Callプログラムは、それぞれ固有の機能を持つ独立したeBPFプログラムである。

❸ ユーザ空間のコードはsyscall Mapのエントリを作成している。このMapには全システムコールを登録する必要はない。対応するエントリが存在しないシステムコールが呼ばれたらTail Callが呼び出されないだけである。複数のエントリが同一のeBPFプログラムを参照していてもかまわない。今回は、タイマ関連のシステムコールが呼び出された場合はすべてhello_timer() Tail Callをする。

❹ いくつかのシステムコールはシステムにより非常に高い頻度で呼び出されるので、トレース出力をしていると、出力結果によって端末が埋め尽くされてしまう。この問題を防ぐため、これらのシステムコールを呼び出したときは、何もしないignore_opcode() Tail Callをしている。

❺ ユーザがプログラムを止めるまで、トレース結果を端末に出力する。

このプログラムを実行すると、あらゆるシステムコール呼び出しのたびにトレース出力が発生します。ただしignore_opcode() Tail Callに関連付いたシステムコールは除きます。以下はlsを別の端から実行した際の出力例です（読みやすさのため、いくつか出力を加工しています）。

```
./hello-tail.py
b'    hello-tail.py-2767    ... Another syscall: 62'
b'    hello-tail.py-2767    ... Another syscall: 62'
...
b'          bash-2626    ... Executing a program'
b'          bash-2626    ... Another syscall: 220'
...
b'          <...>-2774    ... Creating a timer'
b'          <...>-2774    ... Another syscall: 48'
b'          <...>-2774    ... Deleting a timer'
...
b'            ls-2774    ... Another syscall: 61'
b'            ls-2774    ... Another syscall: 61'
...
```

システムコールごとに別々のTail Callプログラムが呼び出されていることがわかります。Tail CallプログラムのMapにエントリが存在しないシステムコールには、`Another syscall`というデフォルトのメッセージが表示されていることもわかります。

 Paul Chaignonのブログ記事「cost of BPF tail calls（BPF Tail Callのコスト）」（https://oreil.ly/jTxcb）には、カーネルバージョンごとのTail Callの実行コストの違いについて書かれています。

Tail Callはカーネルv4.2からサポートされていましたが、以前はBPF関数からはTail Callができませんでした。この制限はカーネルv5.10で撤廃されました[13]。

Tail Call呼び出しを繋げられる数は33個までです。これに加えて1つのeBPFプログラムの命令数は1万個以下に制限されています。この制限の元でも、eBPFプログラマがある程度複雑なeBPFプログラムを作るには十分でしょう。

2.4 まとめ

本章では、eBPFプログラムはカーネル内で実行されること、および、イベント発生時に実行されることを学びました。これに加えてカーネルからユーザ空間にBPF Mapを使ってデータが渡されることを学びました。BCCフレームワークを使うと、プログラムのビルドとイベントへのアタッチについての詳細が隠蔽されます。次章ではBCCとは別のアプローチを使った「Hello World」を紹介することによって、隠蔽された部分について明らかにしていきましょう。

2.5 演習

「Hello World」をもう少し深掘りしてみたい場合は、本節の演習問題に取り組んでみてください。

1. eBPFプログラム`hello-buffer.py`を改変して、プロセスIDが奇数か偶数かに応じて別々のメッセージを表示せよ。

2. `hello-map.py`を改造して、2つ以上のシステムコールからeBPFのコードがトリガーされるようにせよ。例えば、`openat()`はファイルをオープンしたときに共通で呼び出されるし、`write()`はファイルにデータを書き込んだら呼ばれる。eBPFプログラム`hello`を複数のシステムコールkprobeにアタッチするところから始めてもよいだろう。それからeBPFプログラム`hello`を変更したバージョンを別々のシステムコールのために用意し、同じMapに複数のプログラムからアクセスできることを確認せよ。

3. eBPFプログラム`hello-tail.py`は、**どんな**システムコールの呼び出しがされても呼び出されるRaw Tracepointである`sys_enter`にアタッチする例である。`hello-tail.py`をそれぞれのユーザIDごとに呼び出されるすべてのシステムコール呼び出しの合計を表示するように

---

[13] BPFサブプログラムのTail Call呼び出しには次章で述べるJITコンパイラのサポートが必要だ。筆者の環境で動作しているカーネルはx86環境のJITコンパイラだけがサポートされているが、カーネル6.0からはARMアーキテクチャのサポートも追加されている（https://oreil.ly/KYUYS）。

変更せよ。その際、同じsys_enter Raw Tracepointにアタッチすること。

次に示すのが、筆者がこの変更を適用した後のプログラム出力の例である。

```
$ ./hello-map.py
ID 104: 6     ID 0: 225
ID 104: 6     ID 101: 34    ID 100: 45    ID 0: 332    ID 501: 19
ID 104: 6     ID 101: 34    ID 100: 45    ID 0: 368    ID 501: 38
ID 104: 6     ID 101: 34    ID 100: 45    ID 0: 533    ID 501: 57
```

4. BCCの`RAW_TRACEPOINT_PROBE`（https://oreil.ly/kh-j4）マクロはRaw Tracepointへのアタッチを簡易化して、ユーザ空間のBCCコードに自動的に指定されたtracepointにアタッチするように指示する。hello-tail.pyを次のように変更せよ。

- hello()関数の定義を、`RAW_TRACEPOINT_PROBE(sys_enter)`を利用して置き換える。
- `b.attach_raw_tracepoint()`を利用した明示的なアタッチをPythonコードから削除する。

BCCはコードを自動的にRaw tracepointにアタッチするので、このプログラムは元のプログラムと全く同じように動くことがわかるはずだ。`RAW_TRACEPOINT_PROBE`もBCCが提供する便利なマクロの1つである。

5. hello_map.pyをさらに改変して、ハッシュテーブルのキーが（特定のユーザではなく）特定のシステムコールを意味するようにせよ。出力は、システム全体でそれぞれのシステムコールが何回呼び出されたかを示すようになる。

3章
eBPF プログラムの仕組み

　前章では、BCCフレームワークを用いて簡単なeBPFの「Hello World」を確認しました。本章ではすべてC言語で書かれた「Hello World」プログラムの例を示し、BCCが水面下に隠している処理の詳細を理解できるようにします。

　この章ではeBPFプログラムのソースコードが実行されるまでに何が起きているのかについても述べます。これを図示したのが**図3-1**です。

図3-1　C言語（もしくはRust）のソースコードはeBPFのバイトコードにコンパイルされ、実行時にネイティブの機械　　　語命令にJITコンパイルあるいは逐次翻訳される

　eBPFプログラムはeBPFバイトコードの命令列です。アセンブリ言語でプログラムを書くように、eBPFプログラムをこのバイトコードで書くこともできます。ただし普通はバイトコードよりも扱いやすい高水準プログラミング言語を使います。少なくとも本書執筆時点では、ほぼすべてのeBPFコードはC言語で書かれており、それらがeBPFバイトコードにコンパイルされます[1]。

　概念的には、このバイトコードはカーネル内にあるeBPF仮想マシンの中で動きます。

3.1　eBPF仮想マシン

　eBPF仮想マシンは、その他の仮想マシンと同じように、コンピュータをソフトウェアで実装したものです。eBPF仮想マシンはeBPFのバイトコード命令列をプログラムとして受け取り、その命令列を、システムが動作しているCPUで動くネイティブなマシン命令に翻訳します。

　eBPFの初期の実装では、eBPFプログラムが実行されるたびにカーネルの中でeBPFマシンが、

---

[1]　eBPFプログラムは徐々にRustでも書かれつつある。なぜならRustコンパイラはeBPFバイトコードをコンパイルター　　ゲットとしてサポートしているためだ。

バイトコード命令を逐次翻訳していたのです。すべての命令を逐次検査、機械語に翻訳、実行していました。現在では、このプロセスは性能の理由から概ね JIT（Just-In-Time、「その場で行う」）コンパイルに置き換わっています。これに加えて、eBPFインタプリタに存在しうる Spectre[※2]関連の脆弱性を回避したいという背景もありました。ここで言う「コンパイル」は、プログラムをカーネルにロードする際にバイトコードのネイティブマシン命令への翻訳が1回だけ発生するということです。

　eBPFバイトコードはさまざまな命令から構成されており、eBPFレジスタと呼ばれる仮想的なレジスタを操作します。eBPFの命令セットとレジスタモデルは一般的なCPUアーキテクチャに合わせて設計されています。このため、バイトコードからマシンコードへのコンパイルや逐次実行のステップは比較的簡単に行えます。

3.1.1　eBPFレジスタ

　eBPF仮想マシンには0-9という番号が振られた10個の汎用レジスタが存在します。これに加えてスタックフレームポインタとして使われるレジスタ10が存在します。レジスタ10は読み出しはできますが、書き込みはできません。BPFプログラム実行中はプログラムの状態をレジスタに保存します。

　これらeBPF仮想マシンのeBPFレジスタがソフトウェアで実装されているということを理解するのは重要です。これらレジスタは、Linuxカーネルソースコードのinclude/uapi/linux/bpf.h（https://oreil.ly/_ZhU2）ヘッダファイルの中でenum型のBPF_REG_0からBPF_REG_10として定義されています。

　eBPFプログラムのコンテクスト引数はプログラムの実行前にレジスタ1にロードされます。関数の戻り値は、レジスタ0に保存します。

　eBPFコードの関数を呼び出すと、関数の引数をレジスタ1から5までに設定します。引数の数が5未満であれば一部レジスタは使いません。

3.1.2　eBPF命令

　linux/bpf.hヘッダファイル（https://oreil.ly/_ZhU2）にはbpf_insnという構造体が定義されており、1つのBPF命令を表現しています。

```
struct bpf_insn {
    __u8 code;          /* opcode */              ❶
    __u8 dst_reg:4;     /* dest register */       ❷
    __u8 src_reg:4;     /* source register */
    __s16 off;          /* signed offset */       ❸
    __s32 imm;          /* signed immediate constant */
};
```

❶ それぞれの命令はオペコードを持っていて、どの命令がどの操作を実行するかを定義して

※2　訳注：2018年に公表された、CPUの投機実行に関連する、影響範囲の広い脆弱性のこと。

いる。例えば、レジスタの内容に値を加算する、もしくはプログラムの中の別の命令に
ジャンプ[※3]する、などである。IO Visorプロジェクトの「非公式eBPF仕様」（https://
oreil.ly/FXcPu）というドキュメントに、有効な命令の一覧がある。

❷ ある命令は最大2つのレジスタに影響を与える。

❸ 命令によってはオフセットの値、または整数の「即値」が必要になる。両方必要になるこ
　 ともある。

　bpf_insn構造体の大きさは64ビット（8バイト）ですが、一部の命令については、必要な情報
を伝えるためにはこの大きさでは足りません。例えばレジスタに64ビットの値を設定する命令は、
この構造体では表現できません。この場合は後述の**ワイド命令エンコーディング**を使います。これ
を使うと命令の長さは16バイトになります。

　eBPFプログラムをカーネルにロードするときに、バイトコードはbpf_insn構造体の配列として
表現されます。eBPF検証器はこの配列に対していくつかのチェックを行い、コードを実行しても
安全かどうかを確認します。この安全性確認のプロセスについては**「6章　eBPF検証器」**で詳し
く説明します。

　ほとんどのオペコードは次のカテゴリのうちどれかに該当します。

- 値をレジスタにロードするもの（即値をロードするものか、メモリあるいはレジスタの値
  をロードするもの）
- レジスタの値をメモリに保存するもの
- 算術演算を行うもの。例えば、レジスタの内容にある値を加算するもの
- 特定の条件が満たされたら、別の命令にジャンプするもの

eBPFのアーキテクチャの全貌を把握したければCiliumプロジェクトのドキュメントの中にある
BPFとXDPのリファレンスガイド（https://oreil.ly/rvm1i）を読むとよいでしょう。さらに詳細を知
りたければ、カーネルのドキュメント（https://oreil.ly/_2XDT）にもeBPFの命令とそのエンコード
方法が書かれています。

　ここからは、eBPFプログラムを題材に、C言語のコードが、eBPFのバイトコード、そして機
械語命令になるまでを追っていきましょう。

自分自身でこのコードを動かしたい場合、GitHubリポジトリ（https://github.com/lizrice/learning-
ebpf）にあるリポジトリでコード、およびコードを実行するための環境設定についての情報をまと
めています。本章のコードはchapter3ディレクトリ以下にあります。
この章の例はC言語で書いており、libbpfと呼ばれるライブラリを利用しています。このライブラ
リについては**「5章　CO-RE、BTF、libbpf」**でも触れます。

※3　いくつかの命令はオペコードとは別のフィールドにより操作が「変更」される。例えば、アトミック操作の命令セット
　　（https://oreil.ly/oyTI7）がカーネルv5.12から導入されたが、それらは算術演算（ADD、AND、OR、XOR）の種類をimm
　　フィールドで指定する。

3.2　ネットワークインタフェース用のeBPF「Hello World」

前章ではシステムコールのkprobeにトリガーされて「Hello World」を出力しました。ここでは
ネットワークパケットを受け取った際に1行の出力をするeBPFプログラムを紹介します。

パケット処理はeBPFにおいて非常によく見かけるアプリケーションです。詳細は**「8章　ネッ
トワーク用eBPF」**で述べますが、ここではネットワークインタフェースがパケットを受け取るた
びに動作するeBPFプログラムの基本的な考え方を学びます。ここで紹介するプログラムは、パ
ケットの内容の確認、変更、およびカーネルがパケットをどう扱うべきかの決定（あるいは判断
（verdict））をします。決定処理はパケットを通常通り処理するか、もしくはドロップするか、あ
るいは別の場所にリダイレクトするかをカーネルに指示します。

この例では、プログラムはネットワークパケットに対して何も行いません。ネットワークパケッ
トを受信するたびに、単にHello Worldという単語と後述するカウンタの値をトレース用のパイプ
に書き込みます。

プログラムはchapter3/hello.bpf.cにあります。eBPFプログラムのソースコードはファイル名
をbpf.cで終わらせて、同じディレクトリに存在する（かもしれない）ユーザ空間のC言語コード
と区別することがよくあります。

```
#include <linux/bpf.h>                            ❶
#include <bpf/bpf_helpers.h>

int counter = 0;                                  ❷

SEC("xdp")                                        ❸
int hello(void *ctx) {                            ❹
    bpf_printk("Hello World %d", counter);
    counter++;
    return XDP_PASS;
}

char LICENSE[] SEC("license") = "Dual BSD/GPL";   ❺
```

❶ このサンプルプログラムの冒頭ではいくつかのヘッダファイルを読み出している。C言語
　に馴染みのない人向けの補足をすると、C言語ではソースコードにおいて使う構造体や関
　数を定義しているヘッダファイルを読み出す必要がある。このヘッダファイルはBPFに関
　連しているものだと名前から推測できる。

❷ BPFプログラムでグローバル変数を使う方法を説明するために使う。この変数はプログラ
　ムが動作するたびに値が増えるカウンタである。

❸ SEC()マクロはxdpというセクションを定義する。セクションの中身はコンパイル後のオブ
　ジェクトファイルを見ればわかる。**「5章　CO-RE、BTF、libbpf」**でセクション名をどう
　使うかを説明するが、ここではeBPFプログラムのタイプがXDP（eXpress Data Path）だ
　と示しているということだけわかればよい。

❹ ここがeBPFプログラムの実体である。eBPFでは、プログラム名は関数名と同じになる
　ため、このプログラム名はhelloである。この関数はヘルパ関数bpf_printkを使ってメッ

セージを出力し、グローバル変数 counter を増やし、XDP_PASS という値を返す。これによって、このパケットは通常通り取り扱うべしとカーネルに伝える。

❺ 最後に、ライセンス文字列を定義する別の SEC() マクロがある。この宣言は、BPF プログラムにとって重要な必須事項である。いくつかの BPF ヘルパ関数はライセンスが GPL の場合のみ利用できる。これらの関数を使いたければ、BPF コードのライセンスを GPL と互換性のあるものにする必要がある。ライセンスの観点で使ってはいけない関数を使っている場合、eBPF 検証器 (「**6章 eBPF検証器**」で解説します) はプログラムの実行を許可しない。「**9章 セキュリティ用eBPF**」で述べる BPF LSM を使うものなど、その他にも GPL 互換のライセンスでなければならない (https://oreil.ly/ItahV) eBPF のプログラムタイプがある。

> 前章の BCC を使った例ではメッセージの表示に bpf_trace_printk() を使っているのに、ここでは bpf_printk() を使っているのはなぜでしょうか。実はこの2つはどちらも bpf_trace_printk() というカーネル関数のラッパーです。Andrii Nakryiko はこれについてわかりやすいブログ記事 (https://oreil.ly/9mNSY) を書いています。

このプログラムはネットワークインタフェースの XDP フックにアタッチしている eBPF プログラムです。XDP のイベントは、ネットワークパケットが (物理、または仮想上の) ネットワークインタフェースに届いたときに発生すると考えてください。

> いくつかのネットワークカードは XDP のプログラムのオフロードをサポートしており、プログラムをネットワークカード自体で実行できます。このことは、到着したネットワークのパケットは、サーバの上に載った CPU に到着する前に、カードの上で処理可能であることを意味します。XDP のプログラムはそれぞれのパケットを検査したり、あるいは変更することもできます。なので例えば DDoS の防衛や、ファイアウォール、あるいはロードバランシングを非常に高速な方法で行う上で便利です。「**8章 ネットワーク用eBPF**」でより深く学びましょう。

ここまでで C 言語のソースコードをじっくり見てきました。ということで次のステップは、このコードをカーネルが理解できるオブジェクトファイルにコンパイルすることです。

3.3 eBPFオブジェクトファイルのコンパイル

前述の eBPF ソースコードは、eBPF 仮想マシンが理解できる機械語命令、つまり eBPF バイトコードにコンパイルする必要があります。LLVM プロジェクト (https://llvm.org) の Clang コンパイラは、-target bpf を指定すればこれを実現できます。以下は Makefile の中のコンパイル処理について書いた部分の抜粋です。

```
hello.bpf.o: %.o: %.c
    clang \
        -target bpf \
        -I/usr/include/$(shell uname -m)-linux-gnu \
        -g \
        -O2 -c $< -o $@
```

このコマンドはソースコードhello.bpf.cからhello.bpf.oというオブジェクトファイルを生成します。-gオプションは実行する際には必須ではありませんが※4、このフラグを指定するとデバッグ情報を埋め込んでくれるので、オブジェクトファイルの中身を見てバイトコードを表示する際に、対応するソースコードも表示できます。では実際にこのオブジェクトファイルの中身を見ることによってeBPFコードについての理解を深めましょう。

3.4 eBPFオブジェクトファイルを確認する

fileコマンドはファイルの中身がどのようなデータなのかを確認したいときによく使います。

```
$ file hello.bpf.o
hello.bpf.o: ELF 64-bit LSB relocatable, eBPF, version 1 (SYSV), with debug_info,
not stripped
```

この出力は、このファイルがELF（Executable and Linkable Format）ファイルであり、eBPFコードを含んでいて、LSB（least significant bit）アーキテクチャの64ビットプラットフォームのためのバイナリであることを示します。コンパイル時に-gオプションを指定していれば、デバッグ情報も含んでいます。

llvm-objdumpコマンドを使うと、オブジェクトファイル内のeBPF命令を表示できます。

```
$ llvm-objdump -S hello.bpf.o
```

出力内容がよくわからなくても、全く理解できないほどではないと思います。

```
hello.bpf.o:    file format elf64-bpf           ❶

Disassembly of section xdp:                      ❷

0000000000000000 <hello>:                        ❸
; bpf_printk("Hello World %d", counter);         ❹
    0:    18 06 00 00 00 00 00 00 00 00 00 00 00 00 00 00 r6 = 0 ll
    2:    61 63 00 00 00 00 00 00 r3 = *(u32 *)(r6 + 0)
    3:    18 01 00 00 00 00 00 00 00 00 00 00 00 00 00 00 r1 = 0 ll
    5:    b7 02 00 00 0f 00 00 00 r2 = 15
    6:    85 00 00 00 06 00 00 00 call 6
; counter++;                                      ❺
    7:    61 61 00 00 00 00 00 00 r1 = *(u32 *)(r6 + 0)
    8:    07 01 00 00 01 00 00 00 r1 += 1
    9:    63 16 00 00 00 00 00 00 *(u32 *)(r6 + 0) = r1
; return XDP_PASS;                                ❻
   10:    b7 00 00 00 02 00 00 00 r0 = 2
   11:    95 00 00 00 00 00 00 00 exit
```

※4　-gオプションは「5章　CO-RE、BTF、libbpf」で述べるCO-RE eBPFプログラムに必要なBTFの情報を生成する場合は指定が必須である。

❶ 1行目は hello.bpf.o が eBPF コードを含む 64 ビットの ELF ファイルであることを示す。ツールによって「BPF」だったり「eBPF」だったりするのには深い意味はなく、両者は同じものと捉えて構わない。

❷ 次は xdp ラベルの付いたセクションをディスアセンブルした結果を示す。これは C 言語のソースコードの SEC() 定義と対応している。

❸ このセクションは hello 関数に対応している。

❹ ここはソースコードの bpf_printk("Hello World %d", counter); の行に対応する 5 行の eBPF バイトコード命令列である。

❺ counter 変数の中身を加算している 3 行の eBPF バイトコードを示す。

❻ ソースコードの return XDP_PASS; の行から生成された 2 行のバイトコードを示す。

　ほとんどの場合、それぞれのバイトコードがどのソースコードと関連付いているのか、正確に把握しておく必要はありません。ソースコードからのバイトコードの生成はコンパイラの仕事なので、人間が両者の正確な対応を覚えておく必要はありません。しかしここでは、もう少しだけこの出力を詳しく見ることによって、出力結果がどのように前述の eBPF 命令とレジスタに対応しているかを確認してみましょう。

　バイトコードの各行の左側に、hello プログラムがメモリ上に配置された先頭からのオフセットが表示されています。前述のように eBPF 命令の長さは通常 8 バイトです。オフセット 1 つが 8 バイトに対応するので、通常は 1 つの命令でオフセットが 1 ずつ増えていきます。しかし、このプログラムの最初の命令は、レジスタ 6 に対して 64 ビットの 0 を設定する 16 バイトの長さを持つワイド命令だったので、2 番目の命令のオフセットは 2 になっています。3 つ目の命令も 16 バイトの命令であり、これはレジスタ 1 に 64 ビットの 0 を設定しています。この後の命令はどれも 8 バイトなので、オフセットも 1 行ごとに 1 ずつ増えていきます。

　各行の最初のバイトは、カーネルに対しどの操作を実行すべきかを指示するオペコード（命令コード）で、それぞれの命令の行の右側には人間が読める形の命令の翻訳結果があります。これを書いている時点では、IO Visor プロジェクトが最も整備された eBPF オペコードのドキュメント（https://oreil.ly/nLbLp）を作っていますが、公式の Linux kernel ドキュメント（https://oreil.ly/yp-jW）も追いつきつつあり、eBPF 財団も特定の OS に依存しない標準ドキュメント（https://oreil.ly/7ZWzj）を作成中です。

　オフセット 5 にある命令を詳しく見てみましょう。

```
5:    b7 02 00 00 0f 00 00 00 r2 = 15
```

　オペコードは 0xb7 で、ドキュメントによるとこれに対応する擬似コードは dst = imm であり、「宛先レジスタに即値をセットせよ」という意味です。この宛先レジスタは 2 番目のバイトで指定します。ここでは値は 0x02 であり、これは「レジスタ 2」に対応します。「即値」（あるいは、リテラル）はここでは 0x0f で、10 進数で表すと 15 です。つまりこの命令はカーネルに対して「レジスタ 2 に値 15 を設定せよ」と指示しているのです。これは、命令の右側にある r2 = 15 に対応しています。

　オフセット 10 の命令も似たような構造をしています。

```
10:    b7 00 00 00 02 00 00 00 r0 = 2
```

ここでもオペコード 0xb7 で、今度はレジスタ0に値2を設定しています。eBPFプログラムは、終了時にレジスタ0の値を返します。なお、定数 XDP_PASS の値は2と定義されています。Cのソースコードでは常にXDP_PASSを返しているため、このようなコードになっています。

ここまでで、hello.bpf.o がeBPFプログラムをバイトコードの形で保持していることがわかったかと思います。次はこのバイトコードのカーネルへのロードです。

3.5　カーネルへのプログラムのロード

今回の例では bpftool というコマンドを利用します。ちなみに自分のコード内でプログラムをロードすることもできます。これについては後述します。

 bpftoolをインストールするには、いくつかのLinuxディストリビューションに存在するbpftoolパッケージを使えます。ソースコードからコンパイル（https://github.com/libbpf/bpftool）してインストールすることもできます。bpftoolのインストールやビルドについてはQuentin Monnetのブログ（https://oreil.ly/Yqepv）を見てください。Ciliumのサイト（https://oreil.ly/rnTlg）には使い方のドキュメントがあります。

bpftool を使って以下のようにプログラムをカーネルにロードします。実行にあたってはほとんどのシステムでroot権限が必要になるでしょう。

```
$ bpftool prog load hello.bpf.o /sys/fs/bpf/hello
```

このコマンドはオブジェクトファイルからeBPFプログラムをロードし、パス /sys/fs/bpf/hello にプログラムを「ピン留め」します[5]。このコマンドから何も出力がなければロードは成功しています。ls を実行すればプログラムがピン留めされたことを確認できます。

```
$ ls /sys/fs/bpf
hello
```

ここからは bpftool を使って、このプログラムの詳細や、カーネル内部での状態を確認していきましょう。

3.6　ロードしたプログラムの確認

bpftool はカーネルにロードされているプログラムを一覧表示できます。hello 以外のプログラムが表示されることもありますが、それは hello をロードする前にすでにロードされていた別のプログラムです。以下はプログラムの一覧から hello に関する行だけを抜き出したものです。

---

[5] bpftoolを使わずにプログラムをカーネルにロードする場合はこのピン留めは必須ではない。bpftoolではなぜピン留めが必要なのかについては「4.5　BPFプログラムとMapへの参照」で述べる。

```
$ bpftool prog list
...
540: xdp  name hello  tag d35b94b4c0c10efb  gpl
        loaded_at 2022-08-02T17:39:47+0000  uid 0
        xlated 96B  jited 148B  memlock 4096B  map_ids 165,166
        btf_id 254
```

　このプログラムはID 540を割り振られています。このIDはプログラムをロードしたときに割り当てられます。IDを知っていれば、bpftoolを使ってプログラムの詳細を表示できます。ここでは整形されたJSONフォーマットで出力をして、フィールド名とその対応する値が確認できるようにしましょう。

```
$ bpftool prog show id 540 --pretty
{
    "id": 540,
    "type": "xdp",
    "name": "hello",
    "tag": "d35b94b4c0c10efb",
    "gpl_compatible": true,
    "loaded_at": 1659461987,
    "uid": 0,
    "bytes_xlated": 96,
    "jited": true,
    "bytes_jited": 148,
    "bytes_memlock": 4096,
    "map_ids": [165,166
    ],
    "btf_id": 254
}
```

　以下は出力の意味です。データの値とともにフィールド名が表示されているので、おおよそ意味がわかるのではないでしょうか。

- プログラムのIDは540である。
- typeフィールドは、このプログラムがXDPイベントを使ってネットワークインタフェースにアタッチできることを示す。typeフィールドについては**「7章　eBPFのプログラムとアタッチメントタイプ」**で再び触れる。
- プログラムの名前はhelloで、これはソースコード上の関数名と同じである。
- tagフィールドはプログラムを区別するために使う。使い方については後述する。
- gpl_compatibleフィールドは、trueのときこのプログラムのライセンスはGPLと互換性があることを意味する。
- loaded_atフィールドは、このプログラムがロードされたタイムスタンプを示す。
- uidフィールドは、ユーザID 0（root）がこのプログラムをロードしたことを示す。
- bytes_xlatedフィールドは、このプログラムには96バイトのeBPFバイトコードが含まれていることを示す。

- jited フィールドは、true のときこのプログラムが JIT コンパイルされていることを示す。
- bytes_jited フィールドは、JIT コンパイルによって148バイトの機械語に翻訳されたことを示す。
- bytes_memlock フィールドは、このプログラムが4,096バイトの、ページアウトされないメモリを確保していることを示す。
- map_ids フィールドは、このプログラムが ID 165 と166の BPF Map を参照していることを示す。ソースコード上では明示的に Map を使っていないのに2つの Map を使っていると表示される。その理由は後述する eBPF プログラムがグローバルデータを扱う方法を知れば理解できるようになる。
- btf_id フィールドはこのプログラムの BTF 情報の ID を示す。BTF については「5章　CORE、BTF、libbpf」で述べる。BTF 情報は -g オプションを有効にしてオブジェクトファイルをコンパイルした場合にのみ含まれる。

3.6.1　BPFプログラムのタグ

tag はプログラムの命令から生成した SHA（Secure Hashing Algorithm）の計算結果であり、tag の値をプログラムの識別子として利用できます。ID はプログラムをロードするたびに変わりますが、タグは毎回同じ値になります。bpftool は ID、名前、タグ、ピン留めをしたパスのいずれかを使って BPF プログラムを指定できます。したがって以下のコマンドは違う方法で同じプログラムを指定しているために、出力はすべて同じになるはずです。

- bpftool prog show id 540
- bpftool prog show name hello
- bpftool prog show tag d35b94b4c0c10efb
- bpftool prog show pinned /sys/fs/bpf/hello

複数のプログラムがたまたま同じ名前になる可能性があります。また、複数のプログラムのインスタンスが同じタグになる可能性もわずかながらあります。しかし、ID とピン留めされたパスはマシン内で常に一意です。

3.6.2　翻訳後のeBPFバイトコード

前述のように bytes_xlated フィールドは、eBPF バイトコードのバイト数を示します。これは eBPF 検証器による検査が終わった後の eBPF のバイトコードです。オブジェクトファイル内のバイトコードは通常後述する翻訳をした上でカーネルにロードします。

bpftool を使えば翻訳後の「Hello World」コードを表示できます。

```
$ bpftool prog dump xlated name hello
int hello(struct xdp_md * ctx):
; bpf_printk("Hello World %d", counter);
   0: (18) r6 = map[id:165][0]+0
   2: (61) r3 = *(u32 *)(r6 +0)
```

```
   3: (18) r1 = map[id:166][0]+0
   5: (b7) r2 = 15
   6: (85) call bpf_trace_printk#-78032
; counter++;
   7: (61) r1 = *(u32 *)(r6 +0)
   8: (07) r1 += 1
   9: (63) *(u32 *)(r6 +0) = r1
; return XDP_PASS;
  10: (b7) r0 = 2
  11: (95) exit
```

　出力結果はすでに示した`llvm-objdump`からの出力と非常によく似ています。オフセットアドレスはどれも同じで、命令も似ているように見えます。例えば、オフセット5の命令は`r2 = 15`です。

3.6.3　JITコンパイルされた機械語

　翻訳後のeBPFバイトコードはマシン上で直接実行できる機械語のコードではありません。eBPFは、eBPFバイトコードを対象のCPUで直接動作させるためにJITコンパイラを使って機械語のコードに翻訳できます。`bytes_jited`フィールドによって、コンパイル後のプログラムは148バイトの長さになったことがわかります。

> eBPFバイトコードを実行時に逐次機械語コードに翻訳する際は、eBPFバイトコードの命令セットやレジスタはネイティブな機械語命令にうまく対応するように設計されているため、翻訳は単純かつ高速です。ただしJITコンパイルされたプログラムはさらに高速なので、多くのアーキテクチャはJITをサポートしており、通常はJITコンパイルをした上で実行します[6]。

　bpftoolは以下のようにJITされたコードをアセンブリ言語の形でダンプできます。

```
$ bpftool prog dump jited name hello
int hello(struct xdp_md * ctx):
bpf_prog_d35b94b4c0c10efb_hello:
; bpf_printk("Hello World %d", counter);
   0:   hint    #34
   4:   stp     x29, x30, [sp, #-16]!
   8:   mov     x29, sp
   c:   stp     x19, x20, [sp, #-16]!
  10:   stp     x21, x22, [sp, #-16]!
  14:   stp     x25, x26, [sp, #-16]!
  18:   mov     x25, sp
  1c:   mov     x26, #0
  20:   hint    #36
  24:   sub     sp, sp, #0
  28:   mov     x19, #-140733193388033
```

---

[6] JITコンパイルをするためには`CONFIG_BPF_JIT`カーネルコンフィグが有効である必要がある。また、システムの動作中に、`net.core.bpf_jit_enable`というsysctlの項目でJITコンパイルの有効・無効を切り替えられる。それぞれのCPUアーキテクチャにおけるJITサポートについての詳細はドキュメント（https://oreil.ly/4-xi6p）を参照してほしい。

```
    2c:   movk    x19, #2190, lsl #16
    30:   movk    x19, #49152
    34:   mov     x10, #0
    38:   ldr     w2, [x19, x10]
    3c:   mov     x0, #-205419695833089
    40:   movk    x0, #709, lsl #16
    44:   movk    x0, #5904
    48:   mov     x1, #15
    4c:   mov     x10, #-6992
    50:   movk    x10, #29844, lsl #16
    54:   movk    x10, #56832, lsl #32
    58:   blr     x10
    5c:   add     x7, x0, #0
 ; counter++;
    60:   mov     x10, #0
    64:   ldr     w0, [x19, x10]
    68:   add     x0, x0, #1
    6c:   mov     x10, #0
    70:   str     w0, [x19, x10]
 ; return XDP_PASS;
    74:   mov     x7, #2
    78:   mov     sp, sp
    7c:   ldp     x25, x26, [sp], #16
    80:   ldp     x21, x22, [sp], #16
    84:   ldp     x19, x20, [sp], #16
    88:   ldp     x29, x30, [sp], #16
    8c:   add     x0, x7, #0
    90:   ret
```

　アセンブリ言語に詳しくない場合は出力の意味が理解できないと思いますが、問題ありません。eBPFのコードがソースコードから実行可能な機械語に翻訳されていることさえわかれば大丈夫です。

 ディストリビューションが提供するbpftoolのバージョンが古いとJITコンパイル後のコードのダンプはできないかもしれません。この場合は、コマンド実行時に「Error: Nolibbfd support.（libbfdをサポートしていません）」というエラーメッセージが表示されます。自分自身で新しいbpftoolをビルドすればこの問題は避けられます。ビルド手順はhttps://github.com/libbpf/bpftoolにあります。

　ここまで「Hello World」プログラムがカーネルにロードされる過程を述べましたが、ここではまだプログラムがイベントと結びついていないため、このプログラムを動作させるトリガーが何もありません。プログラムをイベントにアタッチする必要があります。

3.7　イベントへのアタッチ

　プログラムタイプは、アタッチされる対象のイベントタイプと対応していなければなりません。

プログラムタイプについては「**7章　eBPFのプログラムとアタッチメントタイプ**」で述べます。
このプログラムがXDPタイプのプログラムで、bpftoolを使ってネットワークインタフェースの
XDPイベントにアタッチできます。

```
$ bpftool net attach xdp id 540 dev eth0
```

 本書執筆時点で、bpftoolユーティリティはすべてのプログラムタイプへのアタッチはサポートし
ていません。ただしk(ret)probe、u(ret)probe、tracepointへの自動的なアタッチ機能が最近追加さ
れました（https://oreil.ly/Tt99p）。

ここではプログラムのIDである540を使いますが、プログラムの名前やタグを使っても構いま
せん。ここではeth0ネットワークインタフェースにプログラムをアタッチします。

bpftoolを使ってネットワークにアタッチされたeBPFプログラムを一覧表示できます。

```
$ bpftool net list
xdp:
eth0(2) driver id 540

tc:

flow_dissector:
```

IDが540のプログラムはeth0インタフェースのXDPイベントにアタッチされています。出力に
含まれているtcとflow_dissectorから、ネットワークスタックのどのようなイベントにeBPFプ
ログラムをアタッチ可能なのかが推測できます。これについては「**7章　eBPFのプログラムとア
タッチメントタイプ**」で述べます。

ip linkコマンドで表示されるネットワークインタフェースの詳細情報でもプログラムのアタッ
チ状況がわかります。わかりやすさのため出力は加工してあります。

```
1: lo: <LOOPBACK,UP,LOWER_UP> mtu 65536 qdisc noqueue state UNKNOWN mode DEFAULT
group default qlen 1000
    ...
2: eth0: <BROADCAST,MULTICAST,UP,LOWER_UP> mtu 1500 xdp qdisc fq_codel state UP
mode DEFAULT group default qlen 1000
    ...
    prog/xdp id 540 tag 9d0e949f89f1a82c jited
    ...
```

ここでは2つのインタフェースがあります。ループバックインタフェースloは、このマシン上
で完結するトラフィックを送るために使います。eth0インタフェースはこのマシンを外部の世界
と接続するために使います。この出力から、IDが540でタグが9d0e949f89f1a82cであるeBPFプ
ログラムが、JITコンパイルされてeth0のXDPフックにアタッチされていることがわかります。

> ip linkはXDPプログラムのネットワークインタフェースにアタッチ、あるいはデタッチできます。本章の末尾に掲載した演習で実際にこれをやってみましょう。**「7章　eBPFのプログラムとアタッチメントタイプ」**にもサンプルがあります。

　eBPFプログラムhelloはeth0がネットワークパケットを受信するたびにトレース出力をしているはずです。cat /sys/kernel/debug/tracing/trace_pipeを実行すると確認できます。このコマンドを実行すると以下のような行が大量に表示されます。

```
<idle>-0      [003] d.s.. 655370.944105: bpf_trace_printk: Hello World 4531
<idle>-0      [003] d.s.. 655370.944587: bpf_trace_printk: Hello World 4532
<idle>-0      [003] d.s.. 655370.944896: bpf_trace_printk: Hello World 4533
```

　トレース用の擬似ファイルの場所を忘れた場合は、同じ出力をbpftool prog tracelogコマンドで取得できます。

　「2章　eBPFの「Hello World」」で得られた出力とは異なり、今回はこれらのそれぞれのイベントに関連付いているコマンド名やプロセスIDは表示されません。その代わりに、<idle>-0という文字列が各行の先頭に表示されます。**「2章　eBPFの「Hello World」」**では、ユーザ空間で動作中のプロセスがシステムコールを呼び出した際に発生するイベントにおいて、プロセスIDやコマンドはeBPFプログラム実行時のコンテクストの一部でした。しかし今回の例では、XDPイベントはネットワークパケットが到着した際に発生します。このパケットに関連付けられたユーザ空間のプロセスは存在しないのです。eBPFプログラムhelloが呼び出された時点では、カーネルはこのパケットの内容をメモリに配置しただけで、このパケットが何者か、またどこに行くのかについては何もわかっていません。

　表示されているカウンタの値が1行ごとに増加していることも想定通りです。ソースコードではcounterはグローバル変数でしたが、グローバル変数はeBPFではMapを使って実装されています。

3.8　グローバル変数

　前章で述べた通り、eBPF MapはeBPFプログラムからもユーザ空間からもアクセスできるデータ構造です。Mapの値はカーネルのメモリ上に常に存在するので、プログラムを何度実行しても同じデータを参照できます。また、Mapは他のプログラムからも参照できます。このためMapはグローバル変数の実装にも使われています。

> 2019年にグローバル変数がサポートされる（https://oreil.ly/IDftt）まで、eBPFプログラマはグローバル変数相当のことを実現するために明示的にMapを定義する必要がありました。

　前節において、bpftoolによってサンプルプログラムがID 165と166のMapを使っていることがわかりました。MapのIDはカーネルがMapを作成したときに割り当てられるので、みなさんの手元で実行する際はおそらく別のIDになっているでしょう。ではこれらのMapの中身を見てみましょう。

　bpftoolはカーネルにロードされたMapを表示できます。見やすくするために出力から「Hello World」プログラムに関連するID 165と166のエントリだけを抜き出しています。

```
$ bpftool map list
165: array  name hello.bss  flags 0x400
        key 4B  value 4B  max_entries 1  memlock 4096B
        btf_id 254
166: array  name hello.rodata  flags 0x80
        key 4B  value 15B  max_entries 1  memlock 4096B
        btf_id 254  frozen
```

　C言語のコードからコンパイルされたオブジェクトファイルのbss[7]セクションには、通常グローバル変数を保持します。bpftoolを使えばこの中身を確認できます。

```
$ bpftool map dump name hello.bss
[{
        "value": {
            ".bss": [{
                    "counter": 11127
                }
            ]
        }
    }
]
```

　bpftool map dump id 165というコマンドでも同じことを確認できます。2つのコマンドのいずれかを実行するたびに、カウンタの値が増加しているでしょう。なぜならeBPFプログラムはネットワークパケットを受信するたびに動作するからです。

　「5章　CO-RE、BTF、libbpf」で詳しく述べますが、bpftoolはMapのフィールド名を整形された形で表示できます（ここでは、変数名であるcounter）。しかしこれはプログラムに-gオプションを付けてコンパイルして、BTFの情報をオブジェクトファイルに含めた場合にのみできます。このフラグを付けなかった場合は以下のような出力になるでしょう。

```
$ bpftool map dump name hello.bss
key: 00 00 00 00  value: 19 01 00 00
Found 1 element
```

　BTFの情報がないとbpftoolはソースコード上で使われている変数の名前がわかりません。このMapには1つしかアイテムがないので、16進数の値19 01 00 00は現在のcounterの値だろうと推測できます。値は最下位バイト（least significant byte、LSB）から先に表示される形式で保持されるため、10進数では281になります。

　このことからeBPFプログラムがMapの仕組みをグローバル変数に利用していることがわかりました。Mapは静的なデータを保持するためにも使われています。

　もう1つのMapはhello.rodataという名前です。この名前から、このMapはhelloプログラ

※7　「bss」は「block started by symbol（シンボルから始まるブロック）」の略。

ムに関係する読み出し専用（Read Only、つまり RO）のデータではないかと推測できます。この Map の内容をダンプすると、eBPF プログラムがトレースのために使っている文字列を保持していることがわかります。

```
$ bpftool map dump name hello.rodata
[{
        "value": {
            ".rodata": [{
                    "hello.____fmt": "Hello World %d"
                }
            ]
        }
    }
]
```

-g オプションなしでオブジェクトをコンパイルすると、出力は以下のようになります。

```
$ bpftool map dump id 166
key: 00 00 00 00  value: 48 65 6c 6c 6f 20 57 6f  72 6c 64 20 25 64 00
Found 1 element
```

この Map には 1 つの Key-Value ペアしかなく、値は 12 バイトの、0 で終わるデータです。このバイト列は文字列 "Hello World %d" を ASCII で表現したものです。

ここまででプログラムのコードと Map について見てきたので、次はプログラムの後片付けについて述べます。まずはこのプログラムをトリガーするイベントからデタッチします。

3.9　プログラムのデタッチ

ネットワークインタフェースに結びつくプログラムは、次のようにデタッチできます。

```
$ bpftool net detach xdp dev eth0
```

コマンドが成功した場合は何も出力されません。プログラムがもうアタッチされていないことは `bpftool net list` の出力に XDP のエントリが存在しないことからわかります。

```
$ bpftool net list
xdp:

tc:

flow_dissector:
```

ただし、プログラム自体はまだカーネルにロードされたままです。

```
$ bpftool prog show name hello
395: xdp  name hello  tag 9d0e949f89f1a82c  gpl
        loaded_at 2022-12-19T18:20:32+0000  uid 0
        xlated 48B  jited 108B  memlock 4096B  map_ids 4
```

3.10 プログラムのアンロード

本書執筆時点では bpftools に bpftool prog load の対をなす機能、つまりプログラムをアンロードする機能はありません。しかしピン留めされた擬似ファイルの削除によってプログラムをカーネルからアンロードできます。

```
$ rm /sys/fs/bpf/hello
$ bpftool prog show name hello
```

1行目でプログラムをカーネルからアンロードしたため、2行目の bpftool コマンドは何も出力しません。

3.11 BPF to BPF Call

前章で、Tail Callの使い方を説明しました。ここでは eBPF プログラムの中から別の関数を呼び出す方法（BPF to BPF Call）を紹介します。Tail Callの例のように、sys_enter Tracepoint にアタッチするコードを示します。ただしシステムコール番号のトレース結果は出力しません。コードは chapter3/hello-func.bpf.c です。

以下は Tracepoint の引数からシステムコール番号を抜き出す関数です。

```
static __attribute((noinline)) int get_opcode(struct bpf_raw_tracepoint_args *ctx) {
    return ctx->args[1];
}
```

この関数は短く、かつ、一箇所からしか呼ばれないので、デフォルトではおそらくコンパイラはこの関数をインライン化するでしょう。それでは本節の目的を満たせないので、アノテーション __attribute((noinline)) を書いてコンパイラにこの関数をインライン化させないように指示しています。通常はこのようなアノテーションはない方がよいでしょう。

この関数は以下のように呼び出します。

```
SEC("raw_tp")
int hello(struct bpf_raw_tracepoint_args *ctx) {
    int opcode = get_opcode(ctx);
    bpf_printk("Syscall: %d", opcode);
    return 0;
}
```

このコードを eBPF オブジェクトにコンパイルした後、カーネルにロードして、ロード結果を bpftool で確認できます。

```
$ bpftool prog load hello-func.bpf.o /sys/fs/bpf/hello
$ bpftool prog list name hello
893: raw_tracepoint  name hello  tag 3d9eb0c23d4ab186  gpl
        loaded_at 2023-01-05T18:57:31+0000  uid 0
        xlated 80B  jited 208B  memlock 4096B  map_ids 204
        btf_id 302
```

get_opcode()のeBPFバイトコードも出力されていることがわかります。

```
$ bpftool prog dump xlated name hello
int hello(struct bpf_raw_tracepoint_args * ctx):
; int opcode = get_opcode(ctx);                          ❶
   0: (85) call pc+7#bpf_prog_cbacc90865b1b9a5_get_opcode
; bpf_printk("Syscall: %d", opcode);
   1: (18) r1 = map[id:193][0]+0
   3: (b7) r2 = 12
   4: (bf) r3 = r0
   5: (85) call bpf_trace_printk#-73584
; return 0;
   6: (b7) r0 = 0
   7: (95) exit
int get_opcode(struct bpf_raw_tracepoint_args * ctx):    ❷
; return ctx->args[1];
   8: (79) r0 = *(u64 *)(r1 +8)
; return ctx->args[1];
   9: (95) exit
```

❶ ここでeBPFプログラムhello()がget_opcode()を呼んでいることがわかる。オフセット0の命令は0x85である。これは命令セットのドキュメントによると「関数呼び出し」に対応する。オフセット1にある次の命令を実行する代わりに、7命令分ジャンプした先（pc+7）、つまりオフセット8のプログラムを実行する。

❷ これはget_opcode()に対応するバイトコードである。オフセットは8なので、❶での関数呼び出しによってこれはget_opcode()が呼ばれていることがわかる。

関数呼び出し命令は現在の状態をeBPF仮想マシンのスタックに保存する必要があります。これは呼び出した関数が終了したときに、呼び出し元に戻って実行を継続できるようにする必要があるからです。スタックサイズは512バイトしかないので、BPFプログラム内のBPF関数呼び出しはあまり深くネストできません。

 Tail CallやBPF to BPF Callの詳細は、Jakub Sitnickiが書いたCloudflareの素晴らしいブログ記事「Assembly within! BPF tail calls on x86 and ARM」（https://oreil.ly/6kOp3）を読めばわかります。

3.12 まとめ

本章では、C言語で書かれたソースコードが、eBPFバイトコードに翻訳され、それがマシンコードにコンパイルされて、カーネルで実行可能になることがわかりました。bpftoolを使ってプログラムをカーネルにロードする方法、プログラムのコードやMapを表示する方法、XDPイベントにアタッチする方法についても学びました。

これに加えて、いろいろな種類のカーネルイベントと、それに対応してトリガーされるさまざ

なeBPFプログラムタイプの例も見てきました。XDPのイベントはネットワークインタフェースにパケットが届いたらトリガーされ、kprobeやTracepointのイベントはカーネルのコードの特定の箇所が実行されたときにトリガーされることを学びました。その他のeBPFプログラムタイプについては、「**7章　eBPFのプログラムとアタッチメントタイプ**」で述べます。

　MapによるeBPFプログラムのグローバル変数の実装、および、BPFプログラムからBPF関数を呼び出す方法についても学びました。

　次章ではbpftoolなどがプログラムをロードして、イベントにアタッチする際にシステムコールレベルで何が起こるかを見てみましょう。

3.13　演習

　BPFプログラムについてさらに学びたい場合は、ここに示す演習に取り組んでみてください。

1. ip linkコマンドを以下のように実行して、XDPプログラムをアタッチ、デタッチせよ。

```
$ ip link set dev eth0 xdp obj hello.bpf.o sec xdp
$ ip link set dev eth0 xdp off
```

2. 「**2章　eBPFの「Hello World」**」にあるBCCのサンプルコードを動かせ。プログラムの動作中に、別の端末を開いて、bpftoolを使ってロードされているプログラムを確認せよ。以下はhello-map.pyを動かしたときの出力である。

```
$ bpftool prog show name hello
197: kprobe  name hello  tag ba73a317e9480a37  gpl
        loaded_at 2022-08-22T08:46:22+0000  uid 0
        xlated 296B  jited 328B  memlock 4096B  map_ids 65
        btf_id 179
        pids hello-map.py(2785)
```

bpftool prog dumpを使ってプログラムのバイトコードやマシンコードを確認せよ。

3. chapter2ディレクトリのhello-tail.pyを実行して、このプログラムの動作中にTail Callする別のプログラムについて確認せよ。以下のコマンドを実行するとTail Callするプログラムを表示する。

```
$ bpftool prog list
...
120: raw_tracepoint  name hello  tag b6bfd0e76e7f9aac  gpl
        loaded_at 2023-01-05T14:35:32+0000  uid 0
        xlated 160B  jited 272B  memlock 4096B  map_ids 29
        btf_id 124
        pids hello-tail.py(3590)
121: raw_tracepoint  name ignore_opcode  tag a04f5eef06a7f555  gpl
        loaded_at 2023-01-05T14:35:32+0000  uid 0
        xlated 16B  jited 72B  memlock 4096B
        btf_id 124
```

```
              pids hello-tail.py(3590)
122: raw_tracepoint  name hello_exec  tag 931f578bd09da154  gpl
         loaded_at 2023-01-05T14:35:32+0000  uid 0
         xlated 112B  jited 168B  memlock 4096B
         btf_id 124
         pids hello-tail.py(3590)
123: raw_tracepoint  name hello_timer  tag 6c3378ebb7d3a617  gpl
         loaded_at 2023-01-05T14:35:32+0000  uid 0
         xlated 336B  jited 356B  memlock 4096B
         btf_id 124
         pids hello-tail.py(3590)
```

bpftool prog dump xlatedを使ってバイトコード命令を表示して、「**3.11　BPF to BPF Call**」で説明したものと比較せよ。

4. **この問題には注意が必要だ。後述する変更を加えたプログラムを実行した際に何が起こるのかを推測するだけにして、実際に実行するのはやめておくこと。**

プログラムを変更し、0を返却するようにして、それを仮想マシンのeth0インタフェースにアタッチするとどうなるか推測せよ。答えを考え終わってから読み進めること。正解は、「XDPプログラムが返す0はXDP_ABORTEDに相当し、この場合、カーネルは届いたパケットについてこれ以上何も処理しないようになる」である。つまり、eth0に届いた全パケットがロストするようになる。したがって、SSHでターゲットマシンにログインしている場合は、マシンにアクセスできなくなってしまう。この状態から復旧するためにはマシンを再起動しなければならない。普通のC言語プログラムでは戻り値0は成功を意味するので直感に反するが、XDPプログラムはそのようになっている。

プログラムをコンテナの中で実行して、XDPプログラムを仮想インタフェースにアタッチして、影響をマシン全体ではなくコンテナだけに限定するという方法もある。この課題の実行結果はhttps://github.com/lizrice/lb-from-scratchを見ればわかる。

4章
bpf() システムコール

「**1章　eBPFとは何か？　なぜ、重要なのか？**」で見た通り、ユーザ空間のアプリケーションが
カーネルに処理を依頼するときはシステムコールを呼びます。つまりユーザ空間のアプリケーショ
ンがカーネルにeBPFプログラムをロードさせた場合にも、何らかのシステムコールを呼ぶのでは
ないかと推測できます。実際bpf()という名前のシステムコールが存在します。この章では、この
システムコールがどのようにeBPFプログラムやMapをロードしたり、相互にデータをやり取り
するのかを説明します。

　カーネルで動くeBPFコードがMapにアクセスするときは、システムコールを使いません。シ
ステムコールを利用するのはユーザ空間のアプリケーションだけです。eBPFプログラムの中で
Mapの読み書きには、これまで述べたようにヘルパ関数を使います。

　eBPFプログラムを作りたいときに、ユーザ空間のアプリケーションからbpf()システムコール
を直接呼び出す必要はありません。後述の通りeBPFを高レベルで抽象化したライブラリを使えば
eBPFを簡単に使えます。ライブラリ関数はbpf()システムコールから呼び出すさまざまなコマン
ドとおおよそ1対1で対応しています。どのようなコマンドがあるかは本章で説明します。どんな
ライブラリを使っていても、その裏で動いている仕組みの概要を知っておく必要があります。例え
ばbpf()システムコールを介したプログラムのロード、Mapの作成やアクセスの仕組みなどが該当
します。

　bpf()システムコールのサンプルプログラムを紹介する前に、bpf()のマニュアルページに何が
書かれているのか（https://oreil.ly/NJdIM）をざっと見ておきましょう。ここには、「bpf()は
extended BPF Mapまたはプログラムに対してコマンドを実行するために使う」と書かれています。
また、bpf()のシグネチャは次の通りとも書かれています。

```
int bpf(int cmd, union bpf_attr *attr, unsigned int size);
```

　bpf()の最初の引数cmdでどのコマンドを実行するか指定します。bpf()システムコールにはた
くさんの種類のコマンドが存在し、eBPFプログラムやMapを操作するために使われます。**図4-1**
はユーザ空間のコードがよく使うであろうコマンドのいくつかであるeBPFプログラムのロード、
Mapの作成、プログラムのイベントへのアタッチ、MapのKey-Valueペアへのアクセスと更新の
概要を示しています。

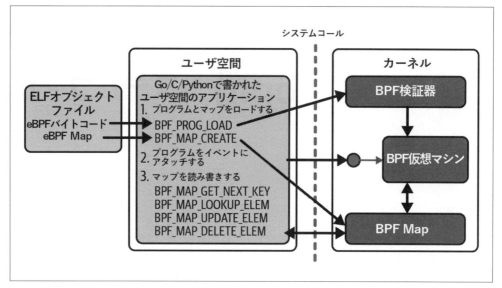

図4-1　システムコール経由でカーネルのeBPFプログラムやMapとやり取りするユーザ空間のプログラム

　bpf() の2番目の引数attrはコマンドのパラメータを指定します。size引数はattrのデータの
バイト数を指定します。

　「1章　eBPFとは何か？　なぜ、重要なのか？」で、ユーザ空間のコードからたくさんのシステ
ムコールが呼び出されていることを示すためにstraceを使いました。本章ではstraceを、bpf()
システムコールがどう使われるかを具体的に示すために使います。straceの出力は各システム
コールの引数に関する情報を含みますが、この章では出力例を見やすくするために、attr引数の
詳細については、説明に必要なければ省略します。

　　　GitHubリポジトリ（https://github.com/lizrice/learning-ebpf）にはコードと、実行環境のセットア
　　　ップ手順があります。この章のコードはchapter4ディレクトリからダウンロードできます。

　この例ではhello-buffer-config.pyという名前のBCCプログラムを使います。これは2章で紹
介したものを改変したものです。hello-buffer.pyの例のように、このプログラムは実行されるた
びにメッセージをPerfリングバッファに書き込み、カーネルからユーザ空間にexecve() システム
コールイベントについての情報を送信します。このバージョンでは、ユーザIDごとに異なるメッ
セージを表示させます。

```
struct user_msg_t {                                    ❶
    char message[12];
};

BPF_HASH(config, u32, struct user_msg_t);              ❷
```

```
    BPF_PERF_OUTPUT(output);                              ❸

    struct data_t {                                       ❹
        int pid;
        int uid;
        char command[16];
        char message[12];
    };

    int hello(void *ctx) {                                ❺
        struct data_t data = {};
        struct user_msg_t *p;
        char message[12] = "Hello World";

        data.pid = bpf_get_current_pid_tgid() >> 32;
        data.uid = bpf_get_current_uid_gid() & 0xFFFFFFFF;

        bpf_get_current_comm(&data.command, sizeof(data.command));

        p = config.lookup(&data.uid);                     ❻
        if (p != 0) {
            bpf_probe_read_kernel(&data.message, sizeof(data.message), p->message);
        } else {
            bpf_probe_read_kernel(&data.message, sizeof(data.message), message);
        }

        output.perf_submit(ctx, &data, sizeof(data));
        return 0;
    }
```

❶ この行は、user_msg_t構造体の定義があり、12バイトの文字列を保持していることを示す。

❷ BCCのマクロであるBPF_HASHで、ハッシュテーブルのMapであるconfigを定義している。値の型はuser_msg_t構造体型で、キーの型はユーザIDの大きさにちょうどよいu32である。キーと値の型を明示しなかった場合、BCCはデフォルトで両方の型をu64にする。

❸ Perfリングバッファが、2章での方法と全く同じやり方で定義されている。任意のデータをこのバッファに送信できるので、ここではデータ型を指定する必要がない。

❹ この例ではプログラムは常にdata_t構造体を送信する。ここは2章と同じである。

❺ これ以降は以前のhello()とほとんど変わっていない。

❻ ヘルパ関数をユーザIDの取得に使った上で、configハッシュテーブルMapからユーザIDをキーとしてエントリを検索する。一致するエントリがあった場合、対応するメッセージをデフォルトの「Hello World」の代わりに使う。

Python側のコードには以下2行が追加されています。

```
b["config"][ct.c_int(0)] = ct.create_string_buffer(b"Hey root!")
b["config"][ct.c_int(501)] = ct.create_string_buffer(b"Hi user 501!")
```

　ここではconfigハッシュテーブルに、ユーザID 0と501に対応するメッセージを定義しています。ユーザID 0と501はそれぞれrootと筆者の環境でのログインユーザのものです。また、Pythonのctypesパッケージを使って、キーと値の型をC言語上でのuser_msg_tの定義と同じにしています。

　以下はこのプログラムを実行したときの出力に説明を加えたもので、これらの出力を得るために筆者が別のターミナルで実行したコマンドも一緒に書いています。

```
Terminal 1                          Terminal 2
$ ./hello-buffer-config.py
37926 501 bash Hi user 501!         ls
37927 501 bash Hi user 501!         sudo ls
37929 0 sudo Hey root!
37931 501 bash Hi user 501!         sudo -u daemon ls
37933 1 sudo Hello World
```

　これによって、このプログラムが何をしているか理解できたかと思います。次は、このプログラムを実行するときに呼ばれるbpf() システムコールを示します。straceを使い、その際に -e bpf オプションを指定してbpf() システムコールだけが表示されるようになった状態でこのプログラムをもう一度実行します。

```
$ strace -e bpf ./hello-buffer-config.py
```

　実際に実行してみると、このシステムコールを複数回呼び出したということが出力されます。それぞれの行では、bpf() の呼び出しが何をすべきかの情報を含んだコマンドが示されます。出力は概ね以下のようになります。

```
bpf(BPF_BTF_LOAD, ...) = 3
bpf(BPF_MAP_CREATE, {map_type=BPF_MAP_TYPE_PERF_EVENT_ARRAY…) = 4
bpf(BPF_MAP_CREATE, {map_type=BPF_MAP_TYPE_HASH...) = 5
bpf(BPF_PROG_LOAD, {prog_type=BPF_PROG_TYPE_KPROBE,...prog_name="hello",...) = 6
bpf(BPF_MAP_UPDATE_ELEM, ...}
...
```

　それぞれについて、bpf() がどのようなコマンドを実行しているかを見ていきます。個々ではすべての引数について詳細には述べません。ユーザ空間のプログラムがeBPFプログラムとやり取りする際に何が起こっているかという概要を知る上で最低限のものについて述べます。

4.1　BTFのデータのロード

　まずは最初のbpf() 呼び出しについてです。

```
bpf(BPF_BTF_LOAD, {btf="\237\353\1\0...}, 128) = 3
```

ここではコマンドはBPF_BTF_LOADです。少なくとも本書執筆時点ではLinuxカーネルのソース

コード内に定義されている正当なコマンドです[1]。

　古いバージョンのLinuxカーネルを使っている場合、そのバージョンより後に新たにサポートされるようになったコマンドを処理できないことがあります。これはBTF（BPF Type Format）についても言えます[2]。BTFによって、eBPFプログラムを複数のバージョンのカーネルで動作させられるようになります。つまり、eBPFプログラムをコンパイルしたマシンとターゲットマシンでカーネル内部のデータ構造が変わっていてもeBPFプログラムを動作させる方法が存在するということです。詳細については**「5章　CO-RE、BTF、libbpf」**を見てください。

　ここでの`bpf()`の呼び出しはBTFのデータをカーネルに読み出しています。関数の戻り値（ここでは3）は、このデータを参照するファイル記述子です。

> **ファイル記述子**（ファイルディスクリプタ）は、開いたファイル、あるいはファイルのように扱われるオブジェクトをプログラム内から識別するためのものです。例えば`open()`や`openat()`システムコールを使ってファイルを開いたら、戻り値はファイル記述子になります。この後`read()`や`write()`といった別のシステムコールにファイル記述子を引数として渡すと、対応するファイルを操作できます。ここでは、ロードしたデータとファイルの中身は全く同じものではないのですが、その場合でもカーネル内に存在するBTFデータを指定するためにはファイル記述子を使います。

4.2　Mapの作成

　次の呼び出しはPerfリングバッファMapである`output`を作っています。

```
bpf(BPF_MAP_CREATE, {map_type=BPF_MAP_TYPE_PERF_EVENT_ARRAY, , key_size=4,
value_size=4, max_entries=4, ... map_name="output", ...}, 128) = 4
```

　コマンド名は`BPF_MAP_CREATE`です。この呼び出しによってeBPF Mapを作ります。このMapのタイプは`PERF_EVENT_ARRAY`で、名前は`output`です。Mapのキーと値のサイズ（それぞれ`key_size`と`value_size`に対応）はそれぞれ4バイトで、最大エントリ数を4（`max_entries`に対応）にしています。最大エントリ数を4にした理由については後述します。戻り値は4というファイル記述子で、ユーザ空間のコードはこれを使って`output` Mapにアクセスできます。

　次の`bpf()`システムコールは`config` Mapを作ります。

```
bpf(BPF_MAP_CREATE, {map_type=BPF_MAP_TYPE_HASH, key_size=4, value_size=12,
max_entries=10240... map_name="config", ...btf_fd=3,...}, 128) = 5
```

　このMapはハッシュテーブルMapとして定義されており、キーは4バイトの長さです。4バイトにした理由は、32ビット（＝4バイト）長であるユーザIDを格納するからです。値のサイズは`msg_t`構造体のサイズである12バイトです。テーブルのサイズは指定していないため、BCCのデ

※1　BPFコマンドのすべてを表示したければ、linux/bpf.h（https://oreil.ly/Pyy7U）ヘッダファイルのドキュメントを確認してほしい。

※2　BTFはカーネルv5.1からサポートされるようになった。ただしIO Visor（https://oreil.ly/LjcPN）で議論されているように、Linuxディストリビューションによっては、そのディストリビューションが使っているv5.1より前の古いカーネルにBTFのサポートをバックポートしている。

フォルト値 10240 が設定されます。

　この bpf() システムコールも同じくファイル記述子5を返していて、将来のシステムコール呼び出しの際にこの config Map を参照するために使われます。

　btf_fd=3 というフィールドは、BTF データに結びついているファイル記述子3をカーネルに渡すためのものです。このファイル記述子は前節で説明した bpf(BPF_BTF_LOAD) 呼び出しによって得たものです。この後「**5章　CO-RE、BTF、libbpf**」で見るように、BTF 情報には構造体のレイアウトが書かれているので、Map 定義時に btf データ情報を含めることで、この Map で使用されるキーと値の型のデータや構造体のレイアウト情報が含まれることになります。これによって bpftool のようなツールは、「**3章　eBPF プログラムの仕組み**」で説明したように、Map のダンプの表示を人間にとって見やすくできます。

4.3　プログラムのロード

　ここまでで、サンプルプログラムは BTF のデータをカーネルにロードして eBPF Map を作成しました。次は、以下の bpf() 呼び出しによって eBPF プログラムをカーネルに読み出します。

```
bpf(BPF_PROG_LOAD, {prog_type=BPF_PROG_TYPE_KPROBE, insn_cnt=44,
insns=0xffffa836abe8, license="GPL", ... prog_name="hello", ...
expected_attach_type=BPF_CGROUP_INET_INGRESS, prog_btf_fd=3,...}, 128) = 6
```

ここで重要なフィールドは次の通りです。

- prog_type フィールドはプログラムタイプを示す。ここでは kprobe へのアタッチを意図している。プログラムタイプについては「**7章　eBPF のプログラムとアタッチメントタイプ**」で再度触れる。
- insn_cnt フィールドはプログラム内のバイトコードの命令数を示す。
- この eBPF プログラム内のバイトコードは、insns フィールドで指定したメモリアドレスに保存する。
- このプログラムは GPL ライセンスである。このため、GPL ライセンスの BPF ヘルパ関数を使える。
- プログラムの名前は hello である。
- expected_attach_type が BPF_CGROUP_INET_INGRESS なのは、ちょっと奇異に思えるかもしれない。これではこのプログラムが、ネットワークのイングレス（受信、Ingress）に関わるもののように思えるからだ。けれど実際は、この eBPF プログラムは kprobe にアタッチされる。expected_attach_type フィールドは一部のプログラムタイプで使われるだけで、今回の eBPF_PROG_TYPE_KPROBE では使わない。このフィールドのデフォルト値 BPF_CGROUP_INET_INGRESS（= 0）がたまたま表示されているだけであって、特に意味はない[3]。
- prog_btf_fd フィールドは、このプログラムにおいて、どの BTF データを使うかを示す。config Map を定義したときと同様、ここでは bpf(BPF_BTF_LOAD) の戻り値である3を指定する。

※3　このフィールドに指定する値 linux/bpf.h（https://oreil.ly/AO1rc）の bpf_attach_type enum として定義されている。

プログラムが検証器のチェック（詳細は**「6章 eBPF検証器」**で述べる）に失敗した場合、このシステムコールは負の値を返します。ここではファイル記述子6を返しています。ここまでに登場したいくつかのファイル記述子の意味は**表4-1**の通りです。

表4-1 hello-buffer-config.py を動かしてプログラムを読み出した後のファイル記述子

ファイル記述子の番号	意味
3	BTF データ
4	Perf リングバッファ Map output
5	ハッシュテーブル Map config
6	eBPF プログラム hello

4.4 Mapをユーザ空間から操作する

すでに述べた通り、Pythonのユーザ空間のコードが、ユーザID 0のroot、およびID 501のユーザにそれぞれ固有のメッセージを設定しました。

```
b["config"][ct.c_int(0)] = ct.create_string_buffer(b"Hey root!")
b["config"][ct.c_int(501)] = ct.create_string_buffer(b"Hi user 501!")
```

bpf()システムコールを通してこのエントリをMap上に保存するコマンドは次の通りです。

```
bpf(BPF_MAP_UPDATE_ELEM, {map_fd=5, key=0xffffa7842490, value=0xffffa7a2b410,
flags=BPF_ANY}, 128) = 0
```

BPF_MAP_UPDATE_ELEMコマンドはMap内のエントリを更新します。BPF_ANYフラグを指定すると、Mapの中にキーが存在していなくてもエントリを作成します。2つのエントリを登録するので、このコマンドを2回実行します。

map_fdフィールドによって操作対象のMapを指定します。ここで指定している5は、先ほどconfig Mapを作成した際に返ってきたファイル記述子です。

ファイル記述子はプロセスごとに割り当てられるものなので、config Mapにファイル記述子5が対応しているのはこのプロセスの中だけの話です。複数のユーザ空間のプログラムが同じMapにアクセスする場合は、ファイル記述子の値は別のものになりえます。これと同様に、2つのユーザ空間のプログラムで、同じ値を持つファイル記述子が全く別々のMapに対応していることもあります。

KeyもValueも両方ポインタなので、straceの出力のkey=0xffffa7842490やvalue=0xffffa7a2b410からそれぞれの値はわかりません。bpftoolを使えばMapの内容を次のように表示できます。

```
$ bpftool map dump name config
[{
        "key": 0,
        "value": {
            "message": "Hey root!"
```

```
        }
    },{
        "key": 501,
        "value": {
            "message": "Hi user 501!"
        }
    }
]
```

bpftoolはどうやってこの出力を整形したのでしょう。例えば、valueがmessageという文字列フィールドを持つ構造体であることをどうやって知ったのでしょうか。これには、BPF_MAP_CREATEコマンドの実行時に指定したbtf_fdフィールドに対応するBTFデータを使っています。BTFが情報を伝達する方法については次章で詳しく述べます。

ここまで、ユーザ空間がbpfシステムコールを介してカーネルとやり取りし、プログラムとMapをカーネルに読み出して、Mapを更新する様子を説明しました。プログラムはイベントにアタッチしないと動作しませんが、ここまでの一連のシステムコール呼び出しでは、まだプログラムをイベントにアタッチしていません。プログラムのアタッチについては次節で扱います。

ここで注意事項があります。eBPFプログラムはいろいろな種類のイベントにアタッチできますが、アタッチ方法はイベントによって異なります。この後eBPFプログラムをkprobeにアタッチしますが、そこではbpf()システムコールを使いません。章末の演習問題ではbpf()システムコールを使ってRaw Tracepointイベントにアタッチします。

次節では、プログラムを終了させようとするときに何が起こるかについて述べます。後述するように、誰も使わなくなったプログラムとMapは自動的にカーネルから削除されます。これを実現するために、カーネルはプログラムとMapへの**参照（リファレンス）カウント**を持っています。

4.5　BPFプログラムとMapへの参照

bpf()システムコールでBPFプログラムをカーネルに読み出すと、前述の通りファイル記述子を返します。カーネルの中では、このファイル記述子はプログラムへのBPFプログラムの**参照**です。システムコールを呼んだユーザ空間のプロセスがこのファイル記述子を使っています。カーネルは、このプロセスが終了するとファイル記述子を解放し、プログラムへの参照カウントを減らします。BPFプログラムへの参照が1つもなくなったときに、カーネルはプログラムを削除します。

プログラムをファイルシステムに**ピン留め**すると、明示的に1つ参照を増やせます。

4.5.1　ピン留め（ピンニング）

ピン留めについては「3章　eBPFプログラムの仕組み」ですでに述べました。

```
bpftool prog load hello.bpf.o /sys/fs/bpf/hello
```

ピン留めされたオブジェクトは、ディスクに永続化された本物のファイルではありません。これら
は**擬似ファイルシステム**の上に作られており、ディスクベースの普通のファイルシステムでのファ
イルやディレクトリのように振る舞います。しかしこれらはメモリ上に存在するだけで、システム
が再起動したら中身は消えます。

bpftoolがピン留めをせずにプログラムを読み出したとすると、コマンド実行の意味がなくなり
ます。なぜならbpftoolコマンドが終了したらファイル記述子は解放され、参照がゼロになってプ
ログラムが削除されるからです。ですが、実際にはこのコマンドでは、プログラムの読み出し後に
それをファイルシステムにピン留めしており、それによってプログラムへの参照を1つ増やせます。
これでbpftoolコマンドの終了後もプログラムは削除されなくなります。

　参照カウンタはBPFプログラムがそれをトリガーするフックにアタッチされたときにも同じく
増加します。この参照カウンタの振る舞いはBPFプログラムタイプによって異なります。プログ
ラムタイプについては7章で述べますが、ここでkprobeやTracepointのようなトレーシングに関
係するものがあること、それらは常にユーザ空間のプロセスに結びついていることを意識してお
いてください。これらのタイプのeBPFプログラムについては、プロセスが終了したらカーネル内
の参照カウントが減らされます。ネットワークスタックやcgroup（「control group」の略）[4]にア
タッチするプログラムはユーザ空間プロセスとの結びつきがありません。これらのタイプの場合は、
eBPFプログラムを読み出したユーザ空間プログラムが終了しても存在し続けます。以前紹介した
ip linkで読み出したXDPプログラムはその一例です。

```
ip link set dev eth0 xdp obj hello.bpf.o sec xdp
```

　ip linkコマンドを実行しただけでピン留めはしていませんが、bpftoolはXDPプログラムが
カーネルにロードされたままです。

```
$ bpftool prog list
…
1255: xdp  name hello  tag 9d0e949f89f1a82c  gpl
        loaded_at 2022-11-01T19:21:14+0000  uid 0
        xlated 48B  jited 108B  memlock 4096B  map_ids 612
```

　プログラムの参照カウントがゼロではない理由は、ip linkコマンドが終了してからもプログラ
ムがXDPフックにアタッチされたままだからです。

　eBPF Mapにも参照カウンタがあり、これらも参照カウントがゼロになったら削除されます。参
照カウントは、Mapを使うeBPFプログラムがロードされるときや、ユーザ空間のプログラムが
Mapへのファイル記述子を取得したときに増えます。

　eBPFプログラムは、プログラムからは参照していないMapを定義することがあります。このよ
うなMapの用途としては、例えばプログラムに関する何らかのメタデータを保存したい場合があ
ります。メタデータ領域はグローバル変数として定義してMapの中に保存して、かつ、bpf(BPF_
PROG_BIND_MAP)システムコールコマンドによってこのMapをプログラムに結びつけておきます。

※4　訳注：cgroupはプロセスのグループを管理するためのカーネルの機能で、cgroupの単位でリソースの制限、あるいは監査
　　を行うことができる。

こうすると、ユーザ空間のプログラムが終了してMapを参照しているファイル記述子が消えても
メタデータを保持するMapは削除されません。

　Mapもプログラムと同様、ファイルシステムにピン留めできますし、ユーザ空間のプログラム
はMapのファイルパスを知っていればアクセスできます※5。

Alexei Starovoitovは「Lifetime of BPF Objects（BPFオブジェクトの生存期間）」（https://oreil.ly/
vofxH）というBPFの参照カウンタとファイル記述子についての素晴らしいブログ記事を書いてい
ます。

　BPFプログラムへの参照はBPF Linkによっても増やせます。

4.5.2　BPF Link

　BPF Linkは、eBPFプログラムとアタッチ対象のイベントとの間に抽象レイヤを作ります。
BPF Link自体もファイルシステムにピン留めができ、プログラムへの追加の参照を作成します。
これによって、プログラムをロードしたユーザ空間のプロセスが、プログラムをロードしたまま終
了できるようになります。カーネルはプログラムに対応するファイル記述子を解放してプログラム
への参照カウントを減らしますが、BPF Linkによってカウンタはゼロになりません。

　章末の演習でBPF Linkを扱います。ここではBPF Linkについてはこれ以上触れません。
hello-buffer-config.pyが使っているbpf() システムコール呼び出しを追うのを再開します。

4.6　eBPFに関係する他のシステムコール

　ここまででbpf() システムコールによって、BTFデータとプログラム、Map、Mapのデータを
カーネルにロードするのを見てきました。次はPerfリングバッファの設定に対応するstraceの出
力です。

本章ではこの後Perfリングバッファ、BPFリングバッファ、リングバッファ、kprobe、Mapの要素
を走査するシステムコールについて、詳しく述べます。すべてのeBPFプログラムがこのようなこ
とをするわけではないため、この内容に興味がないか、あるいは他のことを先に知りたいのであれ
ば、ここをスキップして章のまとめに進んでも構いません。

4.6.1　Perfリングバッファの初期化

　ここまでの内容で、bpf(BPF_MAP_UPDATE_ELEM) を呼び出してconfig Mapへエントリを定義する
様子を説明しました。次は以下のstrace呼び出しについて見ていきます。

```
bpf(BPF_MAP_UPDATE_ELEM, {map_fd=4, key=0xfffffa7842490, value=0xfffffa7a2b410,
flags=BPF_ANY}, 128) = 0
```

※5　訳注：具体的な用例を挙げると、例えばMapをピン留めすることで、複数の別々のユーザ空間のプログラムから特定の
　　Mapを参照することが可能になる。これはピン留めで実現できるメリットの1つである。

　この出力はconfig Mapのエントリを定義したときに非常によく似ています。違いはファイル記述子の番号が4になっているところです。このファイル記述子はoutput Perfリングバッファ Mapに対応しています。

　すでに述べた通り、キーと値はポインタであり、straceの出力には実際の値を保持するメモリ領域のアドレスしか表示されないので、中身はわかりません。筆者の環境では上記の行が4回連続で出てきましたが、ポインタが指す値が、それぞれのbpf()の呼び出しによって変更されたかどうかはstraceの結果からはわかりません。現段階では以下のようなことが疑問点だと思います。

- なぜBPF_MAP_UPDATE_ELEMを4回呼んだのか。これはoutput Mapのエントリ数を最大4に設定したことと関係しているのか。
- 一連のBPF_MAP_UPDATE_ELEM呼び出しの後、bpf()はstraceに出力されなくなる。eBPFプログラムがトリガーされるたびにデータをMapに書き込むことを考えると、これは不思議に思える。実際ユーザ空間のプログラムからMapに書き込まれたデータを出力している。つまり、これらのデータはbpf()システムコール以外から取得されている。では、どのように得たのだろう。

　さらに言うと、このeBPFプログラムをkprobeイベントにアタッチした痕跡も残っていません。これらの疑問に答えるため、straceで表示させるシステムコールの種類を増やす必要があります。

```
$ strace -e bpf,perf_event_open,ioctl,ppoll ./hello-buffer-config.py
```

　ioctl()の出力は、eBPFの機能と関連していないものは出力結果から省きます。

4.6.2　kprobeイベントへのアタッチ

　ファイル記述子6はeBPFプログラムhelloがロードされたときに割り当てられています。このeBPFプログラムをイベントにアタッチするには、イベントに対応するファイル記述子が必要になります。以下のstraceの出力は、execve() kprobeイベントに結びついているファイル記述子の作成に対応しています。

```
perf_event_open({type=0x6 /* PERF_TYPE_??? */, ...},...) = 7
```

　perf_event_open()のmanページ（https://oreil.ly/xpRJs）によると、この呼び出しは「性能情報を計測するためのファイル記述子を作成する」と書かれています。type=6は何を意味するのでしょうか。manページをよく見ると、Linuxが性能測定ユニット（PMU）でどのようなタイプのイベントをサポートしているかについて述べています。

> … /sys/bus/event_source/devices 以下に、PMUインスタンスごとのサブディレクトリが存在する。それぞれのサブディレクトリについて、typeフィールドの値として使える整数値を保持したtypeファイルが存在する。

　確かに、このディレクトリの直下にはkprobe/typeというファイルがあります。

```
$ cat /sys/bus/event_source/devices/kprobe/type
6
```

　つまり perf_event_open() の呼び出しの際の type 引数 6 は、Perf イベントの kprobe タイプを示すことがわかります。

　strace の出力からプログラムを kprobe イベントにアタッチしたことはわかりますが、残念ながら execve() システムコールにアタッチしたかどうかはわかりません。しかし、ここでは type フィールドの値と perf_event_open の戻り値が何を意味しているのかがわかったことでよしとします。

　perf_event_open() の戻り値 7 は、kprobe の Perf イベントに対応します。ファイル記述子 6 は eBPF プログラム hello に対応しています。perf_event_open() の man ページは、ioctl() を使ってプログラムをイベントにアタッチする方法も説明しています。

> PERF_EVENT_IOC_SET_BPF [...] により Berkeley Packet Filter（BPF）プログラムをすでに存在する kprobe イベントにアタッチさせられる。引数はその前の bpf(2) システムコールにより作成された BPF プログラムのファイル記述子である。

　以下の strace 出力は、ioctl() システムコールが、これら 2 つのファイル記述子 6 と 7 を指定していることがわかります。

```
ioctl(7, PERF_EVENT_IOC_SET_BPF, 6)     = 0
```

kprobe イベントを有効にする ioctl() 呼び出しをしていることもわかります。

```
ioctl(7, PERF_EVENT_IOC_ENABLE, 0)      = 0
```

　上記の ioctl の呼び出しにより、カーネルは execve() が呼び出されるたびに、この eBPF プログラムをトリガーするようになりました。

4.6.3　Perf イベントの設定と読み出し

　前節では 4 回の bpf(BPF_MAP_UPDATE_ELEM) 呼び出しが output Perf リングバッファに関係していることを述べました。トレース対象のシステムコールを増やした strace の出力を見ると、この呼び出しをするときには、他のシステムコールも呼び出していることがわかります。具体的にいうと以下のような出力が 4 回続きます。

```
perf_event_open({type=PERF_TYPE_SOFTWARE, size=0 /* PERF_ATTR_SIZE_??? */,
config=PERF_COUNT_SW_BPF_OUTPUT, ...}, -1, X, -1, PERF_FLAG_FD_CLOEXEC) = Y

ioctl(Y, PERF_EVENT_IOC_ENABLE, 0)      = 0

bpf(BPF_MAP_UPDATE_ELEM, {map_fd=4, key=0xffffa7842490, value=0xffffa7a2b410,
flags=BPF_ANY}, 128) = 0
```

　4回の呼び出しでXの値が0、1、2、3と変化していきます。perf_event_open()システムコールのmanページを見ると、このXはcpu番号のことで、その前のフィールドはpid、つまりプロセスIDを示しているとわかります。以下manページからの引用です。

> pid == -1かつcpu >= 0
> こう指定すると、特定のCPU上のすべてのプロセス/スレッドを計測する。

　つまり4回の呼び出しは、筆者のラップトップに存在する4つのCPUコアに対応していたということです。output PerfリングバッファMapのエントリ数が4だった理由も、BPF_MAP_TYPE_PERF_EVENT_ARRAYの名前にarrayが含まれている理由もわかりました。このMapは1つのPerfリングバッファを表現しているのではなく、CPUごとに存在するバッファの配列に対応しているのです。

　通常はeBPFプログラムを書くときに、コア数の考慮はしなくて構いません。**「10章　プログラミングeBPF」**で紹介するeBPFライブラリはコア数を適切に隠蔽してくれます。ただ、隠蔽していてもstraceを使うと裏側が見えてくるのは面白いですね。

　perf_event_open()の呼び出しはそれぞれファイル記述子を返します。上記の出力ではYと表現しています。Xの値が0、1、2、3のときのYの値がそれぞれ8、9、10、11です。ioctl()システムコールはこれらのファイル記述子それぞれに対してPerfイベントを有効にします。BPF_MAP_UPDATE_ELEM bpf()システムコールはMapのエントリに、それぞれのCPUコアのためのPerfリングバッファを設定して、データをどこに送ればいいかを示します。

　ユーザ空間のコードは以下のようにppoll()システムコールを使って、4つのファイル記述子を待ち、eBPFプログラムhelloがexecve() kprobeイベントをどのCPUで受け取ってもデータを受け取れるようにします。

```
ppoll([{fd=8, events=POLLIN}, {fd=9, events=POLLIN}, {fd=10, events=POLLIN},
{fd=11, events=POLLIN}], 4, NULL, NULL, 0) = 1 ([{fd=8, revents=POLLIN}])
```

　ppoll()は引数で指定したファイル記述子のうち、どれか1つでも読み出せるべきものが出るまでブロックします。システム内でexecve()が呼び出されると、eBPFプログラムがこれらのファイル記述子のうちの1つに対応するPerfリングバッファにデータを書き込みます。これによってppoll()のブロックが解除されてPerfリングバッファからデータを読み出せるようになります。ブロックが解除されていない状態でstraceを読んだ場合、戻り値の欄には何も表示されません。

　「2章　eBPFの「Hello World」」で言及したように、カーネルv5.8以上を利用しているのなら、PerfリングバッファよりもBPFリングバッファを使うべきです[6]。ここからはPerfリングバッファの代わりにBPFリングバッファを使う例を紹介します。

4.7　BPFリングバッファ

　カーネルドキュメント（https://oreil.ly/RN_RA）に書かれている通り、BPFリングバッファの方がPerfリングバッファより性能の観点で好まれます。他にも、別々のCPUコアからデータが送

---

[6]　繰り返しになるが、2つのバッファの違いについてはAndrii Nakryikoの「BPF ring buffer」（https://oreil.ly/XkpUF）というブログ記事を参照してほしい。

信された場合にデータの受け取り順序が保証されているという利点もあります。これはBPFリングバッファにはすべてのコアで共有される、1つの領域しかないことによります。

　hello-buffer-config.pyをBPFリングバッファを使うように変更する修正の手間は少しだけです。GitHubリポジトリにあるchapter4/hello-ring-buffer-config.pyが修正後のコードです。**表4-2**に2つの違いをまとめています。

表4-2　BCCコードの例におけるPerfリングバッファとBPFリングバッファの相違点

hello-buffer-config.py	hello-ring-buffer-config.py
BPF_PERF_OUTPUT(output);	BPF_RINGBUF_OUTPUT(output, 1);
output.perf_submit(ctx, &data, sizeof(data));	output.ringbuf_output(&data, sizeof(data), 0);
b["output"]. open_perf_buffer(print_event)	b["output"]. open_ring_buffer(print_event)
b.perf_buffer_poll()	b.ring_buffer_poll()

　これらの変更点はoutputバッファにしか関係ないため、プログラムやconfig Mapをロードしたりプログラムをkprobeイベントにアタッチするためのシステムコール呼び出しの部分は変わりません。

　outputリングバッファを作成するbpf()システムコールの呼び出しは次のようになります。

```
bpf(BPF_MAP_CREATE, {map_type=BPF_MAP_TYPE_RINGBUF, key_size=0, value_size=0,
max_entries=4096, ... map_name="output", ...}, 128) = 4
```

　strace出力における大きな違いは、perf_event_open()、ioctl()そしてbpf(BPF_MAP_UPDATE_ELEM)を連続で4回呼び出している箇所がなくなったことです。BPFリングバッファの場合はバッファ数が1つのため、このような違いが生じています。

　本書執筆時点ではBCCはPerfリングバッファの待ち受けにはppollを使っていますが、BPFリングバッファからのデータの待ち受けには、より新しいepollベースの方法を使っています。せっかくなのでppollとepollの間の違いを紹介しましょう。

　Perfリングバッファを使うhello-buffer-config.pyはppoll()システムコールを以下のように呼び出していました。

```
ppoll([{fd=8, events=POLLIN}, {fd=9, events=POLLIN}, {fd=10, events=POLLIN},
{fd=11, events=POLLIN}], 4, NULL, NULL, 0) = 1 ([{fd=8, revents=POLLIN}])
```

　ここでは8、9、10、11番のファイル記述子を、ユーザ空間のプロセスがデータを取得するための情報として渡しています。このデータは次回のppoll呼び出しにおいても全く同じものを渡す必要があります。epollの場合は待ち受けとなるファイル記述子の集合はカーネルのオブジェクトとして管理されるため、待ち受けをするたびにファイル記述子を渡す必要はありません。

　hello-ring-buffer-config.pyがoutputリングバッファへのアクセスをセットアップするときは、以下のようにepoll関係のシステムコールを呼び出しています。

　ユーザ空間のプログラムは新しいepollインスタンスをカーネル内に作るように依頼します。

```
epoll_create1(EPOLL_CLOEXEC) = 8
```

この呼び出しはファイル記述子8を返します。この後epoll_ctl()を呼び出し、カーネルに対しこのepollインスタンスにファイル記述子4（outputバッファのもの）を待ち受け対象のファイル記述子として追加するよう依頼します。

```
epoll_ctl(8, EPOLL_CTL_ADD, 4, {events=EPOLLIN, data={u32=0, u64=0}}) = 0
```

ユーザ空間のプログラムはepoll_pwait()を使い、リングバッファ内部でデータが読み出せるようになるまで待ちます。この呼び出しはデータが利用可能になるまでは復帰しません。

```
epoll_pwait(8, [{events=EPOLLIN, data={u32=0, u64=0}}], 1, -1, NULL, 8) = 1
```

BCCやlibbpfなどのフレームワークを使ってコードを書いていれば、ユーザ空間のアプリケーションがカーネルから情報を得る方法については隠蔽されているので気にする必要はありません。ですが、知っているに越したことはないと思います。

ユーザ空間からMapにアクセスするようなコードを頻繁に書くようになれば、それがどのように実現しているのを知っていると便利です。本章の前半でbpftoolを使ってconfig Mapの内容を見ました。このツールはユーザ空間で動かすものなので、straceを使って、どのようなシステムコールによってこの情報を取得しているのかを見てみましょう。

4.8　Mapからの情報の読み出し

以下のstraceコマンド実行によって、bpftoolがconfig Mapから内容を読み出しているときに生成されたbpf()システムコールの呼び出しを表示できます。

```
$ strace -e bpf bpftool map dump name config
```

出力は次の2つのステップから構成されます。

- すべてのMapを走査して、configという名前のMapを見つける。
- 見つかったら、このMapにある全要素の中身を確認する。

4.8.1　Mapの検索

straceの出力は、似たような呼び出しの繰り返しから始まります。bpftoolがconfigという名前のMapを探すために、Mapの一覧を走査しているからです。

```
bpf(BPF_MAP_GET_NEXT_ID, {start_id=0,...}, 12) = 0          ❶
bpf(BPF_MAP_GET_FD_BY_ID, {map_id=48...}, 12) = 3           ❷
bpf(BPF_OBJ_GET_INFO_BY_FD, {info={bpf_fd=3, ...}}, 16) = 0  ❸

bpf(BPF_MAP_GET_NEXT_ID, {start_id=48, ...}, 12) = 0        ❹
bpf(BPF_MAP_GET_FD_BY_ID, {map_id=116, ...}, 12) = 3
bpf(BPF_OBJ_GET_INFO_BY_FD, {info={bpf_fd=3...}}, 16) = 0
```

❶ BPF_MAP_GET_NEXT_IDはstart_idで指定されたものの次に来るMapのIDを取得する。

❷ BPF_MAP_GET_FD_BY_IDは指定されたMap IDに対応するファイル記述子を返す。

❸ BPF_OBJ_GET_INFO_BY_FDはオブジェクト（この場合、該当するMap）に関する情報をファイル記述子から取得する。この情報はそのオブジェクトの名前も含んでいるため、bpftoolはそのMapが今探しているものかどうかを確認できる。

❹ 一連の流れが繰り返され、ステップ1で取得したものの次のMapのIDを取得する。

これら3つのシステムコール呼び出しのグループが、カーネルにロード済みのMapそれぞれに対して呼び出されます。start_idとmap_idに使われる値は、それらのMap IDと一致していることも確認してください。この繰り返しは、これ以上探すべきMapがなくなったときに終了します。このときBPF_MAP_GET_NEXT_IDは以下のようにENOENTを返します。

```
bpf(BPF_MAP_GET_NEXT_ID, {start_id=133,...}, 12) = -1 ENOENT (No such file or
directory)
```

マッチするMapが見つかったら、bpftoolはこのファイル記述子を保持して、ここからエントリを読み出せるようにします。

4.8.2　Mapの要素の読み出し

ここまででbpftoolはMapを参照するファイル記述子を得ました。Mapから情報を読み出すための一連のシステムコール呼び出しを以下に示します。

```
bpf(BPF_MAP_GET_NEXT_KEY, {map_fd=3, key=NULL,              ❶
next_key=0xaaaaf7a63960}, 24) = 0
bpf(BPF_MAP_LOOKUP_ELEM, {map_fd=3, key=0xaaaaf7a63960,     ❷
value=0xaaaaf7a63980, flags=BPF_ANY}, 32) = 0
[{                                                          ❸
        "key": 0,
        "value": {
            "message": "Hey root!"
        }
bpf(BPF_MAP_GET_NEXT_KEY, {map_fd=3, key=0xaaaaf7a63960,    ❹
next_key=0xaaaaf7a63960}, 24) = 0
bpf(BPF_MAP_LOOKUP_ELEM, {map_fd=3, key=0xaaaaf7a63960,
value=0xaaaaf7a63980, flags=BPF_ANY}, 32) = 0
    },{
        "key": 501,
        "value": {
            "message": "Hi user 501!"
        }
bpf(BPF_MAP_GET_NEXT_KEY, {map_fd=3, key=0xaaaaf7a63960,    ❺
next_key=0xaaaaf7a63960}, 24) = -1 ENOENT (No such file or directory)
    }                                                       ❻
]
+++ exited with 0 +++
```

❶ まず、Mapに存在する1つ目のキーを見つける必要がある。bpf()システムコールの BPF_MAP_GET_NEXT_KEYコマンドを使えばこれを実現できる。key引数はキーへのポインタ で、このシステムコールは**この次**の妥当なキーを返す。NULLポインタを渡すと、アプリ ケーションは最初の正しいキーをMapから探す。カーネルはnext_keyポインタで示された 場所にキーを書き込む。

❷ 取得したキーに対応する値を、value引数で指定されたメモリ上に書き込む。

❸ 最初のエントリの内容を画面に出力する。

❹ Mapの次のキーに移動し、値を取得し、再びエントリを画面に出力する。

❺ 次のBPF_MAP_GET_NEXT_KEYの呼び出しはENOENTを返した。これは、このMapにはこれ以 上エントリがないことを示している。

❻ JSONの末端を示す文字列を画面に出力し、プログラムは終了する。

ファイル記述子3はconfig Mapに対応することに注目しましょう。このMapはhello-buffer-config.pyがファイル記述子4で参照していたものと同じものを指します。すでに何度か述べたよ うに、ファイル記述子はプロセスに固有のものです。したがって、プロセスによって同じものを指 していても、ファイル記述子の値は別になることもあります。

これでカーネル内に存在するMapの一覧、および、個々のMapの中のエントリを走査する方法 がわかりました。

4.9 まとめ

本章ではユーザ空間のコードがどのようにbpf()システムコールを使い、eBPFプログラムや Mapをロードしているか確認しました。プログラムやMapをBPF_PROG_LOADやBPF_MAP_CREATEコ マンドによって作成しているのも確認しました。

カーネルがeBPFプログラムやMapへの参照の個数を管理しており、参照カウンタがゼロに なったらこれらを削除していることも学びました。BPFオブジェクトのファイルシステムへの追 加の参照を、ピン留めやBPF Linkによってユーザ空間から追加できることもわかりました。

BPF_MAP_UPDATE_ELEMによってユーザ空間からMapにエントリを追加する例を見ました。他にも BPF_MAP_LOOKUP_ELEMとBPF_MAP_DELETE_ELEMといった類似コマンドによって、Mapから値を取得 したり削除したりできます。BPF_MAP_GET_NEXT_KEYというコマンドはMapに存在する次のキーを 検索できるため、このコマンドを使ってMapに存在するすべてのエントリを走査できます。

ユーザ空間のプログラムがperf_event_open()とioctl()を使ってeBPFプログラムをkprobeイ ベントにアタッチする方法を示しました。アタッチ方法はeBPFプログラムのプログラムタイプに よって異なります。cgroup関連プログラムタイプのように、bpf(BPF_PROG_ATTACH)システムコー ルによってアタッチすることもあります。bpf(BPF_RAW_TRACEPOINT_OPEN)はRaw Tracepointへの アタッチに使います。章末の演習問題5に使用例があります。

BPF_MAP_GET_NEXT_ID、BPF_MAP_GET_FD_BY_ID、BPF_OBJ_GET_INFO_BY_FDコマンドによってMap （やその他の）オブジェクトを検索できることを学びました。

bpf()コマンドは他にもありますが、BPFの概要を掴むにはここまで紹介したものだけでも十分

です。

　BTFのデータをカーネルにロードする例も見ました。bpftoolはこの情報を元にBPFプログラムのデータ構造を理解し、それらのデータを整形して表示できることがわかりました。BTFデータとはどういうものなのか、BTFがどうやってeBPFプログラムを複数のカーネルバージョンで動作できるようにしているかについては次章で扱います。

4.10　演習

bpf() システムコールについてさらに深く知りたい方のために、いくつか演習を用意しました。

1. BPF_PROG_LOADシステムコールのinsn_cntフィールドが、bpftoolを使ってプログラムをダンプしたときに表示される。この値がbpf()のmanページ（https://oreil.ly/NJdIM）に書かれている定義通り、翻訳後のeBPFバイトコードの命令の数と対応していることを確認せよ。

2. 同じサンプルプログラムを同時に2つ動かしてconfigという名前の2つのMapが存在するようにせよ。bpftool map dump name configを実行すると、出力結果には2つの別々のMapについての情報が出力される。このコマンドをstraceを介して実行し、システムコール出力から、それぞれについて別の記述子を使っていることを確認せよ。また、Mapを検索している行、Mapからエントリを取り出している行を見つけよ。

3. bpftool map updateを使って、サンプルプログラムのうち1つを走らせた状態でconfig Mapを変更した上で、この変更がeBPFプログラムの実行結果に反映されるかを確認せよ。特定ユーザについてのメッセージを書き換えた上で当該ユーザ権限でコマンドを実行すれば確認できる。

4. hello-buffer-config.pyの実行中にbpftoolを使って次のようにプログラムをBPFファイルシステムにピン留めせよ。

        bpftool prog pin name hello /sys/fs/bpf/hi

   この後、動作中のプログラムを終了させ、helloプログラムがまだカーネルにロードされていることをbpftool prog listで確認せよ。なお、このリンクはrm /sys/fs/bpf/hiの実行によって削除できる。

5. Raw Tracepointは、kprobeへのアタッチよりも、直接的にイベントをトリガーできる。アタッチ方法も単にbpf() システムコールを呼び出すだけである。hello-buffer-config.pyを書き換えて、sys_enterに対応するRaw Tracepointへアタッチせよ。実施にあたってはBCCのRAW_TRACEPOINT_PROBEマクロが使える。「**2章　eBPFの「Hello World」**」での演習を終えていれば、それを参考にせよ。BCCはアタッチを代行してくれるので、Pythonのコード上で明示的にアタッチ用のコードを書く必要はないだろう。このプログラムをstraceを介して実行すると以下のような行が出力される。

        bpf(BPF_RAW_TRACEPOINT_OPEN, {raw_tracepoint={name="sys_enter",
        prog_fd=6}}, 128) = 7

カーネル内のTracepointはsys_enterという名前で、ファイル記述子6が示すeBPFプログラムがアタッチされている。この時点から、カーネル内で何かが実行されてこのTracepointを通るたびに、eBPFプログラムをトリガーする。

6. BCCのlibbpfツール（https://oreil.ly/D31R4）が提供するopensnoopプログラムを実行せよ。このツールは所定のBPF Linkを設定する。設定結果はbpftoolで以下のように確認できる。

```
$ bpftool link list
116: perf_event  prog 1849
        bpf_cookie 0
        pids opensnoop(17711)
117: perf_event  prog 1851
        bpf_cookie 0
        pids opensnoop(17711)
```

プログラムID（ここでは1849と1851）がロード済みのeBPFプログラムのリストと一致することを確認せよ。

```
$ bpftool prog list
...
1849: tracepoint  name tracepoint__syscalls__sys_enter_openat
        tag 8ee3432dcd98ffc3  gpl run_time_ns 95875 run_cnt 121
        loaded_at 2023-01-08T15:49:54+0000  uid 0
        xlated 240B  jited 264B  memlock 4096B  map_ids 571,568
        btf_id 710
        pids opensnoop(17711)
1851: tracepoint  name tracepoint__syscalls__sys_exit_openat
        tag 387291c2fb839ac6  gpl run_time_ns 8515669 run_cnt 120
        loaded_at 2023-01-08T15:49:54+0000  uid 0
        xlated 696B  jited 744B  memlock 4096B  map_ids 568,571,569
        btf_id 710
        pids opensnoop(17711)
```

7. opensnoopの実行中に、bpftool link pin id 116 /sys/fs/bpf/mylinkでこれらのLinkの1つをピン留めせよ（LinkのIDはbpftool link listで確認すること）。この結果、opensnoopの終了後も、Linkとプログラムはカーネルにロードされたままになっている。

8. 「5章 CO-RE、BTF、libbpf」にすでに取り組んでいればhello-buffer-config.pyをlibbpfで書き直したバージョンを持っているはずだ。このライブラリはカーネルにロードするプログラムへのBPF Linkを自動設定する。straceを使ってこのプログラムが呼ぶbpf()システムコールを確認し、bpf(BPF_LINK_CREATE)が呼ばれていることを確かめよ。

5章
CO-RE、BTF、libbpf

本書では、前章で紹介したBTF（BPF Type Format）が存在する理由、および、異なるバージョンのカーネル間でeBPFプログラムを移植可能にするためにBTFがどのように使われるかについて説明します。一度コンパイルすれば、どこでも実行可能（compile once, run everywhere、CO-RE）というBPFのアプローチにとって、これはとても重要な部分です。

多くのeBPFプログラムはカーネルのデータ構造にアクセスします。ソースから関連するLinuxヘッダファイルをincludeする必要があります。Linuxカーネルのバージョンが異なればデータ構造が変化する可能性があるので、あるマシンでコンパイルされたeBPFプログラムを別のマシンで実行した場合、プログラムがアクセスするデータ構造がその2つのマシンのカーネルにおいて同じだという保証はありません[1]。

CO-REアプローチによって、この移植性の問題を効率的に解決できます。CO-REによって、コンパイルされたデータ構造のレイアウト情報をeBPFプログラムに含めることが可能になります。そして、そのデータ構造のレイアウトが、コンパイルしたマシンと実行しようとしている対象のマシンとで異なる場合に、フィールドのアクセス方法を調整するメカニズムを提供します。これによりプログラムは異なるカーネルバージョン間で移植可能になります。ただし、プログラムが実行しようとしているターゲットのカーネルに存在しないデータ構造やフィールドにアクセスしようとした場合は除きます。

しかし、CO-REがどのように機能するかの詳細に入る前に、それがどうして望ましいものなのかという理由を、BCCプロジェクトで実装された、カーネルの移植性に関する以前のアプローチを参照しながら説明します。

5.1　移植性に対するBCCのアプローチ

「2章　eBPFの「Hello World」」では、BCC（https://oreil.ly/ReUtn）を用いて、eBPFプログラムの基本的な「Hello World」の例を示しました。BCCプロジェクトはeBPFの初期から存在

※1　データ構造の定義は実行中のカーネルではなくカーネルソースのヘッダファイルに書かれている。このため、eBPFプログラムを実行するマシンで使われているカーネルのヘッダファイルとバージョンを合わせてコンパイルすると、CO-REの仕組みがなくてもプログラムを問題なく実行できる。

する、eBPFプログラムを作るときによく使われているプロジェクトです。カーネル内部の知識にそれほど詳しくないプログラマにとっても比較的使いやすいフレームワークを提供しています。BCCはユーザ空間とカーネルスペースのどちらのプログラムを書くのにも使えます。カーネル間の移植性の問題の解決策として、BCCはマシン上で実際に実行するときにeBPFコードをコンパイルします。そうすることで実行対象のマシンのカーネルヘッダの情報が確実に得られるためです。しかし、このアプローチにはいくつかの問題があります。

- コードを実行したいすべてのマシンにコンパイルツールチェーンとカーネルのヘッダファイルをインストールしておく必要がある。
- プログラムを実行するたびにコンパイル処理が走るため、実行開始までに時間がかかる。数秒程度かかることもある。
- プログラムを書いたマシンと実行するマシンが同じである場合、実行時にコンパイルするのは計算リソースの無駄である。
- 一部のBCCベースのプロジェクトでは、eBPFのコードとツールチェーンをコンテナイメージにパッケージ化した上で配布している。これにより、各マシンへの配布が簡単になる。しかし、カーネルヘッダは別途インストールしなければならない。このアプローチをとるツールが複数存在すると、ツールの数だけBCCツールチェーンをインストールするという無駄が発生する。
- 組み込みデバイスの場合、eBPFプログラムをコンパイルするのに十分なメモリリソースを持っていない可能性がある。

　上記の問題が存在するため、大規模な新しいeBPFプロジェクトの開発をするのであればBCCは不向きです。特に他の人に使ってもらう予定があるのなら、なおさらです。BCCは実運用で使うeBPFプログラムの開発には向いていません。ただし本書では、eBPFの基本的な概念について学ぶために、BCCを利用した例をいくつか示しています。特にPythonのユーザ空間コードは非常にコンパクトで読みやすいです。BCCの各機能のおかげで作業が楽になるので、凝ったことをせずに即座にeBPFプログラムを書いて動かしたい場合、BCCは第一候補になるでしょう。

　CO-REアプローチは、BCCよりもはるかに上手にeBPFプログラムのカーネル間移植性に対処しています。

 github.com/iovisor/bcc（https://oreil.ly/ReUtn）でホストされているBCCプロジェクトには、Linuxが動作するシステムがどのように動作しているかについて、あらゆる情報を観察するためのコマンドラインツールが豊富に含まれています。古いバージョンはtoolsディレクトリ（https://oreil.ly/fl4w_）に存在し、ほとんどは本節で述べたアプローチをとってPythonで実装されています。BCCのlibbpf-toolsディレクトリ（https://oreil.ly/ke7yq）には、古いバージョンをlibbpfとCO-REを利用してCで書き直した新しいバージョンが入っています。新バージョンは上述の問題を解決しているので非常に有用なツールです。

5.2 CO-REの概要

CO-RE のアプローチは、いくつかの要素から成り立っています[2][3]。

BTF

BTF（https://oreil.ly/iRCuI）は、データ構造や関数シグネチャのレイアウトを表現するための形式です。CO-RE では、ある eBPF プログラムが使っているカーネル内構造体が、コンパイル時に参照したときのカーネルヘッダのものと、プログラムの実行時に動いているカーネルとでどのように違うかを確認するために使用します。BTF は、人間が読み取れる形式でデータ構造をダンプする bpftool のようなツールでも使用します。Linux カーネル v5.4 以降は BTF に対応しています。

カーネルヘッダ

Linux カーネルのソースコードには、カーネルが使用するデータ構造を記述するヘッダファイルが含まれています。これらのヘッダの中身は Linux のバージョンによって変更されることがあります。eBPF のプログラマは個々のヘッダファイルを読み出すことができますが、この章で説明するように、bpftool を使用して、実行中のシステムから vmlinux.h というヘッダファイルを生成し、BPF プログラムが必要とするカーネルのすべてのデータ構造の情報を含めることもできます。

コンパイラのサポート

Clang コンパイラは eBPF 向けに機能拡張をしました（https://oreil.ly/6xFJm）。-g オプションを付けて eBPF プログラムをコンパイルすると、カーネルデータ構造を記述する BTF 情報に基づいて **CO-RE による再配置** と呼ばれるデータをバイナリに含めます。GCC もバージョン 12（https://oreil.ly/_6PEE）で BPF ターゲットに対する CO-RE サポートを開始しました。

データ構造の再配置のためのライブラリサポート

ユーザ空間のプログラムが eBPF プログラムをカーネルにロードする際、CO-RE アプローチでは、コンパイル時に存在したデータ構造と、実行対象のマシンに存在するデータ構造との間にある違いを吸収するために、バイトコードを調整する必要があります。ライブラリによって、この調整を、オブジェクトにコンパイルされた CO-RE による再配置情報に基づいて行います。この処理が可能なライブラリはいくつか存在します。libbpf（https://oreil.ly/E742u）は、この再配置機能を提供する C ライブラリです。Cilium eBPF は同じことをする Go ライブラリで、Aya は Rust ライブラリです。

BPF スケルトン（必要に応じて）

スケルトンは、ユーザ空間のコードが BPF プログラムのライフサイクル（カーネルへのロード、イベントへのアタッチなど）を管理するために呼び出す便利な関数を一通り自動生成

---

[2] この節の一部は、Liz Rice による「What Is eBPF?」を改変したもの。著作権は © 2022 O'Reilly Media にある。許可を得て使用している。

[3] 少数の非科学的な調査によると、ほとんどの人は CO-RE を co と re という 2 つの音節ではなく、core という単語と同じように発音しているようだ。

したものです。スケルトンはコンパイル済みのBPFオブジェクトファイルから生成できます。ユーザ空間のコードをCで書いている場合、`bpftool gen skeleton`を使用してスケルトンを生成できます。これらの関数は、開発者にとってより低レベルなライブラリ（libbpf、cilium/ebpfなど）を直接使用するよりも抽象度が高くて便利です。

 Andrii Nakryikoは、CO-REの背景を説明し、その仕組みや使い方を示す優れたブログ記事（https://oreil.ly/aeQJo）を書いています。彼は権威あるドキュメント、BPF CO-REリファレンスガイド（https://oreil.ly/lbW_T）も執筆しているので、自分でeBPFプログラムを書く予定の方はぜひ読んでみてください。CO-RE＋libbpf＋スケルトンを使用したゼロからのeBPFアプリケーション構築に関する彼のlibbpf-bootstrapガイド（https://oreil.ly/_jet-）も必読です。

CO-REの要素技術がどういったものかを理解したところで、それらがどのように動作するか詳しく見ていきましょう。まずはBTFの説明から始めましょう。

5.3 BTF（BPF Type Format）

BTFは、ある構造体がどういうレイアウトか、すなわちデータ構造とコードがメモリ上でどのように配置されているかを記述します。この情報は、さまざまな目的で利用することができます。

5.3.1 BTFのユースケース

本章の主なトピックはCO-REについてですが、その中においてBTFに言及する大きな理由について説明します。それは、eBPFプログラムがコンパイルされたシステムと、それが実行されようとしているシステムとで構造体のレイアウトの違いをBTFを介して知っていれば、プログラムがカーネルにロードされる際に無事実行できるよう適切な調整ができるからです。本章の前半ではBTF情報がどのように利用されるかについて、後半では再配置プロセスについて述べます。

構造体のレイアウト、および、その構造体の全フィールドの型を知ることによって、構造体の内容を人間が読みやすい形式で表示できるようになります。例えば文字列はコンピュータから見れば単なるバイト列、つまり数値の配列ですが、それらを文字として出力すると、人間が理解しやすくなります。前章においてすでに、BTF情報を使用して`bpftool map dump`コマンドの結果を人間に読みやすい形で出力しました。

BTF情報には行および関数の情報も含まれています。このため、「**3章 eBPFプログラムの仕組み**」で説明したように、`bpftool`が事前に、あるいは実行時に機械語にコンパイルされたプログラムをダンプする際に、機械語とそれに対応するソースコードを並べて表示できます。「**6章 eBPF検証器**」に進むと、ソースコード情報が検証器のログ出力と交互に表示されますが、これもまたBTF情報から得られた情報をもとにしています。

また、BPFスピンロックにもBTF情報が必要です。**スピンロック**は、2つのCPUコアが同時に同じMapの値にアクセスするのを防ぐために使います。ロックはMapの値のフィールドである必要があります。例えばこのようになります。

```
struct my_value {
    ... <他のフィールド>
    struct bpf_spin_lock lock;
... <他のフィールド>
};
```

　カーネル内部では、eBPFプログラムはbpf_spin_lock()とbpf_spin_unlock()というヘルパ関数を使用してロックを取得したり解放したりします。これらの関数は、ロックフィールドが構造体内でどこにあるかを説明するBTF情報が存在する場合にのみ使用できます。

スピンロックはカーネルv5.1からサポートされるようになりました。スピンロックの使用には多くの制限があります。ハッシュ型または配列型のMapのみ使用でき、トレーシング型、またはソケットフィルタ型のeBPFプログラムでは使用できません。スピンロックについての詳細は、BPFにおける並行処理の管理についてのlwn.netの記事（https://oreil.ly/kAyAU）を見てください。

　BTFの情報がなぜ便利なのかを理解したところで、具体例を見ることによって理解を深めましょう。

5.3.2　bpftoolを使用してBTF情報をリストアップ

　プログラムやMapと同様に、bpftoolユーティリティを使用してBTF情報を表示することができます。次のコマンドは、カーネルにロードされているすべてのBTF情報をリストアップします。

```
bpftool btf list
1: name [vmlinux] size 5843164B
2: name [aes_ce_cipher] size 407B
3: name [cryptd] size 3372B
...
149: name <anon> size 4372B prog_ids 319 map_ids 103
        pids hello-buffer-co(7660)
155: name <anon> size 37100B
        pids bpftool(7784)
```

（出力を見やすくするために、多くの行を省略しています。）

　リストの最初のエントリはvmlinuxで、現在実行中のカーネルのBTF情報を保持するvmlinuxファイルに対応しています。

最初のいくつかの例では「**4章　bpf()システムコール**」の中のプログラムを再利用します。後半の例はGitHubリポジトリ（https://github.com/lizrice/learning-ebpf）のchapter5ディレクトリからダウンロードできます。

　上記の出力は、「**4章　bpf()システムコール**」のhello-buffer-configを実行している最中にbpftool btf listコマンドを実行した際に得られたものです。プロセスが使用しているBTF情報を説明するエントリが149:から始まる行に表示されています。

```
149: name <anon> size 4372B prog_ids 319 map_ids 103
        pids hello-buffer-co(7660)
```

この行は次のような意味になります。

- このBTF情報のチャンクはID 149を持っている。
- これは約4 KBのBTF情報を含む無名のデータである。
- この情報は`prog_id 319`を持つBPFプログラムと`map_id 103`を持つBPF Mapに使用されている。
- プロセスID 7660（括弧内に表示）を持つプロセスもこの情報を使用している。このプロセスは`hello-buffer-config`という実行可能ファイル（名前は15文字で切り捨てられている）を実行している。

これらのプログラム、Map、BTFの識別子は、`bpftool`が`hello`という名前の`hello-buffer-config`プログラムについて表示する以下の出力と一致します。

```
bpftool prog show name hello
319: kprobe name hello tag a94092da317ac9ba gpl
        loaded_at 2022-08-28T14:13:35+0000 uid 0
        xlated 400B jited 428B memlock 4096B map_ids 103,104
        btf_id 149
        pids hello-buffer-co(7660)
```

上記2つの情報セットの間には1つだけ違いがあります。`hello`プログラムの情報では、`bpftool btf list`の結果には存在しなかった`map_id`である104を参照していることです。この`map_id` 104のMapは、PerfイベントバッファMapであり、BTF情報を使用していません。したがって、BTF関連の出力には表示されません。

`bpftool`はプログラムやMapの内容と同様、データに含まれるBTF情報の表示にも使えます。

5.3.3　BTFにおける型情報

BTF情報のIDがわかっていれば、`bpftool btf dump id <id>`コマンドを使用して、詳細情報が得られます。上述したID 149について`bpftool btf dump id`を実行したところ、出力は69行で、それぞれが型定義でした。ここでは最初の数行を説明します。この説明は、残りの部分を解釈するための助けとなるでしょう。最初の数行のBTF情報は、ソースコードの中で以下のように定義されたconfigハッシュテーブルMapに対応します。

```
struct user_msg_t {
  char message[12];
};

BPF_HASH(config, u32, struct user_msg_t);
```

このハッシュテーブルMapは、u32型のキーと`struct user_msg_t`型の値を持っています。この構造体は12バイトの`message`フィールドを保持しています。これらの型が対応するBTF情報でど

のように定義されているかを見てみましょう。

BTF出力の最初の3行は以下の通りです。

```
[1] TYPEDEF 'u32' type_id=2
[2] TYPEDEF '__u32' type_id=3
[3] INT 'unsigned int' size=4 bits_offset=0 nr_bits=32 encoding=(none)
```

各行の始まりにある角括弧内の数字は型IDです（したがって、最初の行は[1]で始まり、type_id 1を定義しています）。これらの3つの型を詳しく見てみましょう。

- 型1はu32という名前の型を定義し、その型はtype_id 2によって定義される。つまり、[2]で始まる行で定義された型である。このu32はハッシュテーブルのキーの型に対応している。
- 型2は__u32という名前を持ち、そのタイプはtype_id 3によって定義される。
- 型3は、4バイトの長さを持つunsigned intという名前の整数型である。

これらの3つの型はすべて、32ビットの符号なし整数型の同義語です。C言語では、整数の長さはプラットフォームに依存しますので、Linuxはu32のような型を明示的に定義し、特定のサイズの整数を定義します。このマシンでは、u32は符号なし整数に対応します。これらを参照するユーザ空間のコードは、__u32のようにアンダースコアを接頭辞とする同義語を使用するべきなので、このように表現されています。

さらに型についての情報が続きます。

```
[4] STRUCT 'user_msg_t' size=12 vlen=1
        'message' type_id=6 bits_offset=0
[5] INT 'char' size=1 bits_offset=0 nr_bits=8 encoding=(none)
[6] ARRAY '(anon)' type_id=5 index_type_id=7 nr_elems=12
[7] INT 'ARRAY_SIZE_TYPE' size=4 bits_offset=0 nr_bits=32 encoding=(none)
```

これらはconfigというMapの値の型であるuser_msg_t構造体に関するものです。

- 型4はuser_msg_t構造体そのもので、合計サイズは12バイトである。中にはmessageという名前のフィールドが1つ含まれており、その型は型6によって定義されている。vlenフィールドはこの定義に含まれるフィールドの数を示す。
- 型5はcharという名前を持つ1バイトの整数である。これはC言語におけるchar型に相当する。
- 型6はmessageフィールドの型を12要素の配列として定義している。各要素の型は型5（つまりchar）で、配列のインデックスの型は型7によって定義されている。
- 型7は4バイトの整数である。

上述の定義により、user_msg_t構造体がメモリ内で**図5-1**のように配置されることが明らかになりました。

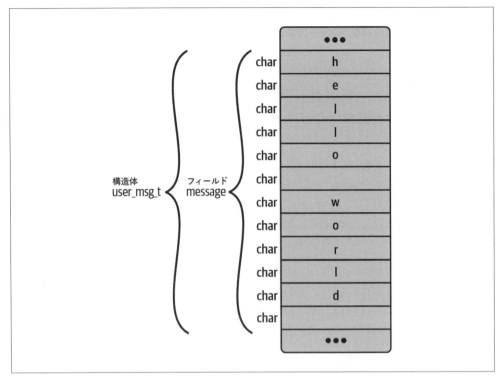

図5-1　12バイトの構造体であるuser_msg_t型

これまですべてのエントリは bits_offset が0でしたが次の出力行はそうではありません。複数のフィールドを持つ構造体を定義した場合にはこうなります。

```
[8] STRUCT '____btf_map_config' size=16 vlen=2
        'key' type_id=1 bits_offset=0
        'value' type_id=4 bits_offset=32
```

上記は config Map の型である構造体の定義です。このソースコードの中では ____btf_map_config 型は定義されていませんが、BCCがマクロの中で定義したものです。ハッシュテーブルのキーはタイプ u32 で、値は user_msg_t 構造体です。これらは前述の型1と型4に対応します。

この構造体について、もう1つの重要なBTF情報は、value フィールドが構造体の先頭から32ビット地点に存在するということです。その理由は構造体先頭から32ビット（4バイト）には key フィールドが入っているからです。

Cでは構造体の中のあるフィールドが常にメモリ上で前のフィールドの直後にあるとは仮定できません。例えば次のような構造体を考えてみます。

```
struct something {
    char letter;
    u64 number;
}
```

この場合letterというフィールドの後には未使用のメモリが7バイトあります。これは64ビット（8バイト）のフィールド（ここではnumberフィールド）が8で割り切れるメモリアドレスに配置されるからです。

この未使用スペースが発生しないようにコンパイラに指示することはできますが、こうすると一般的には性能が低下します。このため、少なくとも筆者の経験上そのような設定をするケースは稀でした。一般的にはCプログラマは自分の頭で考えてメモリ効率が上がるよう構造体を設計します。

5.3.4　BTF情報を含むMap

先ほどはMapに関連したBTF情報を見ました。次にMapを作成するときに、どのようにBTF情報をカーネルに渡すかを見てみましょう。

「**4章　bpf()システムコール**」でMapはbpf(BPF_MAP_CREATE)システムコールを使って作成すると話しました。このシステムコールは引数としてカーネルヘッダで定義されたbpf_attr構造体（https://oreil.ly/PLrYG）を受け取ります。以下にこの構造体の定義の一部を抜粋します。

```
struct { /* BPF_MAP_CREATE コマンドが使う無名の構造体 */
    __u32 map_type;          /* enum bpf_map_type で定義された型の中のいずれか */
    __u32 key_size;          /* キーのサイズ（バイト単位）*/
    __u32 value_size;        /* 値のサイズ（バイト単位）*/
    __u32 max_entries;       /* Map の最大エントリ数 */
    ...
    char map_name[BPF_OBJ_NAME_LEN];
    ...
    __u32 btf_fd;            /* BTF データを指す fd */
    __u32 btf_key_type_id;   /* キーの BTF type_id */
    __u32 btf_value_type_id; /* 値の BTF type_id */
    ...
};
```

BTFが生まれる前は、このbpf_attr構造体にbtf_*フィールドは存在せず、カーネルはキーや値の構造について確認できませんでした。key_sizeとvalue_sizeフィールドはMapの操作などに必要なメモリの量を定義していましたが、単なるバイト数として渡すほかありませんでした。キーや値がどういう型であるかを定義するBTF情報を追加で渡すようになったことで、カーネルはより詳しい情報を得られるようになりました。また、先ほど見たように、bpftoolのようなユーティリティも型情報を利用することで出力が見やすくなりました。キーと値のために別々のBTF type_idが存在することにも注目しましょう。ちなみに、前述の____btf_map_config構造体の定義はユーザ空間のBCCは使いますが、カーネル内のこのMapの定義にはそのまま使うことはありません。

5.3.5　関数と関数プロトタイプのBTF情報

これまでの例ではBTFを型情報の取得のために使ってきましたが、BTFは関数と関数プロトタイプに関する情報も含んでいます。以下はhello関数を説明するBTFの情報です。

```
[31] FUNC_PROTO '(anon)' ret_type_id=23 vlen=1
        'ctx' type_id=10
[32] FUNC 'hello' type_id=31 linkage=static
```

型32では、関数名helloが前の行で定義された型を持っていることがわかります。前の行の型31は**関数プロトタイプ**で、型ID23の値を返し、1つの引数を持ちます（vlen=1）。引数の名前はctxで、その型のIDは10です。続いて型10と型23の定義も見てみましょう。

```
[10] PTR '(anon)' type_id=0
```

```
[23] INT 'int' size=4 bits_offset=0 nr_bits=32 encoding=SIGNED
```

型10はデフォルト型を示す0へのポインタとして定義されています。BTF出力には明示的には含まれていませんが、これはvoidポインタと考えることができます[※4]。

型23の戻り値は4バイトの符号付き整数です。符号付きとは正または負の値を持つことができるということで、反対に符号なしの値は0以上の正の値しか取れません。これはhello-buffer-config.pyのソースコードにおいて以下の関数定義に対応しています。

```
int hello(void *ctx)
```

ここまで示したBTF情報は、BTFに含まれる内容をリストアップしたものです。続いて特定のMapやプログラムに関連するBTF情報を取得する方法を見てみましょう。

5.3.6　MapとプログラムのBTF情報を調査する

bpftoolを使うと特定のMapに関連したBTFの情報を簡単に得られます。以下はconfigハッシュテーブルMapについての出力です。

```
bpftool btf dump map name config
[1] TYPEDEF 'u32' type_id=2
[4] STRUCT 'user_msg_t' size=12 vlen=1
        'message' type_id=6 bits_offset=0
```

同様に特定のプログラムについてのBTF情報をbpftool btf dump prog <prog identity>によって表示できます。詳細はmanpage（https://oreil.ly/lCoV5）をご覧ください。

> BTF型データを内容の重複がないように生成する方法を理解するには、Andrii Nakryikoのブログ（https://oreil.ly/0-a9g）を読んでください。

ここまで、BTFがデータ構造と関数の形式をどのように記述するかについて述べました。Cで書かれたeBPFプログラムをコンパイルするには型と構造を定義するヘッダファイルが必要です。eBPFプログラムが必要とするカーネルデータ型を含んだヘッダファイルを生成する簡単な方法を見ていきましょう。

※4　カーネルのドキュメント（https://docs.kernel.org/bpf/btf.html#type-encoding）を参照してほしい。

5.4　カーネルヘッダファイルの生成

BTFが有効なカーネルで`bpftool btf list`を実行すると、次のような多数の既存のBTF情報が表示されます。

```
$ bpftool btf list
1: name [vmlinux] size 5842973B
2: name [aes_ce_cipher] size 407B
3: name [cryptd] size 3372B
...
```

このリストの最初の要素であるIDが1で名前が`vmlinux`のものは、この（仮想）マシン上で実行されているカーネルが使用するすべてのデータ型、構造体、および関数定義に関するBTF情報です[5]。

eBPFプログラムは自身が参照する任意のカーネル内の要素について、型情報の定義が必要です。CO-REが登場する前は、Linuxカーネルソースの全ヘッダファイルの中から必要な構造体の情報を含むヘッダを見つける必要がありました。現在では`bpftool`を使ってカーネルに含まれるBTF情報から適切なヘッダファイル、`vmlinux.h`を得られます。このファイルは以下のように生成できます。

```
bpftool btf dump file /sys/kernel/btf/vmlinux format c > vmlinux.h
```

カーネルのすべてのデータ型を定義しているこのファイルをeBPFプログラムのソースファイルからincludeすることによって、プログラムは必要なLinuxデータ構造の定義を参照できます。ソースをeBPFオブジェクトファイルにコンパイルすると、そのオブジェクトにはこのヘッダファイルから得たBTF情報が入っています。eBPFプログラムを実行すると、このプログラムをカーネルにロードするユーザ空間プログラムは、ビルド時に作成された（すなわち、ビルドした環境のカーネルが保持していた）BTF情報と、ターゲットマシンで実行されているカーネルのBTF情報を比較します。両者の間に差分があれば、eBPFプログラムをターゲットマシン上で実行できるように調整します。

`/sys/kernel/btf/vmlinux`ファイル形式のBTF情報は、Linuxカーネルv5.4から利用可能になりました[6]。ただし`libbpf`が利用できる生のBTFファイルも、古いカーネル用に生成できます。つまり、BTF情報が存在しないカーネル上でCO-REが有効化されたeBPFプログラムを実行したい場合は、自分自身で必要なBTFファイルを生成しておけば、実行できるだろうということです。BTFファイルの生成方法と、さまざまなLinuxディストリビューションのBTF用ファイルのアーカイブについては、BTFHub（https://oreil.ly/mPSO0）で提供されています。

> BTFHubリポジトリを参照すると、BTFの内部構造（https://oreil.ly/CfyQh）について詳細に記述したドキュメントを読めます。その内容でBTFファイルについて深く学べます。

---

[5]　カーネルは`CONFIG_DEBUG_INFO_BTF`オプションを有効にした状態でビルドされている必要がある。

[6]　BTFをサポートできる最古のLinuxカーネルバージョンは、IO Visorのメッセージ（https://oreil.ly/HML9m）で知ることができる。

続いて、CO-REを使用してeBPFプログラムをカーネル間で移植可能にするために、BTF情報を利用する他にどんなことをしているかを確認してみましょう。

5.5　CO-RE eBPFプログラム

ここで、eBPFプログラムはカーネルで実行されるということを思い出してください。本章の後半では、カーネルで実行されるコードと対話するユーザ空間のコードをいくつか紹介しますが、このセクションではカーネル側に焦点を当てています。

すでに見てきたように、eBPFプログラムはeBPFバイトコードにコンパイルされます。（少なくともこの文書の作成時点では）これをサポートするコンパイラはClangやgccといったCコード向けのコンパイラ、およびRustコンパイラです。「**10章　プログラミングeBPF**」でRustを使用する場合の詳細について説明しますが、本章では、Cで記述し、Clangとlibbpfライブラリを使用していると仮定します。

本章の残りの部分では、hello-buffer-configというアプリケーションの例を考えてみましょう。これは前章のBCCフレームワークを使用したhello-buffer-config.pyの例と非常に似ていますが、このバージョンはlibbpfとCO-REを使用するためにCで書かれています。

BCCベースのeBPFコードをlibbpfに移植したい場合は、Andrii NakryikoのWebサイトにある包括的なガイド（https://oreil.ly/iWDcv）をご覧ください。BCCはlibbpfを使用した場合では実現しにくい便利なショートカットをいくつか提供しています。逆に、libbpfはマクロとライブラリ関数のセットを提供して、eBPFプログラミングを簡単にします。例を進めながら、BCCとlibbpfのアプローチのいくつかの違いを指摘します。

 このセクションに関連するC言語でのeBPFプログラムの例は、GitHubリポジトリ（https://github.com/lizrice/learning-ebpf）のchapter5ディレクトリからダウンロードできます。

まず、カーネルで実行される側のeBPFプログラム（hello-buffer-config.bpf.c）を確認してみましょう。本章の後半で、プログラムをロードし、出力を表示するhello-buffer-config.cのユーザ空間側のコードを紹介します。これは、BCCのこの例の実装でPythonコードが行ったような内容を担当しています。詳細は「**4章　bpf()システムコール**」をご覧ください。

一般的なCプログラムと同様に、eBPFプログラムもいくつかのヘッダファイルを指定する必要があります。

5.5.1　ヘッダファイル

hello-buffer-config.bpf.cの冒頭では、必要なヘッダファイルを指定しています。

```
#include "vmlinux.h"
#include <bpf/bpf_helpers.h>
#include <bpf/bpf_tracing.h>
#include <bpf/bpf_core_read.h>
#include "hello-buffer-config.h"
```

これらの5つのファイルは、vmlinux.hファイル、libbpfからのいくつかのヘッダ、そして筆者によって書かれているこのアプリケーション固有のヘッダファイルです。これがlibbpfプログラムに必要なヘッダファイルの典型的なパターンですが、その理由を説明します。

5.5.1.1 カーネルヘッダ情報

カーネルで使っているデータ構造体や型を参照するeBPFプログラムを書く場合、最も簡単なやり方は、本章の前半で説明したvmlinux.hファイルをソースコードで指定することです。また、Linuxソースから個々のヘッダファイルを指定することも可能で、あるいは、手間をかけて自分のコードで構造体を手動で定義することもできます。libbpfからのBPFヘルパ関数を使用する場合は、BPFヘルパソースが参照するu32、u64などの型の定義を利用するために、vmlinux.hまたはlinux/types.hをヘッダとして指定する必要があります。

vmlinux.hファイルはカーネルソースヘッダに由来するものですが、それらには#defineにより定義された、いわゆるマクロや定数値などの値は含まれていません。例えば、あなたのeBPFプログラムがEthernetパケットを解析する場合、パケットに含まれるプロトコルが何であるかを判定するための定数の定義が必要になるでしょう（例えば、IPパケットであることを示す0x0800やARPパケットの0x0806など）。これらの値をカーネル用に定義しているif_ether.hファイル（https://oreil.ly/hoZzP）を含めない場合、あなた自身のコードでこれらの一連の定数値を書き写しておく必要があります。hello-buffer-configではこれらの値定義は必要ありませんでしたが、「8章　ネットワーク用eBPF」ではこのような値定義を行っている例が登場します。

5.5.1.2 libbpfからのヘッダ

eBPFコードで任意のBPFヘルパ関数を使用するためには、その定義を提供するlibbpfのヘッダファイルを含める必要があります。

> libbpfについて少々混乱を招きやすい点は、それがユーザ空間のライブラリだけでないということです。ユーザ空間とeBPFのCコードの両方にlibbpfのヘッダファイルを追加することが一般的です。

本書の執筆時点では、eBPFプロジェクトにはlibbpfのGitリポジトリをGitサブモジュールとして含めておいて、そのソースからlibbpf自体をビルド/インストールすることが一般的であり、本書のサンプルコード用リポジトリでもそうしています。libbpfリポジトリがサブモジュールとしてそのまま含まれていれば、libbpf/srcディレクトリに移動してmake installを実行するだけでインストールが完了します。とはいえlibbpfがバージョン1.0のリリース（https://oreil.ly/8BFq6）というマイルストーンを達成した今、一般的なLinuxディストリビューションでlibbpfが広くパッケージとして利用可能になるのはそう遠くないと思います。

5.5.1.3 アプリケーション固有のヘッダ

アプリケーションは、ユーザ空間で動くプログラムとeBPFプログラムの両方で使う構造体を一通り定義したヘッダファイルを持っているのが一般的です。この例ではeBPFプログラムからユーザ空間にイベントのデータを渡すために使うdata_t構造体をhello-buffer-config.hヘッダファイルの中で定義しています。この構造体は、BCCで同じことをするコードを書いたときのものと

ほとんど同じです。

```
struct data_t {
    int pid;
    int uid;
    char command[16];
    char message[12];
    char path[16];
};
```

唯一の違いは、pathというフィールドを追加したことです。

この構造体定義を別のヘッダファイルに分離する理由は、hello-buffer-config.cのユーザ空間コードからも構造体を参照するからです。BCCバージョンでは、カーネルとユーザ空間のコードは両方とも単一のファイルで定義されていたため、BCCの機能によって構造体をPythonのユーザ空間コードから使えるようになっていました。

5.5.2 Mapの定義

hello-buffer-config.bpf.cではヘッダファイルを#includeで指定した後に、Mapに使用される構造体を定義しています。

```
struct {
    __uint(type, BPF_MAP_TYPE_PERF_EVENT_ARRAY);
    __uint(key_size, sizeof(u32));
    __uint(value_size, sizeof(u32));
} output SEC(".maps");

struct user_msg_t {
    char message[12];
};

struct {
    __uint(type, BPF_MAP_TYPE_HASH);
    __uint(max_entries, 10240);
    __type(key, u32);
    __type(value, struct user_msg_t);
} my_config SEC(".maps");
```

同じようなMapを定義する際に、BCCのバージョンよりも多くのコードを書く必要があります。BCCでは、configと呼ばれるMapは以下のマクロで作成されました。

```
BPF_HASH(config, u64, struct user_msg_t);
```

このマクロが使えるのはBCCを使用した場合のみなので、libbpfベースのC言語で書く場合はより長いコードを書く必要があります。次に示す __uint と __type は、 __array とともに、bpf/bpf_helpers_def.h（https://oreil.ly/2FgjB）で定義されています。

```
#define __uint(name, val) int (*name)[val]
#define __type(name, val) typeof(val) *name
#define __array(name, val) typeof(val) *name[]
```

これらのマクロはlibbpfベースのプログラムでMap定義を少しでも読みやすくするために慣習的に使われています。

 「config」という名前はvmlinux.h内にすでにある定義と競合したため、この例ではMapの名前を「my_config」に変更しました。

5.5.3 eBPFプログラムのセクション

libbpfを使う際は、eBPFプログラムの種類、すなわちプログラムタイプを示す文字列をSEC()マクロ内に書く必要があります。

```
SEC("kprobe")
```

これにより、コンパイルされたELFオブジェクト内にkprobeというセクションが生成されます。libbpfはこれをBPF_PROG_TYPE_KPROBEというプログラムタイプとしてロードすると認識します。「kprobe」以外のプログラムタイプについては、「**7章 eBPFのプログラムとアタッチメントタイプ**」で説明します。

プログラムタイプによっては、セクション名を使用してプログラムがアタッチされるイベントを指定することもできます。規約に従ってセクション名を定義し、libbpfライブラリを使ってロードした場合は、ユーザ空間のコードでは明示的にイベントを設定せずに済みます。例えば、ARMベースのマシンでexecve()システムコールのkprobeに自動的にアタッチするためには、以下のようにセクションを指定します。

```
SEC("kprobe/__arm64_sys_execve")
```

そのためには、そのアーキテクチャでのシステムコールの関数名を知っている（あるいはすべてのカーネルシンボル、つまり関数名がリストアップされている/proc/kallsymsファイルをターゲットマシン上で参照することによって取得する）必要があります。しかし、ksyscallあるいはkretsyscallセクション名を使用すると、libbpfはこのような手間を省いてくれます。これを用いればアーキテクチャ固有の関数内のkprobeを探し出して自動的にアタッチするようにプログラムのローダに指示できます。

```
SEC("ksyscall/execve")
```

 有効なセクション名とフォーマットは、libbpfのドキュメンテーション（https://oreil.ly/FhHrm）に列挙されています。かつてはセクション名の要件はもっとゆるやかだったので、libbpf 1.0より前に書かれたeBPFプログラムではこのリストに存在しないセクション名が使われていることもありますのでご注意ください。

　セクション定義はeBPFプログラムがどこにアタッチされるべきかを宣言し、その後にアタッチするコードを書きます。前述の通りeBPFプログラムはC言語の1つの関数の形で書きます。例の中ではhello()が該当します。これは**「4章　bpf()システムコール」**で見たhello()関数と非常に似ています。以前のバージョンとここでのバージョンとの違いを見てみましょう。

```
SEC("ksyscall/execve")
int BPF_KPROBE_SYSCALL(hello, const char *pathname) ❶
{
    struct data_t data = {};
    struct user_msg_t *p;

    data.pid = bpf_get_current_pid_tgid() >> 32;
    data.uid = bpf_get_current_uid_gid() & 0xFFFFFFFF;

    bpf_get_current_comm(&data.command, sizeof(data.command));
    bpf_probe_read_user_str(&data.path, sizeof(data.path), pathname); ❷

    p = bpf_map_lookup_elem(&my_config, &data.uid); ❸
    if (p != 0) {
        bpf_probe_read_kernel(&data.message, sizeof(data.message), p->message);
    } else {
        bpf_probe_read_kernel(&data.message, sizeof(data.message), message);
    }

    bpf_perf_event_output(ctx, &output, BPF_F_CURRENT_CPU, ❹
                          &data, sizeof(data));
    return 0;
}
```

❶ システムコールの引数に名前でアクセスしやすくするBPF_KPROBE_SYSCALL（https://oreil.ly/pgI1B）マクロをlibbpfでは使っている。execve()の場合、最初の引数は実行されるプログラムのパス名を示す。eBPFプログラムの名前はhelloである。

❷ 上述のマクロによってプログラムのパス名にアクセスできるようになったので、それをPerfリングバッファの出力に使われるデータ領域に保存している。メモリのコピーにはBPFヘルパ関数を使う必要があることに注意。

❸ bpf_map_lookup_elem()はキーを指定してMapの値を得るBPFヘルパ関数である。BCCにおけるp = my_config.lookup(&data.uid)に相当する。BCCはこのメソッド呼び出しコードをbpf_map_lookup_elem()関数に置き換えてコンパイラに渡すが、libbpfでbpf_map_lookup_elem()を使う場合はこのようなコードの置き換えはしない[7]ので、ヘルパ関数を直接使う必要がある。

❹ ここでもヘルパ関数bpf_perf_event_output()を直接使っている。BCCにおけるoutput.perf_submit(ctx, &data, sizeof(data))に相当する。

※7　libbpfの場合であってもC言語のプリプロセッサによる文字列の置換はする。

その他の違いとしては「Hello world」メッセージを保持する変数のスコープがあります。BCC バージョンではメッセージ文字列をhello()関数内のローカル変数として定義していました。これはBCCが少なくとも本書執筆時点ではグローバル変数をサポートしていないからです。libbpf バージョンでは、以下のようにグローバル変数として定義しています。

```
char message[12] = "Hello World";
```

chapter4/hello-buffer-config.pyでは、hello関数は以下のように、かなり異なる書き方で定義されていました。

```
int hello(void *ctx)
```

BPF_KPROBE_SYSCALLは前述の通りlibbpfから使える便利なマクロです。このマクロの使用は必須ではありません。ですが、システムコールに渡されるすべての引数について、それらを参照するための変数名を宣言的に定義できるため、非常に便利です。ここではexecve()システムコールの最初の引数である、実行対象となる実行可能ファイルのパスを保持するpathname引数が得られます。

よく見ると、ctx変数がhello-buffer-config.bpf.cでは明示的に定義されていません。それにも関わらずデータを出力用Perfリングバッファに送信するときにctx変数を使っています。

```
bpf_perf_event_output(ctx, &output, BPF_F_CURRENT_CPU, &data, sizeof(data));
```

ctx変数はbpf/bpf_tracing.h（https://oreil.ly/pgI1B）内のBPF_KPROBE_SYSCALLマクロを使うと内部で暗黙的に定義されます。これはlibbpfの一部であり、BPF_KPROBE_SYSCALLの定義にはctxに関するコメントも存在します。見かけ上未定義な変数を使うのは少し違和感があるでしょうが、この変数はとても役に立ちます。

5.5.4 CO-REを用いたメモリアクセス

トレーシングのためのeBPFプログラムは、bpf_probe_read_*()ファミリーのBPFヘルパ関数を介してしかメモリにアクセスすることができないように制限されています[8]。次章で述べるように、一般的にC言語でよくあるポインタを経由してのメモリ読み出し（例：x = p->y）は、eBPF 検証器では許可されません（ちなみにbpf_probe_write_user()という、ユーザ空間へ書き込みを行うヘルパ関数も存在しますが、「実験的」という扱いです）[9]。

libbpfライブラリは、bpf_probe_read_*()ヘルパ関数を内部で利用する、CO-REのプログラム開発で使えるラッパーを提供します。その中ではBTF情報を活用し、異なるカーネルバージョン間でメモリアクセスできるようになっています。以下のコードは、そのラッパーの一例で、bpf_core_read.h（https://oreil.ly/XWWyc）ヘッダファイルで定義されています。

---

[8] ネットワークパケットを扱うeBPFプログラムは、このヘルパ関数を使うことはできず、基本的にコンテキスト引数を経由してネットワークパケットのデータにしかアクセスできない。

[9] tp_btf、fentry、およびfexitのようなBTFが有効なプログラムタイプでは許可している。

```
#define bpf_core_read(dst, sz, src)
    bpf_probe_read_kernel(dst, sz,
                            (const void *)__builtin_preserve_access_index(src))
```

　見ての通り、`bpf_core_read()`は`bpf_probe_read_kernel()`を直接呼び出します。唯一の違いは`src`フィールドを`__builtin_preserve_access_index()`を介して取得していることです。これにより、Clangはコンパイル時にこのメモリアドレスにアクセスするeBPF命令と一緒に、CO-REによる再配置エントリを生成するようになります。

> この`__builtin_preserve_access_index()`命令は、C言語自体を拡張した機能であり、eBPFで使うためにはClangコンパイラに変更を加えて、この命令の呼び出し時にCO-REによる再配置エントリを生成できるようにする必要がありました。一部のCコンパイラが（少なくとも現時点では）eBPFバイトコードを生成できない理由の1つがこの拡張機能への対応です。ClangのeBPF CO-REサポートに必要な変更については、LLVMメーリングリスト（https://oreil.ly/jHTHE）に詳しく書かれています。

　後述の通りCO-REによる再配置エントリによって、libbpfはeBPFプログラムをカーネルにロードする際に、コンパイル時と実行時のカーネルにおけるそれぞれの構造体などについて、BTFの違いを考慮に入れてアドレスを書き換えるようになります。例えば、もし`src`が含まれている構造体内でのオフセットがターゲットマシンのカーネル上で異なっていた場合、BTFを参照した上でその違いを考慮してコードを書き換えるというわけです。

　libbpfライブラリは`BPF_CORE_READ()`マクロを提供しています。このマクロを使えば複数の`bpf_core_read()`呼び出しを1行にまとめられます。例えば、`d = a->b->c->d`のような参照をしたい場合、`bfp_core_read`関数を使うと以下のようになります。

```
struct b_t *b;
struct c_t *c;

bpf_core_read(&b, 8, &a->b);
bpf_core_read(&c, 8, &b->c);
bpf_core_read(&d, 8, &c->d);
```

`BPF_CORE_READ`マクロを使うと以下のようにはるかにコンパクトになります。

```
d = BPF_CORE_READ(a, b, c, d);
```

　このデータは`bpf_probe_read_kernel()`ヘルパ関数を使用してポインタdから読み出せます。

　このマクロの詳細についてはAndriiが書いたドキュメント（https://oreil.ly/tU0Gb）を見るとよいでしょう。

5.5.5　ライセンス定義

　「3章　eBPFプログラムの仕組み」ですでに説明した通り、eBPFプログラムはライセンスを宣言しなければなりません。例では次のようになっています。

```
char LICENSE[] SEC("license") = "Dual BSD/GPL";
```

これで hello-buffer-config.bpf.c のすべてのコードを見終わりました。次はこれをオブジェクトファイルにコンパイルしましょう。

5.6　CO-REのためのeBPFプログラムのコンパイル

「3章　eBPFプログラムの仕組み」では、C言語で書かれたコードをeBPFバイトコードにコンパイルするMakefileの一部を確認しました。この中で使用されたオプションが、なぜCO-REやlibbpfプログラムのコンパイルに必要なのかを解説します。

5.6.1　デバッグ情報

Clangにデバッグ情報を含めるように指示するためには、-gフラグを渡す必要があります。この情報はBTFが使います。-gフラグは出力オブジェクトファイルにDWARFデバッグ情報も追加しますが、こちらはeBPFプログラムには不要なので、次のコマンドを実行してそれを取り除き、オブジェクトのサイズを小さくできます。

```
llvm-strip -g <object file>
```

5.6.2　最適化

ClangがeBPF検証器を通過するBPFバイトコードを生成するためには、-O2最適化フラグ（レベル2以上）が必要です。Clangはデフォルトでは最適化なしでコンパイルします。この場合、ヘルパ関数を呼び出すために callx <register> というアセンブリコードを出力します。しかしeBPFはレジスタからのアドレスの呼び出しをサポートしていないのです。callxを使わないようにするためには最適化が必要というわけです。

5.6.3　ターゲットアーキテクチャ

libbpfで定義されている特定のマクロを使用している場合、コンパイル時にターゲットアーキテクチャを指定する必要があります。libbpfのヘッダファイル bpf/bpf_tracing.h では、前述の例で使用したBPF_KPROBEやBPF_KPROBE_SYSCALLのようなプラットフォーム固有のマクロがいくつか定義されています。

kprobeへの引数は、CPUレジスタの内容のコピーを保持する pt_regs 構造体です。レジスタはアーキテクチャによって構成が異なるので、pt_regs 構造体の定義は実行しているアーキテクチャに依存します。このため、これらのマクロを使うにはコンパイラにターゲットアーキテクチャを伝える必要があるのです。このために -D __TARGET_ARCH_($ARCH) オプションを指定する必要があります。$ARCHにはarm64やamd64などのアーキテクチャ名が入ります。

上述のマクロを直接使用しなかったとしても、プログラムをkprobeにアタッチする場合は、結

局レジスタ情報にアクセスするためのアーキテクチャ固有のコードが必要になります。

CO-REは正確には「**1つのアーキテクチャについて**一度コンパイルすれば、どこでも実行できる」というわけです。

5.6.4 Makefile

以下はCO-REオブジェクトをコンパイルするためのMakefileの例です（本書のGitHubリポジトリのchapter5ディレクトリのMakefileから取得）。

```
hello-buffer-config.bpf.o: %.o: %.c
    clang
        -target bpf
        -D _TARGET_ARCH$(ARCH)
        -I/usr/include/$(shell uname -m)-linux-gnu
        -Wall
        -O2 -g
        -c $< -o $@
    llvm-strip -g $@
```

chapter5ディレクトリ以下でmakeを実行することで、eBPFのオブジェクトファイルhello-buffer-config.bpf.o（そしてそれに対応するユーザ空間の実行可能ファイルも、この後すぐに説明します）をビルドできます。このオブジェクトファイルにBTF情報が含まれていることを確認しましょう。

5.6.5 オブジェクトファイル内のBTF情報

BTFのカーネルドキュメント（https://oreil.ly/5QrBy）では、BTF情報がELFオブジェクトファイル内の.BTFおよび.BTF.extの2つのセクションを格納されることと、その詳細を説明しています。.BTFはデータと文字列情報を、.BTF.extは関数とコードの行情報を格納します。readelfを使えば、これらのセクションがオブジェクトファイルに追加されていることがわかります。

```
$ readelf -S hello-buffer-config.bpf.o | grep BTF

  [10] .BTF          PROGBITS  0000000000000000  000002c0
  [11] .rel.BTF      REL       0000000000000000  00000e50
  [12] .BTF.ext      PROGBITS  0000000000000000  00000b18
  [13] .rel.BTF.ext  REL       0000000000000000  00000ea0
```

bpftoolコマンドを使うとオブジェクトファイル内のBTF情報を出力できます。

```
bpftool btf dump file hello-buffer-config.bpf.o
```

出力結果はロードされたプログラムやMapからBTF情報をダンプするときに得られる出力、つまりこの章の前半で見たものと同様です。

コンパイル時に使ったものと異なるデータ構造を持つターゲットマシン上のカーネルでプログラムを実行する際に、BTF情報をどのように使うのかを見てみましょう。

5.7　BPFの再配置

libbpfライブラリはeBPFプログラムの内容を実行時に変更して、ターゲットマシン上のカーネルで動作できるようにします。これを実現するために、libbpfはコンパイル中にClangが生成するBPF CO-RE再配置情報を使います。

再配置がどのように動作するかは、linux/bpf.h（https://elixir.bootlin.com/linux/v5.19.17/source/include/uapi/linux/bpf.h#L6711）ヘッダファイル内のstruct bpf_core_reloの定義を見ればわかります。

```
struct bpf_core_relo {
    __u32 insn_off;
    __u32 type_id;
    __u32 access_str_off;
    enum bpf_core_relo_kind kind;
};
```

eBPFプログラムをCO-REを使って実行させる上で再配置が必要な各命令に対してこの構造体が1つ存在します。例えば、ある命令がある構造体内のフィールドの値をあるレジスタの値として設定するとします。この命令のためのbpf_core_relo構造体は、insn_offフィールドが命令を、type_idフィールドが構造体の型を、access_str_offが構造体内のオフセットを示します。

上述の通り、カーネルデータ構造の再配置データはClangが自動的に生成し、ELFオブジェクトファイルに格納します。これを実現しているのがvmlinux.hファイルの先頭あたりにある以下の行です。

```
#pragma clang attribute push (attribute((preserve_access_index)), apply_to = record)
```

preserve_access_index属性（attribute）によってClangが型のBPF CO-RE再配置情報を生成します。clang attribute pushは、ファイルの終わりに出てくるclang attribute popまでこの属性が適用されることを意味しています。これによってClangはvmlinux.h内で定義されたすべての型に対して再配置情報を生成することになります。

BPFプログラムがロード時に再配置される様子をbpftoolによって確認できます。このとき、以下のように-dオプションによってデバッグ情報を有効にしておく必要があります。

```
bpftool -d prog load hello.bpf.o /sys/fs/bpf/hello
```

たくさんの出力の中から再配置に関する部分を抜粋します。

```
libbpf: CO-RE relocating [24] struct user_pt_regs: found target candidate [205]
struct user_pt_regs in [vmlinux]
libbpf: prog 'hello': relo #0: <byte_off> [24] struct user_pt_regs.regs[0]
(0:0:0 @ offset 0)
libbpf: prog 'hello': relo #0: matching candidate #0 <byte_off> [205] struct
user_pt_regs.regs[0] (0:0:0 @ offset 0)
libbpf: prog 'hello': relo #0: patched insn #1 (LDX/ST/STX) off 0 -> 0
```

ここではhelloプログラムのBTF情報の型ID 24がuser_pt_regsという構造体を参照していることがわかります。libbpfライブラリはこれを、vmlinux内に存在する型205を持つuser_pt_regsという構造体に相当するとみなしました。vmlinuxはターゲットマシンのカーネルを示します。ここではプログラムをターゲットマシンでコンパイル、ロードしたので、2つの型定義は全く同じです。この例ではフィールドの構造体内でのオフセットは0で、命令#1への「パッチ」は何もしていません。

多くの場合eBPFプログラムの作者はエンドユーザに直接bpftoolコマンドを実行させたくはないでしょう。その代わりに、eBPFプログラム、およびそのコンパイル処理を組み込んだ別のユーザ空間プログラムでラップする形にしたいのではないかと思います。このようなコードの書き方を紹介します。

5.8　CO-REユーザ空間コード

CO-REをサポートし、eBPFプログラムのカーネルへのロード時に再配置をさせるための、さまざまなフレームワークがあります。本章では、libbpfを使用したC言語のコードを示します。他にはGo言語のcilium/ebpfパッケージやlibbpfgoパッケージ、そしてRustのAyaなどがあります。これらについては「**10章　プログラミングeBPF**」で詳しく説明します。

5.9　ユーザ空間のlibbpfライブラリ

libbpfライブラリは、アプリケーションのユーザ空間部分をC言語で書く場合に使うライブラリです。このライブラリはCO-REを使わずに使うこともできます。サンプルコードが欲しければ、Andrii Nakryikoのブログ投稿libbpf-bootstrap（https://oreil.ly/b3v7B）を見てください。

このライブラリは、bpf()をはじめとしたeBPFに関係するシステムコールをラップする関数を提供しています。これらによってカーネルへのプログラムのロード、イベントへのアタッチ、ユーザ空間からMap情報へのアクセスなどができます。一般的には自動生成されたBPFスケルトンコードを使います。

5.9.1　BPFスケルトン

bpftoolを使用して、既存のELFファイル形式のeBPFオブジェクトからこのスケルトンコードを自動生成できます。例えば次の通りです。

```
bpftool gen skeleton hello-buffer-config.bpf.o > hello-buffer-config.skel.h
```

生成されたヘッダファイル（hello-buffere-config.skel.h）にはスケルトンコードが含まれています。それを見ると、eBPFプログラムやMapに対応する構造体、hello_buffer_config_bpf__で始まるいくつかの関数が定義されていることがわかります。これらの関数を用いてeBPFプログラムとMapのライフサイクルを管理することができます。スケルトンコードを使わずに直接libbpfを呼び出してもいいですが、自動生成されたコードを使う方が通常は楽です。

生成されたスケルトンファイルの最後の部分には、ELFオブジェクトファイルhello-buffer-config.bpf.oのバイナリ自体を返す関数hello_buffer_config_bpf__elf_bytesが存在します。スケルトンが生成された後はオブジェクトファイルは必要ありません。makeを実行してhello-buffer-config実行ファイルを生成することが可能で、その後.oファイルを削除できます。実行ファイルの中にはすでにeBPFのバイトコードが埋め込まれています。

> スケルトンファイルからバイナリを取り出すのではなくlibbpfの関数bpf_object__open_fileを呼び出してELFファイルからeBPFのプログラムとMapをロードすることもできます。

以下はeBPFプログラムとMapのライフサイクルを管理するユーザ空間コードからの抜粋です。このコードはスケルトンコードを使用しています。ここでは見やすくするためにエラーハンドリングなどの一部処理を省略しています。完全なソースコードはchapter5/hello-buffer-config.cにあります。

```
... [ 他の #include]
#include "hello-buffer-config.h"              ❶
#include "hello-buffer-config.skel.h"

... [ いくつかのコールバック関数 ]

int main()
{
    struct hello_buffer_config_bpf *skel;
    struct perf_buffer *pb = NULL;
    int err;

    libbpf_set_print(libbpf_print_fn);                          ❷

    skel = hello_buffer_config_bpf__open_and_load();            ❸
...
    err = hello_buffer_config_bpf__attach(skel);                ❹
...
    pb = perf_buffer__new(bpf_map__fd(skel->maps.output), 8, handle_event,
                                         lost_event, NULL, NULL); ❺
...
    while (true) {                                              ❻
        err = perf_buffer__poll(pb, 100);
...}

    perf_buffer__free(pb);                                      ❼
    hello_buffer_config_bpf__destroy(skel);
    return -err;
}
```

❶ 自動生成されたスケルトンヘッダと、ユーザ空間とカーネルの間で共有されるデータ構造

に関する手動で書かれたヘッダファイルを include している。

❷ このコードは、libbpf が生成するログメッセージを出力する際に呼び出すコールバック関数を設定する。

❸ ELF データ内で定義されたすべての Map とプログラムを表す skel 構造体を作り、カーネルにロードする。

❹ プログラムを適切なイベントにアタッチさせる。

❺ Perf リングバッファ出力を処理するための構造体を作成する。

❻ Perf リングバッファを定期的にポーリングする。

❼ クリーンアップコード。

これらのステップをもう少し詳しく見ていきましょう。

5.9.1.1　プログラムと Map をカーネルにロード

自動生成された関数を最初に呼び出しているのは以下の行です。

```
skel = hello_buffer_config_bpf__open_and_load();
```

　関数名が示す通り、この関数はファイルを開く、ロードするという2つの段階があります。「開く」段階では、ELF データを読み出し、各セクションを eBPF プログラムと Map を表す構造体に変換します。「ロード」段階では、それらをカーネルにロードし、必要に応じて CO-RE の修正を行います。

　スケルトンコードは個々の段階に対応する hello_buffer_config_bpf__open() と hello_buffer_config_bpf__load() という関数を定義しているので、別々に呼び出すこともできます。これによって、ELF データを開いてからロードする前に eBPF Map などの情報を操作できるようになります。例えば2つの関数の間にカウンタを示すグローバル変数 c を特定の値で初期化するような使い方が考えられます。

```
skel = hello_buffer_config_bpf__open();
if (!skel) {
    // [ エラー処理 ] ...
}
skel->data->c = 10;
err = hello_buffer_config_bpf__load(skel);
```

　hello_buffer_config_bpf__open() および hello_buffer_config_bpf__load() によって返されるデータ型は、スケルトンヘッダに定義されている hello_buffer_config_bpf という構造体です。この構造体にはオブジェクトファイルに定義されたすべての Map、プログラム、データに関する情報を含んでいます。

> スケルトンオブジェクト（この例では hello_buffer_config_bpf）は、単に ELF データの情報をユーザ空間において表現したものです。BPF プログラムをカーネルにロードした後にオブジェクト内の値を変更しても意味がありません。例えばプログラムのカーネルへのロード後に skel->data->c の値を変更してもカーネル内のプログラムの挙動は変わりません。

5.9.1.2　既存の Map へのアクセス

デフォルトでは、libbpfはELFファイル上のデータで定義された情報をもとにMapを生成しま
すが、既存のMapを再利用したいこともあるでしょう。前章ではbpftoolがすべてのMapを走査
し指定した名前とマッチするものを探索する例を紹介しました。Mapを使用すると、2つの異なる
eBPFプログラム間で情報を共有できます。Mapを共有する場合はMapの作成は1つのプログラム
からすべきです。bpf_map__set_autocreate()関数を使うと、libbpfによる自動生成処理を上書き
できます。

既存のMapにアクセスする方法を紹介します。Mapはピン留め（pinned）することができ、ピ
ン留めされたパスを知っていれば、bpf_obj_get()を使って既存のMapへのファイル記述子を取得
できます。以下に簡単な例を示します（GitHubリポジトリのchapter5/find-map.cに対応）。

```
struct bpf_map_info info = {};
unsigned int len = sizeof(info);

int findme = bpf_obj_get("/sys/fs/bpf/findme");
if (findme <= 0) {
    printf("No FD\n");
} else {
    bpf_obj_get_info_by_fd(findme, &info, &len);
    printf("Name: %s\n", info.name);
}
```

bpftoolを使うとMapを作成できます。

```
$ bpftool map create /sys/fs/bpf/findme type array key 4 value 32 entries 4
name findme
```

find-mapプログラムを実行すると、以下のような出力が得られます。

```
Name: findme
```

ここからはhello-buffer-configの例とスケルトンコードの説明に戻ります。

5.9.1.3　イベントへのアタッチ

次のスケルトン定義の関数を実行することで、プログラムをexecve()のシステムコール関数に
アタッチさせることができます。

```
err = hello_buffer_config_bpf__attach(skel);
```

libbpfライブラリはSEC()での定義内容から、このプログラムのためのアタッチポイントを
自動的に取得します。もしアタッチポイントが完全に定義されていない場合でも、libbpfには
bpf_program__attach_kprobe、bpf_program__attach_xdpなどといったたくさんの関数があるため、
それらを使ってそれぞれのプログラムタイプにアタッチすることができます。

5.9.1.4　イベントバッファの管理

Perfリングバッファの設定には、スケルトンが生成したものではなくlibbpfが定義した関数を使います。

```
pb = perf_buffer__new(bpf_map__fd(skel->maps.output), 8, handle_event,
                                          lost_event, NULL, NULL);
```

perf_buffer__new()関数の第1引数は「output」Mapのファイル記述子です。handle_event引数は新しいデータがPerfリングバッファに到着したときに呼び出されるコールバック関数です。lost_eventはカーネルがデータエントリを書き込むための十分なスペースがPerfリングバッファにない場合に呼び出されます。これらのコールバック関数での処理は、ここでは画面にメッセージを表示するだけです。

最後にプログラムはPerfリングバッファを繰り返しポーリングする必要があります。

```
while (true) {
    err = perf_buffer__poll(pb, 100);
    ...
}
```

100という数字はミリ秒単位のタイムアウトです。データが到着したときやバッファが満杯になったときに、前述のコールバック関数が呼び出されます。

最後に、クリーンアップ処理としてPerfリングバッファを解放し、カーネル内のeBPFプログラムとMapを破棄します。

```
perf_buffer__free(pb);
hello_buffer_config_bpf__destroy(skel);
```

libbpfにはPerfリングバッファやBPFリングバッファを扱うための、プレフィクスがそれぞれperf_buffer_とring_buffer_になっている関数が存在します。これらの関数によってイベントバッファを管理します。

hello-buffer-configプログラムを作成、実行すると、「**4章　bpf()システムコール**」で見たものと非常に似た、以下のような出力が得られます。

```
23664  501   bash        Hello World
23665  501   bash        Hello World
23667  0     cron        Hello World
23668  0     sh          Hello World
```

5.9.2　libbpfサンプルコード

libbpfベースのeBPFプログラムを書くときに参考になりそうな資料をいくつか紹介しておきます。

- libbpf-bootstrap（https://oreil.ly/zB0Co）プロジェクトに存在する一連のサンプルコードを見れば、libbpfを使い始められるようになるだろう。
- BCCプロジェクトには、元々BCCベースとして作られたツールのlibbpfバージョンがlibbpf-toolsディレクトリ（https://oreil.ly/Z9xDX）以下に存在し、かなりの分量のコードサンプルになる。

5.10 まとめ

CO-REによって、ビルド時に前提としていたものとは異なるバージョンのカーネル上でeBPFプログラムを実行できるようになります。これによってeBPFプログラムの移植性が大幅に向上し、開発者はユーザや顧客に対して本番環境に対応したツールを提供しやすくなります。

この章ではCO-REの実現方法について述べました。CO-REでは型情報をコンパイル済みオブジェクトファイルに埋め込み、カーネルへのロード時に命令を書き換える再配置をします。libbpfを使用した2種類のC言語で書かれたコードを書く方法も紹介しました。1つ目はカーネルで実行するeBPFプログラムです。もう1つは、カーネルで実行するeBPFプログラムのライフサイクルを管理するユーザ空間のプログラムです。後者は自動生成されたBPFスケルトンコードを元にして書きました。次章では、eBPFプログラムが安全に実行可能であることをカーネルが確認する方法について述べます。

5.11 演習

BTF、CO-RE、およびlibbpfについてさらに詳しく学ぶ方法を紹介しておきます。

1. `bpftool btf dump map`と`bpftool btf dump prog`を実行して、それぞれMapとプログラムに関連するBTF情報を確認せよ。個々のMapとプログラムを指定する方法は複数あることに注意。

2. あるプログラムのELFオブジェクトファイルと、それをカーネルにロードした後のプログラムについて`bpftool btf dump file`と`bpftool btf dump prog`の出力を比較せよ。出力は全く同じになるべきである。

3. `bpftool -d prog load hello-buffer-config.bpf.o /sys/fs/bpf/hello`からのデバッグ出力を眺める。各セクションのロード、ライセンスのチェック、再配置が行われていること、および、各BPFプログラム命令が出力されていることがわかる。

4. BTFHubからさまざまなvmlinuxヘッダファイルをダウンロードして、それぞれを使ってBPFプログラムをビルドせよ。その後にbpftoolコマンドを使ってプログラムを実行すると、オフセットを変更する再配置処理が動作したことを示すデバッグ用の文字列が出力されることがわかる。

5. `hello-buffer-config.c`プログラムを修正して、Mapを使用して異なるユーザIDに対して異なるメッセージを設定できるようにせよ。これは **「4章　bpf()システムコール」** の`hello-buffer-config.py`の例に似ている。

6. SEC();内のセクション名を例えば自分の名前などに変更してみる。プログラムをカーネル
にロードしようとすると、libbpfがセクション名を認識できないためエラーが表示される
はずである。これによってlibbpfがSEC()で指定したセクション名を使って、どのように
BPFプログラムの種類を判断しているかがわかる。自分が書いたプログラムの特定のイベ
ントへのアタッチを、libbpfの自動アタッチ機能に頼るのではなく、自分でアタッチ用の
コードを書くことに挑戦するのもいいかもしれない。

6章
eBPF 検証器

eBPFによる検証プロセスについて、これまで何回か言及してきました。eBPFプログラムをカーネルにロードするときは、検証プロセスによってプログラムが安全であることを保証しています。本章では検証器がどのようなことをしているのかについて述べます。

「検証（verification）」とは、プログラムを通して考えうるすべての実行経路をチェックし、どの命令も安全であると保証することを指します。検証器は実行の準備のためにバイトコードの更新もします。検証プロセスが失敗する例もいくつか紹介する予定です。まずは正常に動くコードを紹介して、その後に検証器に不合格とみなされるようにコードを書き換えます。

 本章のサンプルコードはGitHubリポジトリ（https://github.com/lizrice/learning-ebpf）のchapter6 ディレクトリからダウンロードできます。

本章の目的は検証器の概要説明なので、検証器が行うすべてのチェックを網羅的に説明するわけではありません。BPFプログラムを書いたときによく遭遇する検証エラーについて具体例を使って紹介します。

検証器の対象はソースコードではなくeBPFバイトコードだということに注意が必要です。バイトコードの中身はコンパイラが生成します。コンパイラの最適化などのために、ソースコードとバイトコードの内容は機械的に1対1対応しているわけではありません。そのため、ソースコードから期待された検証結果が得られないこともあります。例えば検証器は到達不可能な命令があるプログラムを拒否しますが、ソースコードにこのようなコードがあっても、コンパイラは検証器による確認前にそのようなコードを最適化によって消してしまうため、到達不能な命令による検証の失敗は発生しないでしょう。

6.1 検証プロセス

eBPF検証器はプログラムを分析し、すべての考えうる実行経路を評価します。先頭から順番に1つずつ命令を見ていき、実際に実行するのではなく評価を行います。進むにつれて、それぞれの

レジスタの状態の履歴を bpf_reg_state と呼ばれる構造体に保存していきます。ここで筆者が言及しているレジスタは、**「3章　eBPF プログラムの仕組み」**で触れた eBPF 仮想マシンのレジスタです。この構造体は bpf_reg_type と言うフィールドを持っていて、このフィールドはこのレジスタにどのタイプの値が保持されているかを示します。以下のようないくつかのタイプを取りえます。

- NOT_INIT は、このレジスタにはまだ値がセットされていないことを意味する。
- SCALAR_VALUE は、レジスタにはポインタを表すもの以外の値がセットされたことを示している。
- PTR_TO_ で始まる数個のタイプが存在する。それぞれレジスタが何かに対するポインタを保持していることを示す。例えば、次のようなものが考えられる。
  - PTR_TO_CTX：レジスタは eBPF プログラムに渡された引数であるコンテクストへのポインタを保持している。
  - PTR_TO_PACKET：レジスタはネットワークパケットへのポインタを保持している（カーネル内では skb->data として保持されている）。
  - PTR_TO_MAP_KEY と PTR_TO_MAP_VALUE：これについてはタイプ名の通り。

全タイプの一覧は、linux/bpf.h ヘッダファイル（https://oreil.ly/aWb50）で確認できます。

bpf_reg_state 構造体も、レジスタが保持する可能性のある値の範囲を追跡します。この情報は eBPF 検証器が、いつ不正なアクションが試みられたかを判定するために利用します。

検証器は、命令シーケンスをそのまま進むか別の命令に飛ぶかを決定しなければならない分岐命令に到達するたびに、すべてのレジスタについて現在の状態のコピーをスタックにプッシュし、可能性のある経路のうちの1つをたどります。この経路の命令の評価は、プログラムの終わりにある return 命令に到達するまで続きます。検証器が処理できる命令の上限である 100 万命令に達した場合も終了します[1]。分岐先の命令の検証が完了すると、分岐の頭に戻れるようにスタックの内容を取り出し、次の経路を評価します。検証器は不正な操作につながる命令を発見したら検証を停止します。

命令実行のすべての組み合わせを検証するのは計算のコストが大きくなりすぎることがあります。このため、実際には、**state pruning（状態の枝刈り）**と呼ばれる最適化を行います。これによって実質的に同等であるプログラムの経路を何度も評価しなくて済むようになっています。検証器はプログラムの全体を走査するときに、プログラム内の特定の命令を実行しているときの全レジスタの履歴を記録します。のちに、すべて記録済みのレジスタの状態を持った同じ命令に遭遇した場合は、経路の残りの検証を継続する必要はありません。その命令はすでに問題なしとわかっているからです。

検証器の最適化と枝刈り処理についてのたくさんの開発が行われています（https://oreil.ly/pQDES）。検証器はかつては、それぞれの分岐経路の状態をそれぞれのジャンプ命令の前と後ろの両方で保持していました。この方法では、分岐経路の状態の保持は平均するとおよそ4命令ごとに行われていました。その上、これら保持をした分岐経路のほとんどの内容は一致することはありませんでした。その結果、ジャンプ命令のあるなしに関わらず、毎回10命令ごとに分岐の状態を保

※1　長い間、上限は 4,096 命令だった。これによって eBPF プログラムの複雑性には大きな制限がかかっていた。この制限は非特権ユーザが BPF プログラムを実行するときには今でも適用される。

持する方が効率的であると判明しました。

 検証がどのような仕組みになっているか、詳細はカーネルのドキュメント（https://oreil.ly/atNda）にあります。

6.2　検証器のログ

　プログラムの検証が失敗したとき、eBPF検証器はどのような経緯でそのプログラムは妥当ではないと結論付けたかのログを生成します。もしbpftool prog loadを使っているのなら、検証器のログは標準エラー出力に出されます。libbpfを使ってプログラムを書いている場合は、libbpf_set_print()関数を使ってエラーを出力するハンドラを設定できます。そのエラーの発生時に何かしらのフック処理をさせることもできます。使用例は本章で使うhello-verifier.cで確認できます。

 検証器の役割については、失敗したときだけでなく、成功したときにもログを出力させることで、詳しく知ることができます。このやり方の基本的な例も、同じくhello-verifier.cファイルにあります。このコードでは、libbpfでのカーネルへのプログラムのロード機能を呼び出した際に、検証器のログの内容を保持するためのバッファを渡して、それからそのログを画面に出力しています。

　検証器のログには、以下のように、その検証器が何回処理を行ったかについての要約も含まれています。

```
processed 61 insns (limit 1000000) max_states_per_insn 0 total_states 4
peak_states 4 mark_read 3
```

　この例では、検証器は61個の命令を処理しました。それには潜在的には同じ命令に対し、別々の経路で到着したことにより複数回の処理を行っているものも含みます。100万命令までしか処理しないという制限は、1つのプログラムの中で処理される命令の数の上限であるということに注意する必要があります。現実的には、コードの中に分岐が存在していれば、検証器が2回以上処理する命令もあるでしょう。

　保存された状態の総数は4であり、これはこの単純なプログラムにとっては同時に保存された状態数のピークと一致します。もしいくつかの状態が枝刈りされていたとしたら、状態のピーク数は総数よりも小さくなります。

　ログ出力には検証器が分析したBPF命令も含まれています。-gフラグ付きでビルドされた、デバッグ情報を含んでいるオブジェクトファイルであれば、命令に対応するC言語でのソースコード行も表示されます。検証器の状態に関する情報のまとめも表示されます。次に示すのは、hello-verifier.bpf.cにおけるプログラムの最初の数行に関連した情報を、検証器のログから抜き出した例です。

```
0: (bf) r6 = r1
; data.counter = c;                                                    ❶
1: (18) r1 = 0xffff800008178000
3: (61) r2 = *(u32 *)(r1 +0)
 R1_w=map_value(id=0,off=0,ks=4,vs=16,imm=0) R6_w=ctx(id=0,off=0,imm=0)
 R10=fp0                                                               ❷
; c++;
4: (bf) r3 = r2
5: (07) r3 += 1
6: (63) *(u32 *)(r1 +0) = r3
 R1_w=map_value(id=0,off=0,ks=4,vs=16,imm=0) R2_w=inv(id=1,umax_value=4294967295,
 var_off=(0x0; 0xffffffff)) R3_w=inv(id=0,umin_value=1,umax_value=4294967296,
 var_off=(0x0; 0x1ffffffff)) R6_w=ctx(id=0,off=0,imm=0) R10=fp0 ❸
```

❶ ログにはソースコードの行が含まれており、この出力がどのようにソースコードと関連付いているのか理解しやすいようになっている。このソースコードは、ビルド時に-gフラグが使われていて、コンパイルの間にデバッグ情報が埋め込まれているために表示される。

❷ いくつかのレジスタの状態の情報がログに出力されている。レジスタ1はMapの値を、レジスタ6はコンテクストを保持している。レジスタ10はローカル変数を保持するためのフレーム（あるいはスタック）ポインタであることもわかる。

❸ こちらもレジスタの状態情報である。ここではレジスタに保持されている値の型がわかる。レジスタ2とレジスタ3に関しては取りうる値の範囲もわかる。

　さらに詳細を見てみましょう。レジスタ6はコンテクストを保持していて、これに対応する検証器のログはR6_w=ctx(id=0,off=0,imm=0)です。これはバイトコードの最初の方の行で設定されました。そこではレジスタ1の値がレジスタ6にコピーされました。eBPFプログラムを呼び出すとき、レジスタ1は常にプログラムに渡されたコンテクスト引数を格納しています。これをレジスタ6にコピーしている理由は、コンテクストをヘルパ関数呼び出しによって失わないように退避するためです。BPFヘルパを呼び出すときは、そのヘルパのための引数がレジスタ1から5に渡されます。ヘルパ関数はレジスタ6から9までの内容については変更しないため、コンテクストの内容をヘルパ関数の呼び出し前にレジスタ6に保存しておくと、コンテクストの情報は呼び出し後にも残っているというわけです。

　レジスタ0はヘルパ関数からの戻り値と、そして同じくeBPFプログラム自体の戻り値のために使われます。レジスタ10は常にeBPFスタックフレームへのポインタを保持しています。そして、eBPFプログラムはこのレジスタの値を変更できません。

　オフセット6の命令の後にある、レジスタ2と3についてのレジスタ状態の情報を見てみましょう。

```
R2_w=inv(id=1,umax_value=4294967295,var_off=(0x0; 0xffffffff))
R3_w=inv(id=0,umin_value=1,umax_value=4294967296,var_off=(0x0; 0x1ffffffff))
```

　レジスタ2は最小値の情報を持ちません。また、ここで示されているumax_valueの値は0xFFFFFFFFに対応する10進数の値です。この値は8バイトのレジスタが保持できる最大の値で

す。言い換えると、この段階ではレジスタはそれが保持することができる値なら何でも持つことができます。

　オフセット4の命令では、レジスタ2の内容はレジスタ3にコピーされ、そしてオフセット5の命令でその値に1が加算されています。そういうわけで、レジスタ3が取りうる値の範囲は1以上となります。このことはレジスタ3の状態情報に含まれていて、そこでは umin_value は1に、umax_value は 0xFFFFFFFF になっています。

　検証器はそれぞれのレジスタの状態の情報に加えて、それぞれが取りうる値の範囲も使って、プログラムを通してどういう経路を取りうるかを判定します。この情報はすでに述べた状態の枝刈りにも使います。検証器がコードの中の同じ場所にいて、それぞれのレジスタが同じ型で同じ値の範囲の状態であれば、この経路についてはこれ以上評価をする必要はありません。さらに言うと、現在の状態が、それ以前までに確認できた状態のサブセットであれば、同じく枝刈りができるでしょう。

6.3　コントロールフローの可視化

　eBPF検証器はeBPFプログラムの可能なすべての経路を探索します。そして問題をデバッグしようとしている場合は、これらの経路を自分自身で目視できると助かるでしょう。このために bpftool はプログラムのコントロールフローのグラフをDOT形式（https://oreil.ly/V-1WN）で生成できます。次のようなコマンドを実行すればこの形式のファイルは画像に変換できます。

```
$ bpftool prog dump xlated name kprobe_exec visual > out.dot
$ dot -Tpng out.dot > out.png
```

　これは、**図6-1**で示したようなコントロールフローを可視化した画像を生成します。

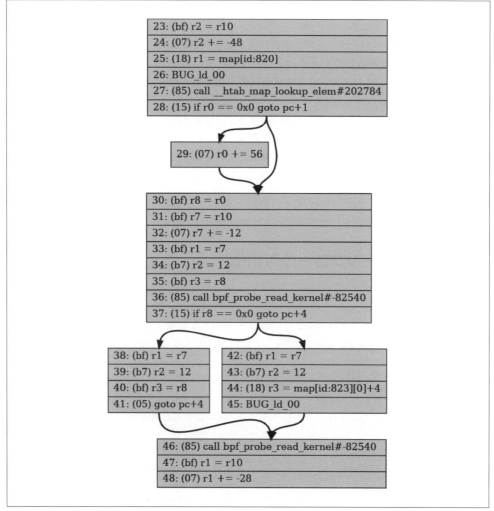

図6-1　コントロールフローのグラフの抽出（イメージ全体は、本書のGitHubリポジトリ http://github.com/lizrice/
learning-ebpf 内の chapter6/kprobe_exec.png にある）

6.4　ヘルパ関数の検証

　どんなカーネル関数も、次章で説明するKfuncに登録されていない限りは、eBPFプログラムか
ら直接呼び出せません。ただし数々のヘルパ関数によって、eBPFプログラムはカーネル内部の情
報にアクセスできます。すべてのヘルパ関数を網羅することを目的とするbpf-helperのマニュアル
ページ（https://oreil.ly/pdLGW）も存在します。

　それぞれのBPFプログラムタイプによって、呼び出せるヘルパ関数は異なります。例えば、
bpf_get_current_pid_tgid()というヘルパ関数は現在のユーザ空間でのプロセスIDとスレッドID

を取得します。この関数をネットワークインタフェースへのパケットの到着を契機として動作する
XDPプログラムから呼んでも意味がありません。なぜならパケット処理には特定のユーザ空間の
プロセスが結びついていないからです。この例は、hello-verifier.bpf.cの中のeBPFプログラム
helloにおけるSEC()の定義を、kprobeからxdpに変えることで確認できます。このプログラムを
ロードしようとすると、検証器は次のようなメッセージを出力します。

```
...
16: (85) call bpf_get_current_pid_tgid#14
unknown func bpf_get_current_pid_tgid#14
```

このunknown funcは、この関数があらゆる場合に未知なものという意味ではありません。**この
BPFプログラムタイプにとっては**この関数は未知であると言うだけです。BPFプログラムタイプ
については次節で詳しく述べます。ここでは、それぞれのタイプのイベントにアタッチするために、
どのプログラムが適しているかを示す情報だと考えてください。

6.5　ヘルパ関数の引数

　例として、kernel/bpf/helpers.c（https://oreil.ly/tjjVR）というファイル[2]を見ると、それぞ
れのヘルパ関数には、対応するbpf_func_proto構造体が定義されていることがわかります。例を
挙げるとbpf_map_lookup_elem()関数の場合、次のようになります。

```
const struct bpf_func_proto bpf_map_lookup_elem_proto = {
    .func        = bpf_map_lookup_elem,
    .gpl_only = false,
    .pkt_access       = true,
    .ret_type = RET_PTR_TO_MAP_VALUE_OR_NULL,
    .arg1_type = ARG_CONST_MAP_PTR,
    .arg2_type = ARG_PTR_TO_MAP_KEY,
};
```

　この構造体は引数とヘルパ関数からの戻り値に関する制限を定義しています。検証器はそれぞれ
のレジスタに保存される値の型を追跡し続けるので、ヘルパ関数に間違った種類の引数を渡そうと
したときに気付けるのです。例えば、helloプログラムで、bpf_map_lookup_elem()を呼ぶときの
引数を次のように変えてみましょう。

```
p = bpf_map_lookup_elem(&data, &uid);
```

　Mapへのポインタである&my_configを渡す代わりに、ここではローカル変数の構造体への引数
である&dataを渡しています。これはコンパイラの観点からは正当なコードなので、BPFのオブ
ジェクトファイルhello-verifier.bpf.oのビルドは成功します。しかし、カーネルにこのプログ
ラムをロードしようとしたときには、検証器は以下のようなエラーログを出して終了します。

---

[2]　ヘルパ関数はカーネルソースコードのいくつか別の箇所でも定義されている。例えば、kernel/trace/bpf_trace.c
（https://oreil.ly/cY8y9）やnet/core/filter.c（https://oreil.ly/qww-b）など。

```
27: (85) call bpf_map_lookup_elem#1
R1 type=fp expected=map_ptr
```

　ここで、fp は「frame pointer」(フレームポインタ) の省略で、それはローカル変数が保存され
ているスタック上のメモリの範囲を指します。レジスタ1には data という名前のローカル変数の
アドレスがロードされましたが、この関数は Map へのポインタを期待していました。前述の bpf_
func_proto 構造体の arg1_type フィールドにもそう書かれています。それぞれのレジスタに保存さ
れる値の型を追跡した結果、検証器は型の不一致を見つけ出すことができました。

6.6　ライセンスの確認

　プログラムが GPL でライセンスされた BPF ヘルパ関数を使っているのであれば、検証器はプロ
グラムのライセンスが GPL 互換のものかをチェックします。「**6章　eBPF 検証器**」のサンプルコー
ド hello-verifier.bpf.c では最後の行で「lisence」セクションを定義してあり、その中身は Dual
BSD/GPL です。この行を取り除くと、検証器は以下のようなログを出してエラー終了します。

```
...
37: (85) call bpf_probe_read_kernel#113
cannot call GPL-restricted function from non-GPL compatible program
```

　これは、bpf_probe_read_kernel() ヘルパ関数の gpl_only フィールドの値が true にセットされ
ているからです。この eBPF プログラムでは前の方で別のヘルパ関数も呼び出されていますが、そ
れらは GPL ライセンスではないので、検証器はそれらの利用について文句を言いませんでした。
　BCC プロジェクトがメンテナンスしているヘルパ関数のリスト (https://oreil.ly/mCpvB) には、
個々の関数が GPL ライセンスであるか否かが書いています。ヘルパ関数がどのように実装されて
いるかについて詳しく知りたければ、BPF と XDP のリファレンスガイド (https://oreil.ly/kVd6j)
でこの話題に触れています。

6.7　メモリアクセスの確認

　BPF プログラムは許可されている範囲のメモリにしかアクセスできません。そのことを確認す
るために、eBPF 検証器はたくさんのチェックを行っています。
　例えば、ネットワークパケットを処理しているとき、XDP プログラムはそのネットワークパ
ケットを構成している範囲のメモリへのアクセスのみ許可されています。ほとんどの XDP プログ
ラムは次の行と似たような始まり方をするはずです。

```
SEC("xdp")
int xdp_load_balancer(struct xdp_md *ctx)
{
    void *data = (void *)(long)ctx->data;
    void *data_end = (void *)(long)ctx->data_end;
...
```

　コンテクストとしてプログラムに渡された xdp_md 構造体は、到着したネットワークパケットについて記述しています。この構造体の ctx->data フィールドはパケットが開始する地点のメモリを示していて、ctx->data_end はパケットにおけるメモリの最後の地点を指しています。検証器は、このプログラムがこれらの境界を越えないことを保証します。

　例えば、次の hello_verifier.bpf.c にあるプログラムは検証を通過します。

```
SEC("xdp")
int xdp_hello(struct xdp_md *ctx) {
    void *data = (void *)(long)ctx->data;
    void *data_end = (void *)(long)ctx->data_end;
    bpf_printk("%x", data_end);
    return XDP_PASS;
}
```

　変数 data と data_end はよく似ていますが、検証器は非常に賢いので、data_end はパケットの終わりと関連付いていることを認識しています。BPF プログラムがカーネルからデータを読み出す場合、すべてこのパケットの領域内からでなくてはいけません。data_end の値を変更するというインチキもできないようになっています。bpf_printk() の呼び出しのすぐ前に、次のような行を追加してみましょう。

```
data_end++;
```

すると検証器は以下のようなログを出してエラー終了します。

```
; data_end++;
1: (07) r3 += 1
R3 pointer arithmetic on pkt_end prohibited
```

　また別の例としては、配列にアクセスするときは、インデックスの値を必ず範囲内（0〜配列の長さ-1）のものにしなければなりません。例のコードでは以下のように message という配列から文字を読み出している箇所があります。

```
if (c < sizeof(message)) {
    char a = message[c];
    bpf_printk("%c", a);
}
```

　この場合は、カウンタ変数である c の値が確実にメッセージの配列のサイズ未満になるような明示的なチェックがあるため問題ありません。「1つだけ超過する」エラーを次のように入れ込んでしまうと、不正であると判定されます。

```
if (c <= sizeof(message)) {
    char a = message[c];
    bpf_printk("%c", a);
}
```

検証器は失敗し、次のようなエラーメッセージを出します。

```
invalid access to map value, value_size=16 off=16 size=1
R2 max value is outside of the allowed memory range
```

このメッセージから、レジスタ2はMapのインデックスの最大値よりも大きな値を保持する可能性があるため、Mapの値への不正なアクセスが起こりうることがわかります。このエラーをデバッグするとしたら、ソースコードのどの行に問題があるのかを確認するため詳細なログが欲しくなると思います。そのログは、エラーメッセージの直前に以下のように出力されています。ここではわかりやすさのために一部の情報を取り除いています。

```
; if (c <= sizeof(message)) {
30: (25) if r1 > 0xc goto pc+10                                    ❸
 R0_w=map_value_or_null(id=2,off=0,ks=4,vs=12,imm=0) R1_w=inv(id=0,
 umax_value=12,var_off=(0x0; 0xf)) R6=ctx(id=0,off=0,imm=0) ...
; char a = message[c];
31: (18) r2 = 0xffff800008e00004                                   ❷
33: (0f) r2 += r1
last_idx 33 first_idx 19
regs=2 stack=0 before 31: (18) r2 = 0xffff800008e00004
regs=2 stack=0 before 30: (25) if r1 > 0xc goto pc+10
regs=2 stack=0 before 29: (61) r1 = *(u32 *)(r8 +0)
34: (71) r3 = *(u8 *)(r2 +0)                                       ❶
 R0_w=map_value_or_null(id=2,off=0,ks=4,vs=12,imm=0) R1_w=invP(id=0,
 umax_value=12,var_off=(0x0; 0xf)) R2_w=map_value(id=0,off=4,ks=4,vs=16,
 umax_value=12,var_off=(0x0; 0xf),s32_max_value=15,u32_max_value=15)
 R6=ctx(id=0,off=0,imm=0) ...
```

❶ 一番下から見ていく。レジスタの状態の情報から、レジスタ2の最大値は12であることがわかる。

❷ オフセット31の命令では、レジスタ2にはメモリ上のアドレスが設定され、それからレジスタ1の値の分だけ増加している。出力によると、これはmessage[c]にアクセスしているコードの行と対応しているので、レジスタ2はメッセージ配列の先頭を指し示すよう設定され、さらにレジスタ1に保存されているcの値分だけポインタが加算されている。

❸ レジスタ1の値を見るためにさらに1行前を見る。ログによればその最大値が12（16進数で0x0c）だとわかる。しかし、messageは12バイトの文字の配列として定義されているので、正当なインデックスは0から11までである。このことから、このエラーはc <= sizeof(message)を検査しているソースコードから発生したものだとわかる。

ステップ2では、レジスタとソースコード上の変数との対応について推測をしました。これは検証器がログにソースコードの行を含めてくれたからできたことです。この推測が正しいことを確認するために検証器のログをさらに前にたどっていくこともできます。デバッグ情報なしでコンパイルされたコードであればそうせざるを得ないこともあるでしょう。デバッグ情報が存在しているなら、それを使うのが当然です。

message配列はグローバル変数として宣言されています。「**3章　eBPFプログラムの仕組み**」で述べた通り、グローバル変数はMapを使って実装されています。これによって、エラーメッセージの内容がなぜ「Mapの値への不正なアクセス」だったのかがわかります。

6.8　ポインタの参照をたどる前の確認

C言語のプログラムをクラッシュさせる簡単な方法の1つは、ポインタがゼロ値（nullとしても知られています）であるときに参照をたどることです。ポインタは値がメモリのどこに保存されているかを示します。そしてゼロは正当なメモリ上の場所ではありません。eBPF検証器はすべてのポインタについて参照がたどられる前にゼロでないことのチェックを要求し、この手のクラッシュが起こらないようにしています。

hello-verifier.bpf.cのサンプルコードは、my_configハッシュテーブルMapにあるであろう、ユーザごとのカスタムメッセージを次のように探します。

```
p = bpf_map_lookup_elem(&my_config, &uid);
```

このMapにuidに対応するエントリがなかった場合は、このコードはpに（これはmsg_tメッセージ構造体へのポインタ型です）ゼロ値をセットします。以下は、nullポインタになりうるこの値を参照しようとしているコードです。

```
char a = p->message[0];
bpf_printk("%c", a);
```

このコードはコンパイルできますが、検証器は以下のようなログを出してエラー終了します。

```
; p = bpf_map_lookup_elem(&my_config, &uid);
25: (18) r1 = 0xffff263ec2fe5000
27: (85) call bpf_map_lookup_elem#1
28: (bf) r7 = r0                           ❶
; char a = p->message[0];
29: (71) r3 = *(u8 *)(r7 +0)               ❷
R7 invalid mem access 'map_value_or_null'
```

❶ レジスタ0に保存されたヘルパ関数からの戻り値をレジスタ7にコピーしている。つまりレジスタ7はローカル変数pの値を保持している。

❷ この命令はポインタ値であるpを参照する。eBPF検証器はレジスタ7の状態を追跡し続けているため、レジスタ7はMap上の値へのポインタか、あるいはnullを保持していることを知っている。

検証器はこのnullポインタの可能性があるポインタの参照を拒否します。ただしプログラムが次のような明示的なチェックを持っていれば検証を通過させます。

```
if (p != 0) {
    char a = p->message[0];
    bpf_printk("%d", cc);
}
```

ヘルパ関数によっては、ポインタの値をチェックしてくれるため、プログラマは楽ができます。例えば、bpf-helpers の man ページを見てみると、bpf_probe_read_kernel() の関数シグネチャが次のようになっていることがわかります。

```
long bpf_probe_read_kernel(void *dst, u32 size, const void *unsafe_ptr)
```

この関数の3番目の引数は unsafe_ptr と呼ばれています。この関数は、プログラマが安全なコードを書けるよう、チェックを自分の中で行う BPF ヘルパ関数の1つです。この関数には null の可能性があるポインタを渡せます。ただし unsafe_ptr という名前の3番目の引数としてだけ渡せます。このヘルパ関数は参照をたどろうとする前に、このポインタが null ではないことをチェックします。

6.9　コンテクストへのアクセス

どの eBPF プログラムにも、引数としてコンテクスト情報が渡されますが、プログラムとアタッチメントのタイプによっては、そのコンテクスト情報のうち一部にしかアクセスが認められない場合があります。例えば、Tracepoint プログラム（https://oreil.ly/6RFFI）は Tracepoint データへのポインタを受け取ります。このデータのフォーマットはどの Tracepoint を指定するかに依存しますが、先頭の数個のフィールドは全 Tracepoint に共通のものです。これらの共通のフィールドは eBPF プログラムからはアクセスできません。その後に続くそれぞれの Tracepoint 固有のフィールドにしかアクセスができないのです。誤ったフィールドへの読み出しや書き込みを試みようとすると、invalid bpf_context access エラーが発生します。実験してみたい場合は章末の演習をご覧ください。

6.10　実行完了の保証

eBPF 検証器は eBPF プログラムの実行が完了することを保証します。そうでなければ、プログラムがリソースを永遠に消費し続ける危険性があります。検証器はこれを、プログラムが処理可能な命令の総数を制限することで実現しています。制限値は、すでに述べたように、本書執筆時点で100万命令に設定されています。この制限数はカーネル内にハードコーディングされています（https://oreil.ly/IucYm）。これは設定可能なオプションではありません。検証器は、命令の処理数がこの上限に達する前に BPF プログラムの終了に到達できなかったときは、プログラムの検証を拒否します。

無限ループを書けば永久に終わらないプログラムを簡単に書けます。eBPF プログラムでどうやってループを作ることができるのか見てみましょう。

6.11　ループ

　完了を保証するために、カーネルv5.3まではループの使用制限がありました[※3]。同じ命令をループすることは、前の命令にジャンプすることが必要で、過去の検証器はこのようなコードを許可していませんでした。eBPFプログラムはこの仕様へのワークアラウンドとして#pragma unrollと言うコンパイラディレクティブを使い、コンパイラにループの回数分の同じ（あるいは非常に似通った）バイトコード命令のセットを書き込むよう指示しました。これによりプログラマが同じ行を何度も書くことは避けられましたが、出力されたバイトコードでは繰り返しの数だけ同じ命令列が何度もコピーされています。

　カーネルv5.3以降から、検証器は考えられる実行経路のすべてをチェックするプロセスの一環として、分岐が前に戻っても、その先にジャンプするのと同じようにその命令をたどれるようになりました。これによって、実行経路が100万命令の制限以内である場合に限り、ループが使えるようになりました。

　xdp_helloプログラムはループの例です。検証器を通過可能なバージョンのループはこのようになります。

```
for (int i=0; i < 10; i++) {
    bpf_printk("Looping %d", i);
}
```

　検証器の（成功した）ログからは、ループの周りの実行経路を10回たどったことがわかります。10回実行経路をたどる間、検証器は100万命令の複雑性の制限にはヒットしませんでした。この章の演習問題では、その制限に引っかかって検証に失敗するようなループの例を挙げています。

　カーネルv5.17では新しいヘルパ関数bpf_loop()が導入され、検証器がループを許可するだけでなく、より効率的な方法でループを実現することが簡単になりました。このヘルパは繰り返しの最大数を1つ目の引数として取り、そしてそれぞれの繰り返しで呼び出される関数も同じく渡されます。検証器はそれがどれだけたくさんの回数呼ばれたとしても、その関数にあるBPF命令をたった1回検証するだけで済みます。ループ対象の関数は非ゼロの値を返却して、その関数を呼び出す必要がもうないことを示すことができます。そのおかげで、望ましい結果が達成できたらループをより早く終わらせることが可能です。

　同じように、bpf_for_each_map_elem()（https://oreil.ly/Yg_oQ）と言うヘルパ関数もあり、これはMapにあるそれぞれの要素について提供されたコールバック関数を呼び出すことができます。

6.12　戻り値の確認

　eBPFプログラムの戻り値はレジスタ0（R0）に保存されます。R0が初期化されていなかった場合、検証器は次のように失敗します。

```
R0 !read_ok
```

[※3]　このバージョンはたくさんの重要な、BPF検証器の最適化と改善を含んでいた。その内容はLWNの記事「Bounded loops in BPF for the 5.3 kernel（カーネルv5.3でのBPFの上限付きループ）」（https://oreil.ly/50BoD）に綺麗にまとめられている。

関数の中のすべてのコードをコメントアウトすることでこれを試せます。例えば、xdp_helloの
例を次のように変更しましょう。

```
SEC("xdp")
int xdp_hello(struct xdp_md *ctx) {
 void *data = (void *)(long)ctx->data;
 void *data_end = (void *)(long)ctx->data_end;

 // bpf_printk("%x", data_end);
 // return XDP_PASS;
}
```

この場合、検証器は失敗します。このあとヘルパ関数bpf_printf()を含む行だけをコメントイ
ンして戻すと、ソースコードには明示的な戻り値がセットされていないにも関わらず、検証器は文
句を言わなくなります。

これは、レジスタ0はプログラムの戻り値の保存だけではなくヘルパ関数からの戻り値の保存に
も使われているからです。eBPFプログラムの中でヘルパ関数から戻ってきた後では、レジスタ0
はヘルパ関数の戻り値で初期化済みなのです。

6.13　不正な命令コード

「3章　eBPFプログラムの仕組み」でeBPF仮想マシンについて議論して知ったように、eBPF
プログラムはバイトコード命令のセットで成り立っています。検証器はプログラムの中の命令が正
当なバイトコード命令かどうかチェックします。例えば、既知のオペコードだけを使っているかな
どです。

もし不正なバイトコードを出力していたら、それはコンパイラのバグだとみなされるでしょう。
なのでこの種類の検証器のエラーが発生するのは、何らかの理由によってeBPFバイトコードを自
分で直接書いた場合ぐらいだと思われます。しかし、最近になって追加された命令を古いカーネル
で実行しようとした場合もこのエラーが出ます。例えばアトミック操作のための命令などが該当し
ます。

6.14　到達不可能な命令

検証器はまた、到達不可能な命令を含むプログラムについても検証を拒否します。ただし、通常
はこのようなコードはコンパイラが最適化によって消してしまいます。

6.15　まとめ

筆者が最初にeBPFに興味を持ったときは、コードをeBPF検証器に通過させることは、まるで
黒魔術のように思えました。見たところ正しいコードがしばしば拒否されて、気まぐれなエラーを
投げかけてきたように思われたためです。時が経つにつれ**たくさんの**改善が検証器に対して追加さ

れました。本章では検証器がどのような問題を検出したのかについてのヒントがログに書かれている例を見ました。

これらのヒントは、eBPF仮想マシンがどのように動いており、eBPFプログラムが実行中に一時変数の値をレジスタにどのように保存しているかについてのメンタルモデルを持つことができれば、より役に立つものになります。検証器はそれぞれのレジスタの型や取りうる値の範囲について追跡し続けて、eBPFプログラムが実行しても安全であることを保証します。

みなさんがeBPFのコードを書こうとしているのならば、検証器のエラーを解決するための助けが欲しいと思うことでしょう。eBPFコミュニティのSlackチャンネル（http://ebpf.io/slack）は助けを求める上で良い場所であり、そして多くの人々がStackOverflow（https://oreil.ly/nu_0v）でもアドバイスを見つけています。

6.16　演習

ここでは、他の方法によって検証器のエラーを引き起こしてみましょう。検証器のログ出力と、遭遇したエラーとを関連付けられるか試してみましょう。

1. 「**6.7　メモリアクセスの確認**」では、検証器がグローバルなmessage配列の終わりを超えるアクセスを拒否したことを説明した。コード例ではローカル変数data.messageに似たようにアクセスしている箇所がある。

   ```
   if (c < sizeof(data.message)) {
       char a = data.message[c];
       bpf_printk("%c", a);
   }
   ```

   <と<=を入れ替えてこのコードを変更し、同じようなアクセスが許された領域から1つ先のメモリ領域にアクセスするようにして、invalid variable-offset read from stack R2というエラーメッセージを確認せよ。

2. xdp_helloのサンプルコードにあるコメントアウトされた2つのループのうち、最初のものを以下のようにコメントアウトを外せ。

   ```
   for (int i=0; i < 10; i++) {
       bpf_printk("Looping %d", i);
   }
   ```

   次のような、繰り返しのひとまとまりの行が検証器のログの中に出てくる。

   ```
   42: (18) r1 = 0xffff800008e10009
   44: (b7) r2 = 11
   45: (b7) r3 = 8
   46: (85) call bpf_trace_printk#6
    R0=inv(id=0) R1_w=map_value(id=0,off=9,ks=4,vs=26,imm=0) R2_w=inv11
    R3_w=inv8 R6=pkt_end(id=0,off=0,imm=0) R7=pkt(id=0,off=0,r=0,imm=0)
    R10=fp0
   ```

```
last_idx 46 first_idx 42
regs=4 stack=0 before 45: (b7) r3 = 8
regs=4 stack=0 before 44: (b7) r2 = 11
```

このログから、どのレジスタがループ変数 i を追跡しているかを見つけ出せ。

3. さらに、コメントアウトされているもう1つのループのコメントを以下のように外せ。この
コメントは検証に失敗することを想定している。

```
for (int i=0; i < c; i++) {
    bpf_printk("Looping %d", i);
}
```

検証器はこのループが完了するまで探索しようとするが、それが完了する前に命令の複雑
性の制限に到達してしまうだろう。なぜならグローバル変数 c には値の上限がないからであ
る。

4. Tracepoint にアタッチするプログラムを書け。ただし、すでにこれは「**4章　bpf() システ
ムコール**」の演習で完了しているかもしれない。「**7.4.3　Tracepoint**」を先に見てみると、
コンテクスト引数のための引数がこのようなフィールドで始まっているのを確認できる。

```
unsigned short common_type;
unsigned char common_flags;
unsigned char common_preempt_count;
int common_pid;
```

自分でこのように始まる構造体を作り、自分のプログラムのコンテクスト引数としてこの
構造体へのポインタを渡すこと。プログラムでは、これらのフィールドのうちどれかにア
クセスをしようとすること。こうした場合に検証器が invalid bpf_context access のエ
ラーで失敗することを確認せよ。

7章
eBPFのプログラムと
アタッチメントタイプ

ここまでの章で確認したたくさんのeBPFプログラムのサンプルコードは、さまざまなタイプの
イベントにアタッチしていました。kprobeにアタッチしたものがありましたし、XDPプログラム
が新しく到着したネットワークパケットを扱っている場合もありました。他にもアタッチできるイ
ベントはいろいろあります。本章ではその他のプログラムタイプと、それらがどのようにさまざま
なイベントにアタッチできるのかについて詳しく見ていきましょう。

GitHubリポジトリ（https://github.com/lizrice/learning-ebpf）にあるコードや手順を用いて、本章
の例をビルドして実行することができます。本章のコードはchapter7ディレクトリからダウンロー
ドできます。

本書執筆時点で、サンプルコードの中にはARMのプロセッサでは動作しないものもあります。
chapter7ディレクトリのREADMEファイルに書かれている詳細とアドバイスを確認してください。

現在、uapi/linux/bpf.h（https://oreil.ly/6dNIW）ヘッダにはおおよそ30のプログラムタイ
プと、40を超える数のアタッチメントタイプが列挙されています。アタッチメントタイプは、プ
ログラムをどこにアタッチするかの詳細を定義しています。多くのプログラムタイプにおいて、ア
タッチメントタイプはプログラムタイプから推測可能です。その一方で、カーネル内のさまざまな
場所にアタッチが可能なプログラムタイプもあります。この場合はアタッチメントタイプも同時に
指定されなければなりません。

本書はリファレンスマニュアルではないので、すべてのeBPFプログラムタイプを網羅的に取り
上げはしません。さらに言うとみなさんが本書を読む時点では、新しいタイプが追加されているか
もしれません。

7.1　プログラムのコンテクスト引数

すべてのeBPFプログラムはコンテクスト引数をポインタの形で受け取ります。しかしそれが
指し示す構造体は、それをトリガーしたイベントタイプによって異なります。eBPFプログラマは
適切な型のコンテクストを受け取るプログラムを書く必要があります。そのイベントが、例えば
tracepointだったとしたら、コンテクスト引数がネットワークパケットを参照しても意味がありま

せん。別々のプログラムタイプを定義することによって、eBPF検証器がコンテクスト情報を適切に取り扱うのが楽になります。また、どのヘルパ関数が許可されるかのルールを強制させることができます。

 それぞれのBPFプログラムタイプに渡されるコンテクストデータの詳細について知りたければ、OracleのブログのAlan Maguireの記事（https://blogs.oracle.com/linux/post/bpf-a-tour-of-program-types ）を読んでください。

7.2　ヘルパ関数とその戻り値

　前章で見た通り、eBPF検証器はプログラムで使われるすべてのヘルパ関数について、そのプログラムタイプから使えるかどうかチェックします。前章での例では`bpf_get_current_pid_tgid()`ヘルパ関数はXDPプログラムでは許可されないことがわかりました。パケットを受け取るとXDPフックがトリガーされますが、パケット処理にユーザ空間のプロセスやスレッドは結びついていません。ここで現在実行中（current）のプロセスやスレッドIDを見つけようとする呼び出しは意味をなしません。

　プログラムタイプは、プログラム自体の戻り値の意味も決定します。再びXDPを例として使います。XDPの戻り値は、eBPFプログラムが処理を終えた際にそのパケットをどうすべきかをカーネルに指示します。例えば、そのパケットをそのままネットワークスタックに渡す、ドロップする、あるいは別のインタフェースにリダイレクトする、などです。eBPFプログラムが例えば特定のtracepointからトリガーされた場合、ネットワークパケットは何も関係しないので、これらの戻り値は意味をなさないでしょう。

　ヘルパ関数のマニュアルページ（https://oreil.ly/e8K73）も存在しています（この内容はBPFサブシステムが開発中であるため、不完全かもしれないという但し書きがあります）。

　`bpftool feature`コマンドを用いることで、動作中のシステムが使っているカーネルのバージョンで使えるヘルパ関数のリストを、プログラムタイプごとに確認できます。このコマンドはシステムの設定と利用可能なプログラムタイプと Map タイプ、さらにそれぞれのプログラムタイプごとにサポートされているヘルパ関数をすべて列挙してくれます。

　ヘルパ関数は`UAPI`の一部と考えられています。つまり、Linuxカーネルの外部向けの、安定したインタフェースです。したがって、カーネルが一度ヘルパ関数を定義したら、将来にわたって同じインタフェースで使い続けられるはずです。ただし、ヘルパ関数が内部で呼び出す関数や、内部で使うデータ構造は変更されるかもしれません。

　カーネルバージョンが変化することによる変更のリスクがあるとしても、eBPFプログラムからカーネル内の関数にアクセスしたいと言うプログラマからの需要が存在しました。これは**BPFカーネル関数**、もしくは**Kfuncs**（https://oreil.ly/gKSEx）と呼ばれる仕組みを用いることで実現できます。

7.3 Kfuncs

Kfuncsは、カーネル内の関数をBPFサブシステムに登録するための仕組みで、登録したカーネル内関数がeBPFプログラムの内部から呼び出されてもeBPF検証器のチェックを通過するようにします。eBPFプログラムタイプごとに登録情報が存在し、与えられたKfuncの呼び出しを許可しています。

ヘルパ関数と違って、Kfuncは互換性を保証しません。したがってeBPFプログラマはカーネルバージョンが変わるとプログラムが動かなくなる可能性について考慮する必要があります。

「core」BPF kfuncs（https://oreil.ly/06qoi）というKfuncのリストが存在します。本書執筆時点では、eBPFプログラム上でカーネル内のタスクとcgroupについての参照を取得したり、解放するための関数が掲載されています。

おさらいすると、eBPFプログラムのタイプはそれがどのイベントにアタッチできるかを決定し、同時にそのプログラムが受け取るコンテクスト情報のタイプも定義します。プログラムタイプは、呼び出すことができるヘルパ関数とKfuncの集合も定義します。

プログラムタイプは大きく2つのカテゴリに分類されます。トレーシング（もしくは、Perf）プログラムタイプとネットワーク関連のプログラムタイプです。それぞれについての例を見てみましょう。

7.4 トレーシング

kprobe、Tracepoint、Raw Tracepoint、fentry/fexitといったプローブ、そしてPerfイベントにアタッチするプログラムは、どれもそのイベントの情報をカーネルでトレースしてユーザ空間に報告する効率的な方法を提供します。これらのトレース関係のタイプは、カーネルの振る舞いに影響を及ぼすためのものではありません。ただし、**「9章　セキュリティ用eBPF」**で述べる通り、この状況は変わりつつあります。

これらは「Perf関連の」プログラムと呼ばれることがあります。例えば、bpftool perfサブコマンドはこのようにPerf関連のイベントにアタッチしたプログラムを表示します[4]。

```
$ sudo bpftool perf show
pid 232272  fd 16: prog_id 392  kprobe  func __x64_sys_execve  offset 0
pid 232272  fd 17: prog_id 394  kprobe  func do_execve  offset 0
pid 232272  fd 19: prog_id 396  tracepoint  sys_enter_execve
pid 232272  fd 20: prog_id 397  raw_tracepoint  sched_process_exec
pid 232272  fd 21: prog_id 398  raw_tracepoint  sched_process_exec
```

上記の出力は、chapter7ディレクトリのhello.bpf.cファイルにあるサンプルコードを、筆者が実行した際のものです。これはexecve()に関係するさまざまなイベントに対して別々のプログラムをアタッチしています。これらのタイプについて後述しますが、以下に概要を書いておきます。

※4　訳注：bpf_override_returnヘルパ関数はkprobeの戻り値を上書きしてその場でreturnさせることができ、例外的にカーネルの振る舞いに副作用を与えることができる。

- execve()システムコールのエントリポイントにアタッチしたkprobe
- カーネル関数do_execve()にアタッチしたkprobe
- execve()システムコールの入口に置かれたTracepoint
- execve()の処理中に呼び出される、2つのRaw Tracepoint。うち1つは、本節でこれから説明する、BTFが有効化されているバージョン。

これらトレース関連のeBPFプログラムタイプを実行するには、CAP_PERFMONとCAP_BPFの両方のCapabilityが必要です。あるいはCAP_SYS_ADMINだけを持っていても可能です。

7.4.1 kprobeとkretprobe

kprobeの概念について「1章 eBPFとは何か? なぜ、重要なのか?」で述べました。kprobeのプログラムはカーネルのほとんどどこにでもアタッチできます[5]。一般に、kprobeは関数の入口へのアタッチに使い、kretprobeは関数の終了時へのアタッチに使います。kprobeを関数の入口から特定のオフセットに位置する命令に対してアタッチすることもできます[6]。このときは、トレースを実行しようとしているバージョンのカーネルで、アタッチ対象の命令がその場所に存在することを確認する必要があるでしょう。カーネル関数の入口や出口にアタッチすることは、オフセットによる指定に比べると別バージョンのカーネルで使える可能性が高いですが、いつ変更されても不思議ではありません。

 bpftool perf listの出力例では、両方のkprobeについてオフセットが0であることを確認できます。

カーネルがコンパイルされたとき、カーネルの関数をコンパイラが「インライン化」をする可能性があります。つまり、関数が呼び出された時点から関数の最初の命令までジャンプするのではなく、関数呼び出し元のコードの中に呼び出し先関数のコードをそのままコピーするかもしれないということです。関数がインライン化されたら、kprobeのエントリポイントがなくなるので、eBPFプログラムをアタッチできなくなります。

7.4.1.1 kprobe のシステムコールエントリポイントへのアタッチ

本章の最初のeBPFプログラムの例はkprobe_sys_execveという名前で、これはexecve()システムコールにアタッチするkprobeです。関数とそのセクションの定義は次の通りです。

```
SEC("ksyscall/execve")
int BPF_KPROBE_SYSCALL(kprobe_sys_execve, char *pathname)
```

これは「5章 CO-RE、BTF、libbpf」で見たものと同じです。

システムコールにアタッチする理由の1つは、これらはカーネルのバージョン間で変更されるこ

---

[5] /sys/kernel/debug/kprobes/blacklistに列挙されているカーネル内の一部については、セキュリティ上の理由でkprobeのアタッチは許可されていない。

[6] 筆者がこの方法を使っているのを見たことがあるのはcilium/ebpfのテストスイート(https://oreil.ly/rL5E8)だけだ。

とがない安定したインタフェースだからです。Tracepointについても同じことが言えます。この
理由はすぐ後で説明します。しかし、システムコールのkprobeはセキュリティツールにとっては
信頼できるものではありません。その理由については**「9章　セキュリティ用eBPF」**で詳しく述
べます。

7.4.1.2　kprobeをその他のカーネル関数にアタッチする

　eBPFベースのツールがkprobeを使ってシステムコールにアタッチしている例はたくさん見つ
かります。しかし、すでに述べた通り、kprobeはインライン化されていないカーネル内のあら
ゆる関数にアタッチすることが可能です。hello.bpf.cにて、関数do_execve()にアタッチする
kprobeの例はすでに紹介しました。

```
SEC("kprobe/do_execve")
int BPF_KPROBE(kprobe_do_execve, struct filename *filename)
```

　do_execve()はシステムコールではないので、この例と以前の例にはいくつか違いがあります。

- SECマクロで指定した名前のフォーマットはシステムコールエントリポイントにアタッチし
  た以前のバージョンと同様である。しかし、do_execve()という関数は、他のほとんどの
  カーネル関数と同様どのプラットフォームでも共通のため、プラットフォーム固有の関数
  を指定する必要がない。
- ここではBPF_KPROBEマクロを、BPF_KPROBE_SYSCALLマクロの代わりに利用した。2つの意
  図はほぼ同じで、BPF_KPROBE_SYSCALLのほうがシステムコールの引数を扱うというだけで
  ある。
- もう1つ重要な違いがある。システムコールのpathname引数は文字列へのポインタ(char *)
  だったが、この関数の引数の変数名はfilenameであり、型はstruct filenameへのポイン
  タである。これはカーネル内で使うデータ構造である。

　この引数に対してこの型を使うことをどうやって知ったのかをこれから説明します。カーネルの
do_execve()関数は次のようなシグネチャを持っています。

```
int do_execve(struct filename *filename,
    const char __user *const __user *__argv,
    const char __user *const __user *__envp)
```

　ここではdo_execve()の引数のうち__argvと__envpを無視してfilename引数だけを宣言しまし
た。filenameはカーネル関数側の定義と合わせてstruct filename *型を使いました。引数はメモ
リ上で連続した位置に配置されることを考えると、最後のN個の引数を無視することは問題あり
ません。ですが引数リストの後半にあるものだけを使いたくとも、前の方にある引数を無視するこ
とはできません。

　このfilename構造体はカーネルの内部で定義されています。ここから、eBPFプログラミングが
実際のところカーネルプログラミングであるということがよくわかります。筆者はdo_execve()と、
struct filenameの定義をカーネルソースから探して、その引数を確認しなければいけませんでし
た。実行を開始するファイルの名前はfilename->nameに対応しています。この名前は、サンプル

コードでは次のような行で取得しています。

```
const char *name = BPF_CORE_READ(filename, name);
bpf_probe_read_kernel(&data.command, sizeof(data.command), name);
```

ここで、まとめをしておきます。システムコールkprobeにおけるコンテクスト引数は、ユーザ空間からシステムコールに渡された値を表現したデータ構造です。通常の、システムコールでないkprobeのコンテクスト引数は、カーネルのコードがその関数を呼び出すときに渡す引数自体を表現したもので、そのためその構造は対象となる関数の定義に依存しています。

kretprobe も kprobe に非常によく似ていますが、kretprobeは関数が返るタイミングでトリガーされ、引数ではなく戻り値にアクセスすることができる点が異なります。

kprobe と kretprobe はカーネル関数をフックする便利な手段ですが、最近のカーネルであればよりよい新しい選択肢も存在します。

7.4.2 fentry/fexit

カーネル関数の開始と終了をより効果的にトレースする仕組みは、カーネルv5.5における**BPFトランポリン**のアイデアと一緒に導入されました。この機能はx86のプロセッサのみでサポートされています。BPFトランポリンのARMプロセッサのサポート（https://oreil.ly/ccuz1）は Linux 6.0時点では実現していません。もし十分に新しいカーネルを使えるのであれば、カーネル関数の開始または終了をトレースしたければfentry/fexitを使うのが好ましいです。

chapter7/hello.bpf.c には fentry_execve() という名前のfentryのプログラム例があります。ここではkprobeのためのeBPFプログラムを、libbpfの BPF_PROGマクロを使って宣言しています。これは一般的なコンテクストへのポインタではなく、型付けされたパラメータへのアクセスを提供する、また別の便利なラッパーです。このマクロはfentry、fexit、Tracepointのプログラムタイプでのみ使えます。その定義は次のようになります。

```
SEC("fentry/do_execve")
int BPF_PROG(fentry_execve, struct filename *filename)
```

このセクション名はlibbpfに対して、do_execve() カーネル関数の開始地点にあるfentryフックにアタッチさせるように指示します。kprobeの例と全く同様に、コンテクスト引数は、このeBPFプログラムをアタッチしようとしているカーネル関数に渡される引数に対応しています。

fentry と fexit へのアタッチポイントは、kprobeよりも効果的になるよう設計されています。またさらに、関数の終了時のイベントを生成しようとするときにも別の利点があります。fexitフックは関数が呼び出された時点の引数にもアクセスすることができます。kretprobeはこのようなことができません。libbpf-bootstrapのサンプル（https://oreil.ly/6HDh_）が使用例となります。kprobe.bpf.c と fentry.bpf.c は両方とも do_unlinkat() カーネル関数をフックしています。kretprobeにアタッチしたeBPFプログラムは次のようなシグネチャを持っています。

```
SEC("kretprobe/do_unlinkat")
int BPF_KRETPROBE(do_unlinkat_exit, long ret)
```

BPF_KRETPROBEマクロは展開されて、do_unlinkat()の終了時にアタッチするkretprobeプログラムを生成します。eBPFプログラムが受け取る唯一のパラメータはretで、これはdo_unlinkat()の戻り値を保持しています。これをfexitのバージョンと比較しましょう。

```
SEC("fexit/do_unlinkat")
int BPF_PROG(do_unlinkat_exit, int dfd, struct filename *name, long ret)
```

こちらのバージョンでは、プログラムは戻り値retへのアクセスだけでなく、do_unlinkat()の呼び出し時の引数dfdとnameにもアクセスできます。

7.4.3　Tracepoint

Tracepoint（https://oreil.ly/yXk_L）はカーネルコード内でマークされた場所です。ユーザ空間でのTracepointもありますが、それについては後述します。これらはeBPFに固有のものではなく、長い間、カーネルのトレース出力を生成するために、SystemTap（https://oreil.ly/bLmQL）のようなツールで使われてきました。kprobeで任意の命令にアタッチするのとは違って、Tracepointは異なるカーネルリリースバージョンの間でも安定しています。古いカーネルからは、新しいカーネルで使えるTracepointの一部が使えないということがあるかもしれません。

/sys/kernel/tracing/available_eventsから、みなさんが使っているカーネルで利用可能なトレースのためのサブシステムの集合が確認できます。

```
$ cat /sys/kernel/tracing/available_events
tls:tls_device_offload_set
tls:tls_device_decrypted
...
syscalls:sys_exit_execveat
syscalls:sys_enter_execveat
syscalls:sys_exit_execve
syscalls:sys_enter_execve
...
```

筆者のバージョン5.15のカーネルでは1,400以上のTracepointがこのリストに定義されていました。TracepointのeBPFプログラムにおけるセクション定義は、libbpfがプログラムを自動的にアタッチするために、このリストの項目のうちどれかと一致する必要があります。定義のフォーマットはSEC("tp/トレースするサブシステム名/tracepointの名前")という形式です。

chapter7/hello.bpf.cファイルにある例の中では、syscalls:sys_enter_execveという、カーネルの内部でexecve()の呼び出しを処理し始めたときにヒットするTracepointと一致させているのが確認できます。セクション定義はlibbpfに、これはTracepointプログラムであること、そしてそれがどこにアタッチするべきかを以下のように伝えます。

```
SEC("tp/syscalls/sys_enter_execve")
```

Tracepointのコンテクスト引数の型については、この後すぐに言及するように、BTFが助けになってくれます。しかしまずはBTFが使えない場合について考えてみましょう。それぞ

れのTracepointには、トレース対象のフィールドを記述するフォーマットがあります。以下は
execve() システムコールの入口にあるTracepointのためのフォーマットです。

```
$ cat /sys/kernel/tracing/events/syscalls/sys_enter_execve/format
name: sys_enter_execve
ID: 622
format:
    field:unsigned short common_type;          offset:0;  size:2; signed:0;
    field:unsigned char common_flags;          offset:2;  size:1; signed:0;
    field:unsigned char common_preempt_count;  offset:3;  size:1; signed:0;
    field:int common_pid;                       offset:4;  size:4; signed:1;

    field:int __syscall_nr;                     offset:8;  size:4; signed:1;
    field:const char * filename;                offset:16; size:8; signed:0;
    field:const char *const * argv;             offset:24; size:8; signed:0;
    field:const char *const * envp;             offset:32; size:8; signed:0;

print fmt: "filename: 0x%08lx, argv: 0x%08lx, envp: 0x%08lx",
((unsigned long)(REC->filename)), ((unsigned long)(REC->argv)),
((unsigned long)(REC->envp))
```

chapter7/hello.bpf.cで、対応する構造体my_syscalls_enter_execveを定義するのにこの情報
を使いました。

```
struct my_syscalls_enter_execve {
    unsigned short common_type;
    unsigned char common_flags;
    unsigned char common_preempt_count;
    int common_pid;

    long syscall_nr;
    long filename_ptr;
    long argv_ptr;
    long envp_ptr;
};
```

eBPFプログラムはこれらのフィールドのうち最初の4つにアクセスすることは許可されてい
ません。これらにアクセスしようとすると、プログラムの検証はinvalid bpf_context accessエ
ラーにより失敗してしまいます。

サンプルコードのTracepointにアタッチするeBPFプログラムでは、以下のように、この型への
ポインタからデータをそのコンテクスト引数として使うことができます。

```
int tp_sys_enter_execve(struct my_syscalls_enter_execve *ctx) {
```

すると、この構造体の内容にアクセスすることができます。例えば、次のようにファイル名への
ポインタからデータを取得できます。

```
bpf_probe_read_user_str(&data.command, sizeof(data.command), ctx->filename_ptr);
```

　Tracepointプログラムタイプを使うときは、すでに本来の引数のセットからマッピングされた後の構造体がeBPFプログラムに渡されます。より性能を良くするため、Raw Tracepoint eBPFプログラムタイプを用いることでこれらの加工前の引数に直接アクセスすることができます。セクション定義は`tp`の代わりに`raw_tp`（または`raw_tracepoint`）で開始する必要があります。引数については、`__u64`型の配列としてしか取り扱えないので、実際に利用する際にそのTracepointが使うデータ構造に対応した型に変換する必要が出てくるでしょう（Tracepointがシステムコールの入口であれば、これらの引数はCPUのアーキテクチャに依存します）。

7.4.4　BTFが有効なTracepoint

　前の例では、自分のeBPFプログラムのコンテクスト引数のために`my_syscalls_enter_execve`という構造体を書きました。ですが、自分のeBPFのコード中で構造体を定義したり、引数を直接パースしたりしようとすると、そのコードが実際に動かそうとしているカーネルのものと一致しなくなるというリスクが存在します。「**5章　CO-RE、BTF、libbpf**」で述べたBTFがここでも役立ちます。

　`vmlinux.h`の中にはTraceppint eBPFプログラムに渡すコンテクスト引数と一致する構造体がBTFのサポート付きで定義されています。eBPFプログラムでは`SEC("tp_btf/tracepointの名前")`というセクション定義を用いる必要があります。Tracepointの名前は`/sys/kernel/tracing/available_events`に含まれるものでなければなりません。`chapter7/hello.bpf.c`の例のプログラムでは次のようになります。

```
SEC("tp_btf/sched_process_exec")
int handle_exec(struct trace_event_raw_sched_process_exec *ctx)
```

　見ての通り、構造体の名前はTracepoint自体の名前と対応し、`trace_event_raw_`というプレフィクス付きになります。

7.4.5　ユーザ空間へのアタッチ

　ここまで、カーネルのソースコード内部で定義されたイベントにアタッチするeBPFプログラムの例を示してきました。ユーザ空間のコード内にもカーネル内と同様にアタッチできるポイントがあります。`uprobe`と`uretprobe`によりユーザ空間の関数の開始と終了の地点にアタッチでき、USDT（User Statically Defined Tracepoint、ユーザによる静的定義Tracepoint）によりアプリケーションコード、またはユーザ空間のライブラリの特定のTracepointにアタッチできます。これらはすべて`BPF_PROG_TYPE_KPROBE`プログラムタイプを使います。

> ユーザ空間のイベントにアタッチしたプログラムがたくさん公開されています。BCCプロジェクト内にあるものをいくつか紹介しておきます。
>
> - bashreadline（https://oreil.ly/gDkaQ）とfunclatency tools（https://oreil.ly/zLT54）はu(ret)probeにアタッチする。
> - BCCのUSDTのサンプル（https://oreil.ly/o894f）もある。

　libbpfを使っている場合、SEC()マクロでユーザ空間のプローブに対して自動的にアタッチするポイントを定義できます。このセクション名に必要なフォーマットについてはlibbpfのドキュメント（https://oreil.ly/o0CBQ）を見ればわかるでしょう。例えば、OpenSSLのSSL_write()関数の開始地点のuprobeにアタッチするためには、次のようなセクションをeBPFプログラムで定義することになるでしょう。

```
SEC("uprobe/usr/lib/aarch64-linux-gnu/libssl.so.3/SSL_write")
```

ユーザ空間のコードを計測するにあたってはいくつか知っておくべきことがあります。

- この例における共有ライブラリへのパスはアーキテクチャ固有のものである。なのでアーキテクチャごとに対応する固有の定義が必要になる。
- このコードを実行するマシンを自分でコントロールしていないのであれば、ユーザ空間のライブラリやアプリケーションについて何がインストールされているか知る術はない。
- アプリケーションはスタンドアロンバイナリとしてビルドされているかもしれない。そうするとアタッチした共有ライブラリの内部のprobeには一切ヒットしない。
- コンテナ環境では、典型的にはコンテナごとに自分自身のファイルシステムのコピーを持ち、自分自身の依存関係の一式をインストールしている。コンテナにより使われている共有ライブラリのパスは、ホストマシンにある共有ライブラリのパスと同一ではないかもしれない。
- eBPFプログラムはアプリケーションが書かれた言語を知っている必要があるかもしれない。例えば、C言語では関数への引数は一般的にはレジスタを用いて渡すが、Go言語ではスタックを使って渡す[7]ため、pt_args構造体が保持しているレジスタの情報があまり役に立たないかもしれない。

　実際のところ、eBPFを使ったユーザ空間のアプリケーション計測のための便利なツールはたくさんあります。例えば、SSLライブラリをフックして、暗号化された情報を復号した状態でトレースすることができます。次章で、その詳細について見ていきます。ちなみに別の例としてはアプリケーションの継続的プロファイリングで、Parca（https://www.parca.dev）のようなツールを使います。

7.4.6　LSM

　BPF_PROG_TYPE_LSMプログラムは**LSM（Linux Security Module）API**にアタッチします。LSMはカーネル内の安定したセキュリティインタフェースであり、元々はカーネルモジュールを使ってユーザ空間のプログラムに対しセキュリティポリシーを強制することを意図していました。筆者はこの機能について「**9章　セキュリティ用eBPF**」で詳細に議論する予定ですが、そこで話す通りこのLSMインタフェースは今やeBPFのセキュリティツールのためのものでもあります。

---

[7]　Goのバージョン1.17まではスタックを使う仕様だが、1.17からは新しいレジスタベースの呼び出し規約が導入された。スタックを使って引数を渡す方法はいずれはなくなるだろうが、古いバージョン環境でビルドされたGoの実行ファイルは今度も存在し続けると考えられる。

BPF_PROG_TYPE_LSMプログラムはbpf(BPF_RAW_TRACEPOINT_OPEN)でアタッチされ、多くの面でトレースプログラムのように取り扱われます。BPF_PROG_TYPE_LSMプログラムの興味深い特徴の1つは、戻り値がカーネルの振る舞いに影響を与える点です。非ゼロの戻り値はセキュリティチェックに通過しなかったことを示すので、カーネルはフックされたどんな操作についてもそれ以上継続させません。この振る舞いは、戻り値が無視されるPerf関連のプログラムタイプとの明白な違いです。

> LinuxカーネルのドキュメントではLSM BPFプログラム（https://oreil.ly/vcPHY）についても書かれています。

LSMプログラムタイプは、セキュリティ上で重要な役割を持つ唯一のタイプというわけではありません。次のセクションで見ていく多くのネットワーク関係のプログラムタイプはネットワークセキュリティのために利用でき、ネットワークトラフィックやその他のネットワーク関係の操作について許可または禁止ができます。eBPFをセキュリティの目的で使っている例は、「**9章　セキュリティ用eBPF**」により詳しく書かれています。

本章のここまでで、カーネルとユーザ空間のトレースプログラムタイプがどのようにシステム全体の観測を可能にするかについて見てきました。次に示すeBPFプログラムタイプの一群は、ネットワークスタックの内部でフックするもので、これらは単に観測をするだけでなく、送受信しているデータをどう扱うかについても影響を与えることができます。

7.5　ネットワーク

ネットワークスタックのさまざまな地点を通過するネットワークメッセージについて、それを処理するために意図されたたくさんの種類のeBPFプログラムが存在します。**図7-1**では、よく使われるプログラムタイプがどこにアタッチするか示しています。これらのプログラムタイプでは、すべてCAP_NET_ADMINと、CAP_BPFまたはCAP_SYS_ADMINのLinux Capabilityが許可されている必要があります。

これらのプログラムタイプに渡されるコンテキスト引数は、現在処理対象のネットワークメッセージですが、その構造体の型はネットワークスタックの関連箇所でカーネルがどういうデータを持っているかに依存します。スタックの底の部分では、データはレイヤ2のネットワークパケットの形式で所持されていて、これらは本質的には転送された、あるいはまさにケーブル上で転送されようとしているバイト列です。スタックの頂点では、アプリケーションはソケットを使っていて、カーネルはソケットバッファを作成してこれらのソケットで送受信されているデータを取り扱います。

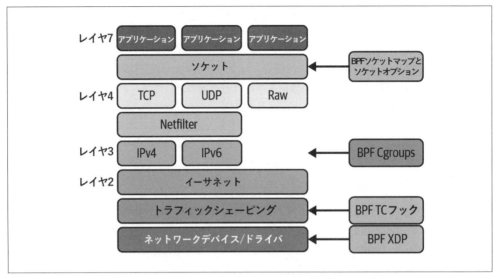

図7-1　ネットワークスタックのさまざまなポイントでフックされるBPFプログラムタイプ

 ネットワークレイヤモデルは本書の範囲外ですが、多くの書籍、ブログ投稿、トレーニングで扱われています。筆者は*Container Security*（https://www.oreilly.com/library/view/container-security/9781492056690/、O'Reilly）[8]の10章でこの話題を扱いました。本書を読むにあたっては、以下のことを知っていれば十分です。

- レイヤ7はアプリケーションが使っているフォーマット、例えばHTTP、DNS、gRPCなどの範囲であること
- TCPがレイヤ4であること
- IPがレイヤ3であること
- イーサネットとWiFiはレイヤ2であること

ネットワークスタックの役割の1つは、これらの違ったフォーマットのメッセージを変換することです。

　ネットワーク関連のプログラムタイプと、この章の前半で見てきたトレーシング関連のタイプの大きな違いの1つについて説明します。ネットワークプログラムタイプは一般的にはネットワークの振る舞いをカスタマイズすることを意図しています。以下に例を示します。

1. eBPFプログラムからの戻り値を、カーネルに対してネットワークパケットをどう処理すべきかの指示に使う。例えば通常の処理をする、ドロップする、別の宛先にリダイレクトする、などである。
2. eBPFプログラムに、ネットワークパケット、ソケットの設定パラメータなどの変更を許可する。

※8　訳注：邦訳は『コンテナセキュリティ』（インプレス、2023）

　次章で、これらの特性が強力なネットワーク機能を実現している具体例を詳しく述べます。ここでは、これら eBPF プログラムタイプの概要を見ていきます。

7.5.1　ソケット

　スタックの頂点には、ソケットやソケット操作に関連した以下のネットワーク系のプログラムタイプがあります。

- BPF_PROG_TYPE_SOCKET_FILTER はカーネルに追加された最初のプログラムタイプである。名前から、ソケットのフィルタリングに使うものだと推測するかもしれない。しかし、これはアプリケーションが直接送受信するデータのフィルタリングではない。このタイプはソケットデータの**コピー**をフィルタして、tcpdumpのような可観測性ツールに送り込むために使う。
- ソケットはレイヤ4（TCP）接続に固有のものである。BPF_PROG_TYPE_SOCK_OPS は eBPF プログラムに、ソケット上で起こるさまざまな操作やアクションに割り込むこと、そのソケットのパラメータに、TCP タイムアウトのような設定を書き込むことを許可する。ソケットは接続同士の両端にのみ存在し、その際に通る中間のデバイスなどについては一切関与しない。
- BPF_PROG_TYPE_SK_SKB プログラムタイプは、ソケットを参照している特別なタイプの Map（sockmap と呼ばれる）と同時に利用し、**sockmap** 操作（https://oreil.ly/0Enuo）をする際に使う。sockmap 操作は、例えばソケットレイヤでのトラフィックのリダイレクトなどである。

7.5.2　トラフィックコントロール（TC）

　ネットワークスタックをもう少し下ると、「TC」ことトラフィックコントロールがあります。Linux カーネルには TC に関する一式のサブシステムが存在します。tc コマンドにはマニュアルページ（https://oreil.ly/kfyg5）があります。これを見ると、TC がどれだけ複雑であるかがわかるでしょう。また、ネットワークパケットを取り扱う上で、その設定を深いレベルで柔軟に変更する手段を持っていることが、一般的にコンピュータリソースを取り扱う上でどれほど重要であるかが理解できるでしょう。

　eBPF プログラムはネットワークパケットの受信と送信の両方のトラフィックについて、カスタムのフィルタと分類器を提供するためにアタッチできます。これは Cilium の構成要素の1つで、いくつかの例を次章で述べます。すぐにでも詳細を知りたい場合は、Quentin Monnet のブログ（https://oreil.ly/heQ2D）を見てください。この機能はプログラム上でも使えますが、tc コマンドを使ってこの種の eBPF プログラムを操作することもできます。

7.5.3　XDP

　XDP（eXpress Data Path）の eBPF プログラムは「**3章　eBPF プログラムの仕組み**」で少しだけ触れました。そのときは次のコマンドで eBPF プログラムをロードし、eth0 インタフェースにア

タッチしました。

```
bpftool prog load hello.bpf.o /sys/fs/bpf/hello
bpftool net attach xdp id 540 dev eth0
```

XDPは特定のインタフェース（もしくは仮想インタフェース）にアタッチできます。複数のインタフェースにはそれぞれ別々のXDPプログラムをアタッチすることができます。**「8章　ネットワーク用eBPF」**で、XDPプログラムをネットワークカードにオフロードしたりネットワークドライバ上で実行させたりすることを学びます。

XDPプログラムはLinuxのネットワークユーティリティで管理できます。ここでは、iproute2のip（https://oreil.ly/8Isau）のlinkサブコマンドのことです。ip linkコマンドを使ってプログラムをロードしてeth0にアタッチするには以下のようにします。

```
$ ip link set dev eth0 xdp obj hello.bpf.o sec xdp
```

このコマンドはxdpと言うセクションでマークされたeBPFプログラムをhello.bpf.oオブジェクトから取り出し、eth0ネットワークインタフェースにアタッチします。ip link showコマンドをこのインタフェースに実行すると、今やアタッチされたXDPプログラムについての情報を含むようになります。

```
2: eth0: <BROADCAST,MULTICAST,UP,LOWER_UP> mtu 1500 xdpgeneric qdisc fq_codel
state UP mode DEFAULT group default qlen 1000
    link/ether 52:55:55:3a:1b:a2 brd ff:ff:ff:ff:ff:ff
    prog/xdp id 1255 tag 9d0e949f89f1a82c jited
```

ip linkでXDPプログラムを削除するには次の通りです。

```
$ ip link set dev eth0 xdp off
```

次章で、XDPプログラムとそのアプリケーションについてより多くを見ていく予定です。

7.5.4　フローディセクタ

フローディセクタはネットワークスタックのさまざまなポイントで使われて、パケットヘッダからその詳細を抽出します。BPF_PROG_TYPE_FLOW_DISSECTORタイプのeBPFプログラムではパケットの解剖（ディセクション）機能をカスタマイズして実装できます。writing network flow dissectors in BPF（BPFで書くフローディセクタ、https://oreil.ly/nFKLV）という、素晴らしい記事がLWNにあります。

7.5.5　軽量トンネリング

BPF_PROG_TYPE_LWT_*ファミリのプログラムタイプは、eBPFプログラムでネットワークパケットをカプセル化するために用います。これらのプログラムタイプはipコマンドを利用しても操作できますが、ここで関係するのはrouteサブコマンドです。実際のところ、このタイプのプログラ

ムはあまり使われていません。

7.5.6　cgroup

　eBPFプログラムはcgroup（「control groups」の略）にアタッチすることができます。**cgroup**は、特定のプロセス、あるいはプロセスのグループがアクセスすることのできるリソースの集合に制限を加えるための、Linuxカーネル上の機能です。cgroupはあるコンテナ（もしくはあるKubernetes Pod）を別のものと隔離するための仕組みの1つです。eBPFプログラムをcgroupにアタッチすることで、そのcgroupのプロセスにだけ適用される振る舞いをカスタマイズできます。すべてのプロセスは何かしらのcgroupと関連付いていて、それはコンテナの中で動いていないプロセスに関してもそうです。

　いくつかのcgroup関連のプログラムタイプが存在しており、さらに多くのフックにアタッチさせることができます。本書執筆時点では、これらはほぼすべてネットワーク関連のものです。ただし、BPF_CGROUP_SYSCTLと言うプログラムタイプも存在し、これは特定のcgroupに影響を与えようとするsysctlのコマンドの読み書きに対しアタッチすることができます[9]。

　例として、cgroupに特化したソケット関連のプログラムタイプであるBPF_PROG_TYPE_CGROUP_SOCKとBPF_PROG_TYPE_CGROUP_SKBがあります。eBPFプログラムは与えられたcgroupにおいて、リクエストされたソケットの操作やデータ転送の実行が許可されるべきか決定することができます。これはネットワークセキュリティポリシーの強制に便利です。これについては次章でも話します。ソケットプログラムはまた、呼び出したプロセスに対し、それらは特定の宛先アドレスに接続していると信じ込ませることも可能です。

7.5.7　赤外線コントローラ

　BPF_PROG_TYPE_LIRC_MODE2（https://oreil.ly/AwG1C）タイプのプログラムは、赤外線コントローラデバイスを表すファイル記述子にアタッチすることができ、赤外線プロトコルを復号させることができます。この文章を書いている時点ではこのプログラムタイプはCAP_NET_ADMINを要求しますが、プログラムタイプをトレース関連かネットワーク関連かの2つだけに分割することは、eBPFの力が及ぶことになるアプリケーションの範囲をうまく表現できないため、ひとまずCAP_NET_ADMINを使うようにしているではないかと思います。

7.6　BPFアタッチメントタイプ

　アタッチメントタイプによって、プログラムがシステムにアタッチする場所について細かい粒度でコントロールできるようになります。いくつかのプログラムタイプでは、フックのためアタッチできる箇所が1対1でしか存在せず、そのためアタッチメントタイプはプログラムタイプが定まれば一意に決まります。例えば、XDPプログラムはネットワークスタックのXDPフックにアタッチします。別のいくつかのプログラムタイプについては、アタッチメントタイプも同時に指定しなけ

---

[9]　訳注：非ネットワーク系プログラムタイプとしては、BPF_PROG_TYPE_CGROUP_DEVICEも存在する。これはcgroup v2において、当該cgroupに所属するプロセスがアクセスできるデバイスをフィルタする用途に使われる。

ればなりません。

アタッチメントタイプによって使えるヘルパ関数が決まります。コンテクスト情報のどの部分
へのアクセスが可能かも制限できます。本章では、eBPF検証器がinvalid bpf_context accessエ
ラーを出力している例をいくつか紹介しました。

どのプログラムタイプについて、どのアタッチメントタイプを指定する必要があるかについては、
bpf_prog_load_check_attach（https://oreil.ly/0LqCQ）というカーネル関数の中で確認すること
ができます。この関数はbpf/syscall.c（https://oreil.ly/7OrYS）に定義されています。

以下はCGROUP_SOCKプログラムタイプのためのアタッチメントタイプをチェックするコードです。

```
case BPF_PROG_TYPE_CGROUP_SOCK:
    switch (expected_attach_type) {
    case BPF_CGROUP_INET_SOCK_CREATE:
    case BPF_CGROUP_INET_SOCK_RELEASE:
    case BPF_CGROUP_INET4_POST_BIND:
    case BPF_CGROUP_INET6_POST_BIND:
        return 0;
    default:
        return -EINVAL;
    }
```

このプログラムタイプは複数の場所にアタッチすることができます。ソケットの作成時、ソケッ
トの開放時、および、IPv4またはIPv6でbind()が完了したときです。

プログラムごとの妥当なアタッチメントタイプを確認するには、libbpfのドキュメント
（https://oreil.ly/jraLh）も使えます。ここでは、それぞれのプログラムとアタッチメントのタイ
プのためにlibbpfが理解できるセクション名についても確認できます。

7.7　まとめ

この章では、さまざまなeBPFのプログラムタイプが、カーネルのさまざまなフックポイントに
アタッチするために使われていることを見てきました。特定のイベントに反応するコードを書きた
いときは、そのイベントでフックさせるための適切なプログラムタイプを決めなければならないで
しょう。プログラムに渡されるコンテクストの中身はプログラムタイプに依存し、またカーネルは
プログラムの戻り値に対して、プログラムタイプに応じてそれぞれ違った反応を返します。

本章で例示したコードは、ほとんどがPerf関連の（トレースの）イベントについてのものでし
た。次の2つの章では、ネットワークとセキュリティアプリケーションで使われている、また違っ
たeBPFプログラムライブについてより詳しく見ていくことになります。

7.8　演習

この章ではkprobe、fentry、Tracepoint、Raw Tracepoint、そしてBTF有効のTracepointプ
ログラムを扱いました。これらはすべて同じシステムコールの入口にアタッチしました。ただし、
eBPFのトレーシングプログラムはシステムコール以外の、もっと多くの別の場所にもアタッチで

きます。

1. straceを介してhelloプログラムを実行し、bpf()システムコールを呼び出している箇所を見つけよ。

   ```
   strace -e bpf -o outfile ./hello
   ```

   このコマンドはそれぞれのbpf()の呼び出しの情報をoutfileと呼ばれるファイルに記録する。BPF_PROG_LOAD命令をこのファイルから探して、それぞれのプログラムによってprog_typeファイルが変わっていることを確認せよ。トレースにあるprog_nameフィールドによって、どのプログラムが何であるか特定し、chapter7/hello.bpf.cのソースコードと対応付けができるだろう。

2. hello.cにある例のユーザ空間のコードは、hello.bpf.oで定義されたすべてのプログラムのオブジェクトをロードする。libbpfのユーザ空間側のコードを書く演習として、この例のコードのうち、どれか1つ好きなプログラムだけロードしてアタッチするように変更せよ。このとき、ロードしていないプログラムをhello.bpf.cから削除してはいけない。

3. 何か別のカーネル関数が呼び出されたときにトリガーされる、kprobeかfentry、あるいはその両方のプログラムを書け。動作中のシステムが使っているカーネルのバージョンで利用できる関数は/proc/kallsymsというファイルで見つけられる。

4. 何か別のカーネルのTracepointにアタッチするプログラムを書け。/sys/kernel/tracing/available_eventsファイルで利用できるTracepointを確認できる。

5. あるネットワークインタフェースに、2つ以上のXDPプログラムをアタッチせよ。そしてそれが以下のようなメッセージ出力とともに失敗することを確認せよ。

   ```
   libbpf: Kernel error message: XDP program already attached
   Error: interface xdpgeneric attach failed: Device or resource busy
   ```

8章
ネットワーク用 eBPF

「**1章　eBPFとは何か？　なぜ、重要なのか？**」で見た通り、eBPFは動的な性質によってカーネルの振る舞いをカスタマイズできます。ネットワークの世界では、望ましいとされる振る舞いはいろいろあり、アプリケーションによって全く変わってきます。例えば、テレコミュニケーション事業者は、SRv6のようなテレコミュニケーション固有のプロトコルと向き合わなければなりません。Kubernetesの環境をレガシーなアプリケーションと統合する必要があるかもしれません。専用ハードウェアのロードバランサーは、汎用品のハードウェア上で実行されるXDPプログラムで置き換えられます。eBPFによってプログラマは、特定の要求に応えるためのネットワークの機能を構築できるようになります。そのときに最新のカーネルを使う必要はありません。

eBPFをベースにしたネットワークツールは現在広く使われており、非常に大規模な環境でも有効であることが示されています。例えば、CNCFのCiliumプロジェクト（http://cilium.io）は、eBPFをKubernetesのネットワーク、単体のロードバランサー、などなどのプラットフォームとして使っており、そしてCiliumは非常に多くの分野におけるクラウドネイティブ技術の採用者が使っています[1]。MetaはeBPFを、非常に大規模に使っています。2017年から、Facebookとやり取りをするすべてのパケットはXDPプログラムを経由しています。もう1つ、公開されている超大規模な例としてはCloudflareのDDoS（distributed denial-of-service、分散型サービス拒否攻撃）防衛機能はeBPFを使っています。

これらは複雑な本番で利用されており、その詳細は本書で扱える範囲を超えています。しかし本章で示す例を読むことで、これらのeBPFを利用したネットワークソリューションが、どうやって作られているかの概観を掴むことができるでしょう。

 本章のサンプルコードはGitHubリポジトリ（https://github.com/lizrice/learning-ebpf）のchapter8ディレクトリからダウンロードできます。

※1　本書執筆時点で、100程度の組織がCiliumを利用していることを公表しており、CiliumのUSERS.mdファイル（https://oreil.ly/PC7-G）に掲載されている。このユーザ数は急速に伸びている。Ciliumはまた、AWS、Google、Microsoftにも採用されている。

8.1 パケットのドロップ

ある受信パケットはドロップし、別のものは許可するようなネットワークセキュリティ機能がいくつかあります。例えばファイアウォール、DDoS防衛、「死のパケット」脆弱性の緩和などです。

- ファイアウォールは、パケット単位で、そのパケットの発信元や発信先のIPアドレスやポート番号を基準にして、そのパケットの通信を許可するか否かを決定する。
- DDoS防衛はさらに複雑である。どのパケットが特定の発信元から到着しているかの割合を追跡し続けたり、パケットの内容の特徴を検知したりする。これによって、攻撃者がトラフィックのインタフェースを溢れさせようとしているか否かを特定する。
- Packet-Of-Death（死のパケット、死のping）脆弱性はカーネルの脆弱性の1つで、特定の方法で加工されたパケットを受け取ると安全な処理に失敗することである。攻撃者が特定のフォーマットのパケットを送り込むと、脆弱性を発動できる。カーネルがクラッシュしてしまうこともある。伝統的には、このようなタイプのカーネルの脆弱性が見つかったときは、修正された新しいカーネルをインストールする必要があり、これはマシンのダウンタイムに繋がる。しかしこれらの悪意のあるパケットを検知してドロップできるeBPFプログラムは動的にインストールでき、そのマシンで実行しているどんなアプリケーションにも影響を与えることなくそのホストを即座に守ることができる。

これらの機能のために、どのようなアルゴリズムを用いて攻撃を検知するかについては本書の範囲外ですが、ネットワークインタフェースのXDPフックにアタッチされたeBPFプログラムがどのように特定のパケットをドロップするのかを見ることによって、これらの機能を実装するための基礎知識を得ましょう。

8.1.1 XDPプログラムの戻り値

XDPプログラムはネットワークパケットの到着にトリガーされます。そのプログラムはパケットを精査し、それが終わったら、返却する値（戻り値、リターンコード）によりそのパケットを次にどう扱うべきかを示す**評決（verdict）**を下します。

- XDP_PASSは、パケットを通常のやり方でネットワークスタックに送る。つまりXDPプログラムが存在しない場合と同様に処理する。
- XDP_DROPは、このパケットをすぐに破棄する。
- XDP_TXはパケットが届いたものと同じインタフェースから、パケットを送り返す。
- XDP_REDIRECTはパケットを別のネットワークインタフェースに送る。
- XDP_ABORTEDはパケットをドロップするが、「通常の」パケット破棄であるXDP_DROPとは異なり、エラーもしくは何か意図していない事態に起因するとみなす。

ファイアウォールなどの機能では、XDPプログラムはシンプルにパケットを通過させるかドロップするかのみを決めれば良いことになります。パケットをドロップするか否かを決めるXDPプログラムは次のようになります。

```
SEC("xdp")
int hello(struct xdp_md *ctx) {
    bool drop;

    drop = <examine packet and decide whether to drop it>;

    if (drop)
        return XDP_DROP;
    else
        return XDP_PASS;
}
```

XDPプログラムは、パケットの内容を変更できます。これについては本章の後半で述べます。

XDPプログラムは受信パケットがアタッチしたインタフェースに届くたびにトリガーされます。ctx引数はxdp_md構造体へのポインタで、受信パケットについてのメタデータを保持しています。この構造体をどのように使って、パケットの内容を精査して評決に至るかについて詳しく見ていきましょう。

8.1.2 XDPでのパケットのパース

次に示すのがxdp_md構造体の定義です。

```
struct xdp_md {
    __u32 data;
    __u32 data_end;
    __u32 data_meta;
    /* Below access go through struct xdp_rxq_info */
    __u32 ingress_ifindex; /* rxq->dev->ifindex */
    __u32 rx_queue_index;  /* rxq->queue_index */

    __u32 egress_ifindex;  /* txq->dev->ifindex */
};
```

最初の3つのフィールドは__u32型と定義されていますが、実際にはポインタです。dataフィールドはメモリ上の、パケットデータの開始アドレスです。data_endはこのデータの終了アドレスです。「6章 eBPF検証器」で見たように、eBPF検証器のチェックを通すために、パケットの内容にアクセスする際はdataからdata_endの範囲を外れていないことを明示する必要があります。

メモリ上でのパケットの前方にもデータが存在します。data_metaとdataの間には、このパケットに関するメタデータが存在します。複数のeBPFプログラムがネットワークスタックのさまざまな場所で同じパケットを処理するような場合に、この領域を使って協調動作します。

ネットワークパケットのパースの基本を説明するため、ping()という名前のXDPプログラムを使います。このプログラムはping（ICMP）のパケットを検知するたびにトレース行を生成します。コードは以下の通りです。

```
SEC("xdp")
int ping(struct xdp_md *ctx) {
    long protocol = lookup_protocol(ctx);
    if (protocol == 1) // ICMP
    {
        bpf_printk("Hello ping");
    }
    return XDP_PASS;
}
```

このプログラムは次のステップに従えば実行できます。

1. make コマンドを chapter8 ディレクトリで実行する。これはコードをビルドするだけではなく、XDP プログラムをループバックインタフェース（lo と呼ばれる）にアタッチする。
2. ping localhost コマンドを1つの端末上で実行する。
3. 別の端末上で、cat /sys/kernel/tracing/trace_pipe を実行して、トレース用パイプで生成された出力を観察する。

その結果、以下のように毎秒2行の出力が得られるでしょう。

```
ping-26622   [000] d.s11 276880.862408: bpf_trace_printk: Hello ping
ping-26622   [000] d.s11 276880.862459: bpf_trace_printk: Hello ping
ping-26622   [000] d.s11 276881.889575: bpf_trace_printk: Hello ping
ping-26622   [000] d.s11 276881.889676: bpf_trace_printk: Hello ping
ping-26622   [000] d.s11 276882.910777: bpf_trace_printk: Hello ping
ping-26622   [000] d.s11 276882.910930: bpf_trace_printk: Hello ping
```

2行ある理由は、ループバックインタフェースが ping のリクエストとレスポンスの両方を受け取るためです。

このコードを ping パケットをドロップするものに変更するのは簡単です。以下のように、プロトコルがマッチしたときは XDP_DROP を返却すればいいのです。

```
if (protocol == 1) // ICMP
{
    bpf_printk("Hello ping");
    return XDP_DROP;
}
return XDP_PASS;
```

このプログラムを実行すると、以下のように、1秒ごとに1行だけ出力するようになるでしょう。

```
ping-26639   [002] d.s11 277050.589356: bpf_trace_printk: Hello ping
ping-26639   [002] d.s11 277051.615329: bpf_trace_printk: Hello ping
ping-26639   [002] d.s11 277052.637708: bpf_trace_printk: Hello ping
```

ループバックインタフェースは ping リクエストを受け取り、XDP プログラムはそれをドロップします。ドロップしたことによって、レスポンス用のパケットは送られなくなります。

　このXDPプログラムのほとんどはlookup_protocol()という関数で処理されています。この関数はレイヤ4のプロトコルタイプを検知します。なお、これは単なるサンプルプログラムであり、本番利用に耐えるものではないことにご注意ください。しかし、eBPFにおけるパースがどうなっているかの概要を掴むには十分でしょう。

　受信したネットワークパケットは、**図8-1**で示されるようなレイアウトのバイト列で構成されています。

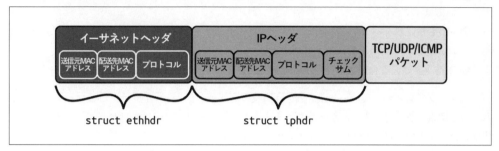

図8-1　IPネットワークパケットのレイアウトは、イーサネットヘッダから始まり、IPヘッダが続き、それからレイヤ4のデータが続く

　lookup_protocol()関数はこのネットワークパケットがメモリ上のどこにあるかの情報を持つctx構造体を受け取り、そのIPヘッダにあるプロトコルタイプの値を返します。コードは次のようになります。

```
unsigned char lookup_protocol(struct xdp_md *ctx)
{
    unsigned char protocol = 0;

    void *data = (void *)(long)ctx->data;                               ❶
    void *data_end = (void *)(long)ctx->data_end;
    struct ethhdr *eth = data;                                         ❷
    if (data + sizeof(struct ethhdr) > data_end)                       ❸
        return 0;

    // データが IP パケットかどうか確認する
    if (bpf_ntohs(eth->h_proto) == ETH_P_IP)                           ❹
    {
        // このパケットのプロトコル情報を返す
        // 1 = ICMP
        // 6 = TCP
        // 17 = UDP
        struct iphdr *iph = data + sizeof(struct ethhdr);              ❺
        if (data + sizeof(struct ethhdr) + sizeof(struct iphdr) <= data_end)  ❻
            protocol = iph->protocol;                                  ❼
    }
    return protocol;
}
```

❶ ローカル変数 data と data_end はネットワークパケットの始まりと終わりのアドレスを示す。

❷ ネットワークパケットはイーサネットヘッダから始まっている。

❸ eBPF検証器をパスするために、このパケットはイーサネットヘッダを十分含むことができる大きさだということを、明示的に確認しなければならない。

❹ イーサネットヘッダはレイヤ3プロトコルが何かを教えてくれる2バイトのフィールドを持っている。

❺ プロトコルタイプがIPパケットであれば、IPヘッダがイーサネットヘッダの直後に続いているはずである。

❻ eBPF検証器をパスするために、ネットワークパケットにIPヘッダを含むだけの十分な領域があることを明示的にチェックする。

❼ IPヘッダは、この関数が呼び出し元に返すべきプロトコルを示すデータを含んでいる。

　このプログラムが使っている bpf_ntohs() 関数の戻り値となる2バイトは、このマシンで期待されている順番に並んでいることが保証されます。ネットワークプロトコルはビッグエンディアンですが、ほとんどのプロセッサはリトルエンディアンなので、マルチバイトの値はマシン内で処理しているときとネットワーク上を流れているときで、異なる順序で保持されています。2バイト以上の長さのネットワークパケットのフィールドから値を取り出す際は、常にこの関数を使うべきです。

　このシンプルな例は、わずかに数行のeBPFのコードがネットワークの機能を劇的に変更できることを示しています。どのパケットを通過させ、どのパケットをドロップするかについて複雑なルールを書けば本節の冒頭で説明したファイアウォール、DDoS防衛、死のパケット脆弱性の緩和などの機能を実装できることがわかったのではないでしょうか。eBPFプログラム内部でネットワークパケットを変更すれば、さらに多くの機能が実現可能であるということを見ていきます。

8.2　ロードバランサーとパケットの転送

　XDPプログラムができることはパケットの中身を覗くことだけではありません。パケットの中身の編集もできます。あるIPアドレスに送られたパケットを受け取り、リクエストを処理できる複数のバックエンドのどれかにパケットを送るシンプルなロードバランサーを構築する場合を考えてみましょう。

　今回の例はGitHubのリポジトリ上にあります[※2]。ここでは、あるホストで4つのコンテナを立ち上げます。それぞれの用途はクライアント、ロードバランサー、そして2つのバックエンドです。図8-2の通り、ロードバランサーはクライアントからトラフィックを受け取り、2つのバックエンドのうちの1つに転送します。

[※2]　この例は筆者がeBPF Summit 2021で行った講演「A Load Balancer from scratch（一から作るロードバランサー）」（https://oreil.ly/mQxtT）をベースにしている。ここでは15分ほどでeBPFロードバランサーを作った。

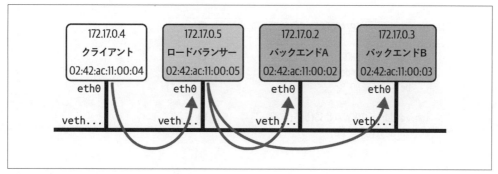

図8-2 今回の実例のロードバランサーの構成

　ロードバランシングの関数はXDPプログラムとして実装しており、ロードバランサーコンテナのeth0ネットワークインタフェースにアタッチしています。このプログラムの戻り値はXDP_TXで、このパケットは入ってきたときと同じインタフェースから再送されるべきだということを示します。ただしプログラムは再送前にパケットヘッダにあるアドレスの情報を置き換えなければなりません。

　この例のコードは学習のためには有益ですが、本番環境で使える品質とはとても言えません。例えば、プログラムでは**図8-2**で示されているようなIPアドレスが設定されていると仮定して、アドレスをハードコーディングしています。また、クライアントからのリクエストやクライアントでのレスポンスではTCPのトラフィックだけを送受信すると仮定しています。また、Dockerが仮想MACアドレスを決める際に、コンテナのIPアドレスの第4オクテットを、各コンテナの仮想イーサネット（veth）インタフェースのMACアドレスの最後の4バイトに使うことも前提にしています。この仮想イーサネットインタフェースはコンテナの中から見るとeth0という名前になっています。

　次に示すのが、実例となるロードバランサーのコードから抜き出したXDPプログラムです。

```
SEC("xdp_lb")
int xdp_load_balancer(struct xdp_md *ctx)
{
    void *data = (void *)(long)ctx->data;              ❶
    void *data_end = (void *)(long)ctx->data_end;

    struct ethhdr *eth = data;
    if (data + sizeof(struct ethhdr) > data_end)
        return XDP_ABORTED;

    if (bpf_ntohs(eth->h_proto) != ETH_P_IP)
        return XDP_PASS;

    struct iphdr *iph = data + sizeof(struct ethhdr);
    if (data + sizeof(struct ethhdr) + sizeof(struct iphdr) > data_end)
        return XDP_ABORTED;

    if (iph->protocol != IPPROTO_TCP)                  ❷
        return XDP_PASS;
```

```
    if (iph->saddr == IP_ADDRESS(CLIENT))          ❸
    {
        char be = BACKEND_A;                       ❹
        if (bpf_get_prandom_u32() % 2)
            be = BACKEND_B;

        iph->daddr = IP_ADDRESS(be);               ❺
        eth->h_dest[5] = be;
    }
    else
    {
        iph->daddr = IP_ADDRESS(CLIENT);           ❻
        eth->h_dest[5] = CLIENT;
    }
    iph->saddr = IP_ADDRESS(LB);                   ❼
    eth->h_source[5] = LB;

    iph->check = iph_csum(iph);                    ❽

    return XDP_TX;
}
```

❶ この関数の最初の部分は実質的には前回の例のものと同じである。パケットの中からイーサネットヘッダの場所を、続いてIPヘッダの場所を特定する

❷ この段階で、この関数はTCPパケットだけを処理して、その他のパケットは何もせずに上のスタックに渡す。

❸ ここで送信元IPアドレスをチェックする。パケットがクライアントから来たわけではない場合、クライアントへ送信されるレスポンスだと仮定する。

❹ このコードはバックエンドAとBの間で擬似的に負荷を分散する。

❺ 送信先IPとMACアドレスを、❹で選択したバックエンドに合わせて更新する。

❻ バックエンドからのレスポンスであれば（ここでは、パケットがクライアントから来ていなければバックエンドからのものと仮定している）、送信先IPとMACアドレスをクライアントのものに一致するよう更新する。

❼ パケットが通過するたびに、パケットがロードバランサーコンテナから来ていると見せかけるために送信元アドレスを更新する必要がある。

❽ IPヘッダはIPパケットの内容をもとに計算したチェックサムを含んでいる。ここでは送信元と送信先のIPアドレスを両方とも更新しているため、チェックサムも再計算して置き換えている[3]。

※3 訳注：iph_csum()の具体的実装はサンプルリポジトリを参照してほしい。

本書はeBPFの本であって、ネットワークの本ではありません。このため、筆者はIPとMACアドレスを更新する理由や、しない場合に何が起こるか等についての詳細な説明はしません。興味があれば筆者のeBPF SummitでのYouTube動画（https://oreil.ly/mQxtT）を見てください。今回のコード例も元々このイベントのために書いたものです。

　前回の例と全く同じように、Makefileにはコードをビルドするだけではなく、bpftoolを使ってXDPプログラムをロードしてインタフェースにアタッチする手順を含んでいます。

```
xdp: $(BPF_OBJ)
    bpftool net detach xdpgeneric dev eth0
    rm -f /sys/fs/bpf/$(TARGET)
    bpftool prog load $(BPF_OBJ) /sys/fs/bpf/$(TARGET)
    bpftool net attach xdpgeneric pinned /sys/fs/bpf/$(TARGET) dev eth0
```

　このmakeの手順はロードバランサーコンテナの**内側**で実行する必要があります。理由は、eth0はそのコンテナの仮想イーサネットインタフェースに対応しているからです。これによって興味深いことがわかります。eBPFプログラムはカーネルにロードされ、カーネルはマシンで1つしかありません。それにも関わらずアタッチするインタフェース（ここではeth0）は特定のネットワーク名前空間に所属し、そのネットワーク名前空間の中からのみ確認できるのです[4][5]。

8.3　XDPオフローディング

　XDPのアイデアの起源は、eBPFのプログラムがネットワークカードで実行できて、それぞれのパケットに関する判断をカーネルのネットワークスタックに到達する前に行えたらどれだけ便利だろう、という予言のような会話です[6]。ネットワークカードの一部は、完全なXDPオフローディングの機能をサポートしています。このとき受信パケットに対するeBPFプログラムは、**図8-3**に示すように、ネットワークカードの中のプロセッサ上で動作させることができます。

---

[4]　この点についての詳細が知りたければ、eBPF Summit 2022のCTFチャレンジ3（https://oreil.ly/YIh_t）に挑戦しよう。本書ではネタばらしはしないが、Duffie Cooleyと筆者による解説（https://oreil.ly/_51rC）もある。

[5]　訳注：ネットワーク名前空間など、Linuxコンテナに関する基本的な知識を日本語で得たい場合、森田浩平氏によるContainer Security Book（https://container-security.dev/）というWeb書籍をはじめ、いくつかの情報源がある。

[6]　Daniel Borkmannのプレゼンテーション「Little Helper Minions for Scaling Microservices（マイクロサービスをスケールさせるための）小さなお助け子分」（https://oreil.ly/_8ZuF）を見てみよう。eBPFの歴史を話しており、その中に彼のこの逸話が含まれる。

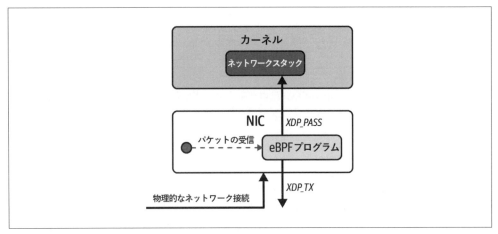

図8-3 XDPオフローディングをサポートしたネットワークインタフェースカードは、ホストCPUを使わずにパケット
を処理し、ドロップし、再送信できる

　カード上でドロップされたり、同じ物理インタフェースからリダイレクトされてきたパケットは、
本章のパケットドロップやロードバランシングの例と同様に、ホストのカーネルからは認識されま
せん。すべての処理はネットワークカード上で完結するため、ホストマシンのCPUサイクルは1
クロックたりとも使いません。

　物理ネットワークインタフェースカードが完全なXDPオフロードをサポートしない場合であっ
ても、多くのNICドライバはXDPフックをサポートしています。このフックは、eBPFプログラ
ムがパケットを処理する際に必要なメモリコピーを最小限にしてくれます[7]。

　これによって、汎用品のハードウェアにおいても顕著なパフォーマンス上のメリットを享受でき、
ロードバランシングのような機能も非常に効率的に実行できるようになります[8]。

　ここまでで、受信のネットワークパケットがマシンに到着したときに、それを可能な限り早く処
理するためにXDPをどう使うかを見てきました。eBPFはネットワークスタックにおける別の場
所でもトラフィックを処理できますし、送受信のどちらのパケットも扱えます。次はTCサブシス
テムにアタッチしたeBPFプログラムについて見ていきましょう。

8.4　トラフィックコントロール

　トラフィックコントロール（Traffic Control、TC）は前章でも取り扱いました。ネットワーク
パケットがここに到達するまでの間に、パケットはsk_buff（https://oreil.ly/TKDCF）という形
でカーネルのメモリ上に置かれます。これはカーネルのネットワークスタックを通して使われる
データ構造です。TCサブシステムにアタッチされたeBPFプログラムは、コンテクスト引数とし
てsk_buff構造体へのポインタを受け取ります。

※7　CiliumではBPFとXDPのリファレンスガイド（https://oreil.ly/eB7vL）の中でXDPをサポートするドライバのリスト
　　（https://oreil.ly/wCMjB）をメンテナンスしている。
※8　Ceznamはブログ記事（https://oreil.ly/0cbCx）で、eBPFロードバランサーを実験したときにパフォーマンスが大きな改
　　善したデータを共有している。

XDPプログラムがこれと同じ構造体をそのコンテクストに使えないことが不思議に思えるかもしれません。使えない理由は、XDPフックはネットワークデータがネットワークスタックに到着する前、すなわち`sk_buff`構造体ができる前に起動するからです。

　TCサブシステムはネットワークトラフィックをどのようにスケジュールするかを制御します。例えば、アプリケーションが使うことのできるバンド幅を制限して、それぞれがフェアに帯域を使えるようにしたい場合を考えます。ここで、個々のパケットのスケジューリングだけに注目すると、**帯域**という単語は全く意味をなしません。なぜなら帯域は単位時間あたりに受信または送信されたデータ量の平均値を表現する値だからです。アプリケーションが大量のトラフィックを受けていたり、ネットワークレイテンシを所定の値以下に抑えたい場合に、TCはパケットを取り扱う際の優先度を制御できます[9]。

　eBPFプログラムは、TCで使われているアルゴリズムの上でカスタマイズした制御を行うために使えます。パケットを操作したり、ドロップやリダイレクトをする機能があるので、TCにアタッチしたeBPFプログラムは複雑なネットワーク上の振る舞いを制御できます。

　ネットワークスタックの上で、1つのネットワークデータを見てみると、それは次の2つのうちどちらかの方向で流れていきます。**イングレス**（ingress、ネットワークインタフェースから受信する方向）もしくは**エグレス**（egress、ネットワークインタフェースに対し送信する方向）です。TCのeBPFプログラムはどちらの方向にもアタッチでき、そのアタッチした方向のトラフィックにだけ影響を与えます。XDPと違い、複数のeBPFプログラムをアタッチし、順番に処理させることも可能です。

　既存のトラフィックコントロールの処理はいくつかの**分類器**（クラシファイア、classifier）に分けられます。分類器はパケットを指定されたルールに従って分類します。パケットに対して何をするか、すなわち**アクション**は、分類器による出力を基準にして決定されます。複数種類の分類器が同時に存在することができ、どれも **qdisc**（queuing disciplineの略、キューイングの規律）の一部として定義することができます。

　eBPFプログラムは分類器としてアタッチしますが、同じプログラムの中で、どんなアクションを取るべきかも決定できます。アクションはプログラムの戻り値によって示すことができます（その値は`linux/pkt_cls.h`で定義されています）。

- `TC_ACT_SHOT`はカーネルにそのパケットをドロップするよう指示する。
- `TC_ACT_UNSPEC`は、eBPFプログラムがそのパケットに対し何もしなかったかのように振る舞う（もし次の分類器が待ち行列にいたら、それに渡す）。
- `TC_ACT_OK`はネットワークスタック上の次のレイヤにパケットを渡すように指示する。
- `TC_ACT_REDIRECT`は別のネットワークデバイスのイングレスまたはエグレスの経路にパケットを送り込む。

　TCにアタッチできる、簡単なサンプルプログラムをいくつか見てみましょう。最初のものは単に1行のトレースを出力し、そしてカーネルにパケットをドロップするよう指示します。

---

[9]　TCとその概念について詳しく知りたければ、Quentin Monnetの記事「Understanding tc "direct action" mode for BPF（TCのBPF向け「ダイレクトアクション」モードを理解する）」（https://oreil.ly/7gU2A）をお薦めする。

```
int tc_drop(struct __sk_buff *skb) {
    bpf_trace_printk("[tc] dropping packet\n");
    return TC_ACT_SHOT;
}
```

では、どうすればパケットのうちの一部分をドロップできるかを考えましょう。この例では
ICMP（ping）のリクエストパケットをドロップします。本章ですでに登場したXDPの例と非常
に似ています。

```
int tc(struct __sk_buff *skb) {
    void *data = (void *)(long)skb->data;
    void *data_end = (void *)(long)skb->data_end;

    if (is_icmp_ping_request(data, data_end)) {
        struct iphdr *iph = data + sizeof(struct ethhdr);
        struct icmphdr *icmp = data + sizeof(struct ethhdr) + sizeof(struct iphdr);
        bpf_trace_printk("[tc] ICMP request for %x type %x\n", iph->daddr,
                        icmp->type);
        return TC_ACT_SHOT;
    }
    return TC_ACT_OK;
}
```

sk_buff構造体はパケットデータの開始点と終了点へのポインタを保持しており、xdp_md構造体
とよく似ています。そしてパケットをパースする処理も同じように進んでいきます。繰り返しにな
りますが、検証を通すために、どんなデータに対するアクセスもdataとdata_endの間にあること
を明示的に確認しなければなりません。

XDPでこれまで実装したような関数と同じようなものを、わざわざTCのレイヤで実装しなけれ
ばならないのはどのようなときかを考えてみましょう。まず、TCプログラムは送信のトラフィッ
クにも使うことができますが、XDPは受信のトラフィックしか処理できません。他にも、XDPは
パケットが到着するとすぐトリガーされるので、その時点ではパケットに紐づいたカーネルのデー
タ構造sk_buffが存在していない点も挙げられます。eBPFプログラムでsk_buffを参照して何か
をしたかったり、sk_buffを操作したい場合には、TCにアタッチする必要があります。

> XDPとTCのeBPFプログラムの違いについて興味があれば、CiliumプロジェクトのBPFとXDPの
> リファレンスガイド（https://oreil.ly/MWAJL）の中の「Program Types」節を読むといいでしょう。

それでは、単に特定のパケットをドロップするだけではない例について考えてみましょう。この
例では、受信しようとしているpingリクエストを特定し、pingレスポンスで応答します。

```
int tc_pingpong(struct __sk_buff *skb) {
    void *data = (void *)(long)skb->data;
    void *data_end = (void *)(long)skb->data_end;

    if (!is_icmp_ping_request(data, data_end)) {       ❶
        return TC_ACT_OK;
    }

    struct iphdr *iph = data + sizeof(struct ethhdr);
    struct icmphdr *icmp = data + sizeof(struct ethhdr) + sizeof(struct iphdr);

    swap_mac_addresses(skb);                           ❷
    swap_ip_addresses(skb);

    // Change the type of the ICMP packet to 0 (ICMP Echo Reply)
    // (was 8 for ICMP Echo request)
    update_icmp_type(skb, 8, 0);                       ❸

    // Redirecting a clone of the modified skb back to the interface
    // it arrived on
    bpf_clone_redirect(skb, skb->ifindex, 0);          ❹

    return TC_ACT_SHOT;                                ❺
}
```

❶ is_icmp_ping_request()関数はパケットをパースし、それがICMPメッセージであること
をチェックした上で、echo（ping）リクエストであることも確認する。

❷ この関数は送信元にレスポンスを送り返すので、送信元と宛先のアドレスを入れ替える必
要がある。（この処理について詳細を知りたい場合は本書のサンプルコードを読んでほし
い。その中にはIPヘッダのチェックサムの更新もしている。）

❸ ICPMヘッダのタイプフィールドを変更し、echoレスポンスに変換する。

❹ このヘルパ関数は、対象パケットのクローンを指定されたインタフェースを通して送り返
す。今回パケットを受信したインタフェース（skb->ifindex）である。

❺ ヘルパ関数がパケットをクローンしてレスポンスを送り返したので、元々のパケットはド
ロップする必要がある。

　通常、pingリクエストはカーネルのネットワークスタックのさらに奥の方で処理します。しか
し、このサンプルプログラムでは、ネットワーク機能をeBPFでの実装に置き換え可能であること
を示すために、プログラム内でpingパケットを操作しました。

　今日、たくさんのネットワークの機能がユーザ空間のサービスによって処理されていますが、こ
れらをeBPFプログラムで置き換えられるのであれば、パフォーマンス上のメリットは大きいで
しょう。カーネル内部で処理されたパケットはスタックの残りの部分を通らなくても良くなります。
パケットを処理するためにパケットをユーザ空間に転送する必要がなくなり、レスポンスを返すた
めにカーネルに送り返す必要もなくなります。ユーザ空間のプログラムとカーネルは並行して動作

させられるという利点もあります。複雑な処理が必要なため対応しきれないパケットが出てきたときは、eBPFプログラムの中で`TC_ACT_OK`を返すことで、ユーザ空間のサービスにパケットを送り届けて、そちらで処理を行うことができます。

　筆者は、これはeBPFでネットワーク機能を実装する上で重要なことだと考えています。すでに述べた通り、最近のカーネルではeBPFプログラムが100万もの命令を実行させられるようになりました。このようなeBPFプラットフォームの発展により、複雑なネットワーク制御プログラムをカーネル内部で実装できるようになりました。その一方で、eBPFプログラムが実装していない部分については、カーネル内部の伝統的なネットワークスタックやユーザ空間で引き続き取り扱うことができます。今後、多くの機能がどんどんユーザ空間からカーネルに移動されていくでしょう。それらの機能はeBPFの柔軟性と動的な側面を持ち合わせているため、ユーザはカーネル本体の一部として、それら機能が提供されるのを待つ必要がありません。eBPFを使った実装は動作中のカーネルにロードすることができます。これについては「**1章　eBPFとは何か？　なぜ、重要なのか？**」で述べた通りです。

　ネットワーク機能の実装については「**8.6　eBPFとKubernetesネットワーク**」において詳しく述べます。まずは、暗号化されたトラフィックの内容を復号して検査するeBPFプログラムについて考えます。

8.5　パケットの暗号化と復号

　あるアプリケーションが、送受信するデータを安全にするために暗号化を使っているとします。データが暗号化される前と、復号された後のデータは平文です。eBPFはプログラムをマシンの至る所にアタッチできます。したがって、データが渡されたけれど暗号化されていない時点か、復号された直後の時点にeBPFプログラムをフックさせることができれば、そのデータを平文の形で見られるでしょう。伝統的なSSL向け可観測性ツールのように、トラフィックの復号のための証明書を用意する必要はありません。

　多くの場合アプリケーションは、OpenSSLやBoringSSLのようなユーザ空間に存在するライブラリを使ってデータを暗号化します。この場合トラフィックはソケットに到達するまでに、すでに暗号化されています。ソケットはネットワークトラフィックにとってのユーザ空間とカーネルの境界です。このデータを暗号化されていない形でトレースしたい場合、eBPFプログラムをユーザ空間のコードの正しい場所にアタッチして使う必要があります。

8.5.1　ユーザ空間のSSLライブラリ

　暗号化されたパケットから復号後の内容をトレースする場合、OpenSSLやBoringSSLのようなユーザ空間のライブラリの呼び出しにフックを仕掛ける方法をよく使います。OpenSSLを使うアプリケーションは、データを暗号化して送るために、`SSL_write()`と呼ばれる関数の呼び出しを行い、また暗号化された形でネットワークから受信したデータから平文のデータを取得するために`SSL_read()`を使います。uprobeを用いてこれらの関数にeBPFプログラムをフックさせることで、アプリケーションは、この共有ライブラリを使っているどんなアプリケーションについても、暗号

化される前あるいは復号が終わった時点の平文の状態でデータを観測できます。ここで解読のための鍵は不要です。なぜならそれらは対象アプリケーションがすでに提供しているからです。

　Pixieプロジェクトのopenssl-tracer（https://oreil.ly/puDp9）という、そのものずばりな例が存在し[10]、eBPFプログラムはopenssl_tracer_bpf_funcs.cというファイルにあります。次に示すのはユーザ空間にデータを送る部分のコードで、Perfリングバッファを使っています。これは、ここまで本書で紹介した例に近いものです。

```
static int process_SSL_data(struct pt_regs* ctx, uint64_t id, enum
ssl_data_event_type type, const char* buf) {
  ...
    bpf_probe_read(event->data, event->data_len, buf);
    tls_events.perf_submit(ctx, event, sizeof(struct ssl_data_event_t));

    return 0;
}
```

　bufからのデータはヘルパ関数bpf_probe_read()がevent構造体に読み出して、このevent構造体をPerfリングバッファに送っていることがわかります。

　このデータがユーザ空間に送られているのであれば、これは暗号化されていない形のデータだと考えられます。ではこのデータのバッファはどこで取得されたのでしょうか。それはprocess_SSL_data()関数が呼ばれている場所を確認することで明らかになります。これは2箇所から呼ばれています。1つは読み出されようとしているデータで、もう1つは書き込まれつつあるデータです。図8-4では、暗号化された状態でこのマシンに到着したデータを読み出そうとしている場合に、何が起きているかを図解しています。

　データを読み出しているとき、そのバッファへのポインタはSSL_read()に渡され、そして関数が戻ってくるときに、そのバッファは復号されたデータを保持しています。関数の引数であるバッファへのポインタはエントリポイントにアタッチされたuprobeでしか扱うことができません。その時点で保持されているレジスタは関数の実行中に上書きされることがあるからです。ただしバッファにあるデータは関数が終了するまで利用できません。このため、uretprobeを用いて関数の終了時に読み出します。

※10　https://blog.px.dev/ebpf-openssl-tracingには、この例を掲載したブログ投稿もある。

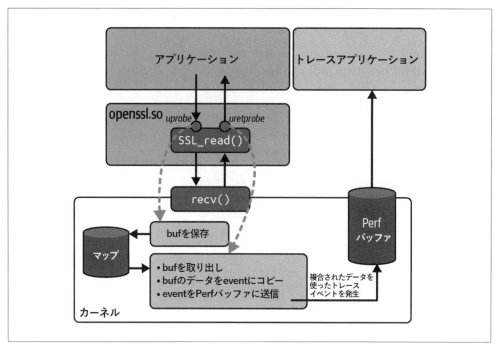

図8-4　**eBPF**プログラムは`SSL_read()`の開始と終了の**uprobe**にフックされ、復号されたデータはバッファポインタから読み出し可能になる

　この例は**図8-4**で示したようなkprobeとuprobeのよく見る形式のコードになっています。エントリポイントのprobeは一時的に入力値をMapを使って保存し、終了時のprobeでそのMapから値を取り出すことができます。これを行っているコードを見てみましょう。まずは`SSL_read()`の開始にアタッチしているeBPFプログラムからです。

```
// Function signature being probed:
// int SSL_read(SSL *s, void *buf, int num)
int probe_entry_SSL_read(struct pt_regs* ctx) {
    uint64_t current_pid_tgid = bpf_get_current_pid_tgid();
    ...

    const char* buf = (const char*)PT_REGS_PARM2(ctx);        ❶

    active_ssl_read_args_map.update(&current_pid_tgid, &buf); ❷
    return 0;
}
```

❶ 関数のコメントで説明されている通り、バッファポインタはこのprobeがアタッチされる `SSL_read()`関数に渡される2番目の引数である。`PT_REGS_PARM2`マクロは、コンテクストからこの引数を取得する。

❷ バッファポインタはハッシュテーブルMapに保存する。キーは現在のプロセスとスレッドのIDで、IDはこの関数の開始時に`bpf_get_current_pid_tgif()`ヘルパを用いて取得する。

次は、終了時のprobeのためのプログラムです。

```
int probe_ret_SSL_read(struct pt_regs* ctx) {
    uint64_t current_pid_tgid = bpf_get_current_pid_tgid();

    ...
    const char** buf = active_ssl_read_args_map.lookup(&current_pid_tgid);    ❶
    if (buf != NULL) {
        process_SSL_data(ctx, current_pid_tgid, kSSLRead, *buf);              ❷
    }

    active_ssl_read_args_map.delete(&current_pid_tgid);                       ❸
    return 0;
}
```

❶ 現在のプロセスとスレッドのIDを取得しておいて、それをハッシュテーブルMapから
　バッファポインタを取り出すためのキーとして使う。

❷ NULLポインタでない場合は、process_SSL_data()を呼び出す。これは先ほど見た、バッ
　ファからのデータをPerfリングバッファを用いてユーザ空間に送り出す関数である。

❸ ハッシュテーブルMapのエントリをクリーンアップする。どんなエントリの呼び出しも終
　了の呼び出しと一組になっている。

　この例によって、ユーザ空間のアプリケーションが送受信している平文のデータをトレースす
るにはどうすればいいかがわかります。しかし、すべてのアプリケーションがトレース対象のSSL
ライブラリを利用するという保証はありません。BCCプロジェクトにはsslsniff（https://oreil.
ly/tFT9p）という名前のツールがあります。このツールはGnuTLSとNSSもサポートします。し
かし、さらに別の暗号化ライブラリを使っていたり、自分自身で暗号化ライブラリを開発していた
りすると、uprobeがフックすべきところがないため、これらのツールは動作しません。

　他にもuprobeベースのアプローチが使えない場合があります。その理由は、カーネルは1つの
マシンに1つだけしか存在しないのに対して、ユーザ空間のライブラリは複数のコピーが存在する
ことです。コンテナを利用している場合、それぞれのコンテナは同じライブラリを使っていても、
それぞれのコンテナ専用のコピーを使っています。したがって、あるコンテナの中の該当ライブラ
リにuprobeをフックさせたければ、コンテナの中にあるライブラリに対してフックさせる必要が
あります。さらに言うと、アプリケーションは動的リンクをしていないかもしれません。この場合
は動的ライブラリにフックをしても無意味です。

8.6　eBPFとKubernetesネットワーク

　本書はKubernetesに関する本ではありませんが、eBPFはKubernetesネットワークで広く使わ
れており、プラットフォームのネットワークスタックをカスタマイズするための事例として紹介し
ます。

　Kubernetes環境では、アプリケーションは**Pod**という形でデプロイされます。それぞれのPod
はカーネルの名前空間とcgroupを共有しているコンテナのグループです。Pod同士と、それらが
実行されるホストマシンは隔離されています。

　通常、1つのPodには1つの独自のネットワーク名前空間とIPアドレスが付与されています※11。
つまり、カーネルはPodの名前空間ごとに一通りのネットワークスタック構造体を保持し、ホス
トのものや他のPodのものとは分離しています。**図8-5**で示す通り、Podはホストと仮想イーサ
ネットで繋がっており、それぞれのPodには固有のIPアドレスが割り当てられています。

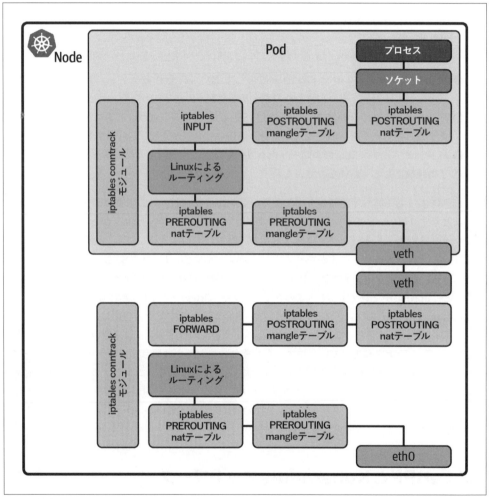

図8-5　**Kubernetes**のネットワークパス

※11　Podをホストのネットワーク名前空間で実行して、ホストとIPアドレスを共有することも可能。しかし、特別な事情がな
　　　ければそのようなことはしない。

　図8-5から、マシンの外側からやってきてアプリケーションに届くパケットは、ホストのネットワークスタックを通り、仮想イーサネット接続を横断してから、Podのネットワーク名前空間に到着し、それからアプリケーションに到着するまでにまた名前空間内のネットワークスタックを繰り返し通る必要があることがわかります。

　これらの2つのネットワークスタックは同じカーネルで動いているので、パケットは文字通り同じ処理の中を2回通過することになります。ネットワークパケットが通過しなければいけないカーネルコードが多いほど、レイテンシは大きくなります。もしネットワークパスを短くすることができるのなら、パフォーマンスの改善に繋がることが考えられます。

　Ciliumのような eBPF ベースのネットワークソリューションは、ネットワークスタックにフックし、図8-6で示すようにカーネルの元々のネットワークの振る舞いを変更します。

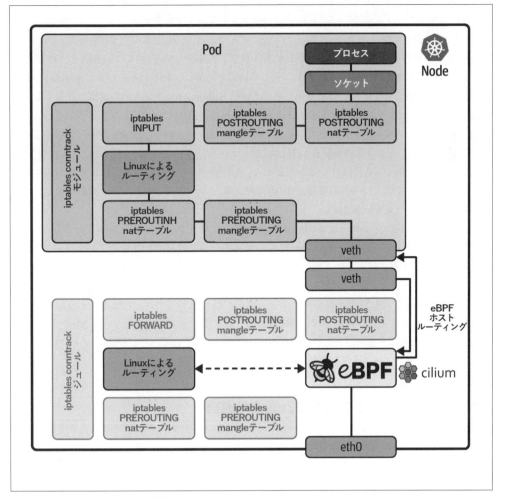

図8-6　iptablesとconntrackの処理をeBPFでバイパスする

eBPFによってiptablesとconntrackを置き換えることで、ネットワークルールの管理とコネクション追跡を効率的にできるようになります。では、この変更がKubernetesにおける非常に大きな性能改善につながることを見ていきましょう。

8.6.1　iptablesの回避

Kubernetesにはロードバランサーの振る舞いを実装したkube-proxyと呼ばれるコンポーネントがあり、複数のPodに1つのサービスへのリクエストを振り分けられるようにしています。これはiptablesのルールを用いて実装されています。

Kubernetesは、Container Network Interface（CNI）を通して、どのネットワーク実装を利用するかをユーザが選べるようにしています。多くのCNIプラグインはKubernetesにおけるL3/L4のネットワークポリシーを実装するためにiptablesを利用しています。この場合、iptablesのルールを用いてネットワークポリシーに合わないパケットをドロップします。

iptablesは伝統的な（コンテナ以前の）ネットワーク実装において効果が高いですが、Kubernetesで使うには物足りないところがあります。Kubernetesにおいて、PodとそのIPアドレスは動的に追加あるいは削除されます。そしてPodが追加、削除されるたびに、iptablesのルールをすべて置き換えなくてはいけません。このため、Kubernetesクラスタの規模が大きくなると性能に悪影響が出ます。Haibin XieとQuinton Hooleは、KubeCon 2017の講演（https://oreil.ly/BO0-8）で、1つのルールを作成すると2万個のサービスのためのiptablesが更新され、この更新に5時間かかってしまう事例を紹介しました。

性能問題はiptablesの更新だけではありません。iptablesのルールの検索にはルールの数に比例した時間がかかります。つまり計算量が$O(n)$で増えるということです。ルールの数が増えると所要時間はどんどん増えていきます。

CiliumはeBPFハッシュテーブルMapをネットワークポリシールール、コネクションの追跡、ロードバランサーのバックエンドのテーブルの保存のために使っています。これによってkube-proxyのiptablesを置き換えられます。ハッシュテーブルでのエントリの探索と新しい要素の挿入はどちらも概ね$O(1)$の計算量の操作なので、iptablesより高いスケーラビリティを実現できます。

これにより達成された性能改善のベンチマークを、Ciliumのブログ（https://oreil.ly/9NV99）で読むことができます。この記事で、eBPFを使うことができるCalicoというCNIドライバも、eBPFを使った場合に性能が改善したことがわかります。eBPFによって、Kubernetesのスケーラブルで動的なネットワーク構成を非常に高い性能で実現できます。

8.6.2　ネットワークプログラム同士の連携

Ciliumのような複雑なネットワークドライバは単独のeBPFプログラムでは書くことができません。図8-7のように、Ciliumは複数のeBPFプログラムを提供しています。それらはさまざまなカーネルやそのネットワークスタックにフックされています。

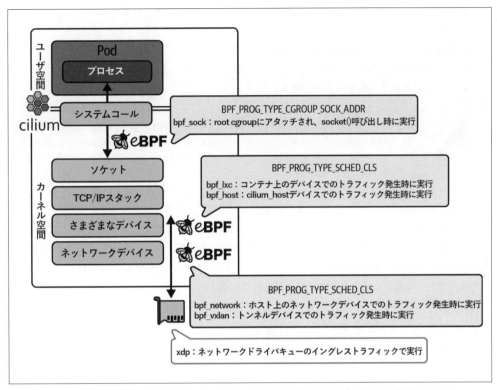

図8-7　Ciliumはカーネルの別々のポイントにフックした、協調する複数のeBPFプログラムで構成されている

　Ciliumはパケットの処理を高速に終わらせるために、できる限り早くトラフィックを処理します。アプリケーションPodから流れてくるメッセージはアプリケーションに近いソケットの層で処理します。外部ネットワークからの受信パケットはXDPで処理します。ではそれ以外のものはどうでしょうか。

　Ciliumは環境に合わせた複数のネットワークモードをサポートします。すべてを説明するのは本書の範囲を超えています。ここではさまざまなeBPFプログラムの概要説明に留めます。詳細はCilium.io（https://cilium.io）を参照してください。

　まずはフラットネットワークモードです。このモードでは、CiliumはクラスタにあるすべてのPodに対し、同じCIDRの範囲からIPアドレスを割り当て、Pod間のトラフィックを処理できるようにルーティングします。トンネリングモードの場合、別のノード上のPodに対して送るべきトラフィックを、宛先ノードのIPアドレス向けのメッセージでカプセル化します。宛先のノードに到着したらカプセル化を解除して対象のPodに配送します。パケットの宛先がローカルコンテナ、ローカルホスト、同じネットワーク上の別のホストか、トンネルであるかによって、異なるeBPFプログラムを起動します。

　図8-7では、デバイス間でトラフィックを処理するために複数のTCプログラムを使っていることを示しています。これらのデバイスはパケットの宛先となる次のようなインタフェースを表します。

- Podのネットワークへのインタフェース（Podとホストの間の仮想イーサネット接続の一端）
- ネットワークトンネルへのインタフェース
- ホストの物理的なネットワークデバイスへのインタフェース
- ホスト自身のネットワークインタフェース

 Ciliumの中をパケットがどう動くかについて詳しく学びたければ、Arthur Chiaoのブログ記事「Life of a Packet in Cilium: Discovering the Pod-to-Service Traffic Path and BPF Processing Logics（Cilium でのパケットの一生：PodからServiceへのトラフィックパスとBPFの処理ロジック）」（https:// oreil.ly/toxsM）を参照してください。

　カーネルのさまざまな場所にアタッチしたこれらのeBPFプログラムは、eBPF Mapと、スタックを通過する間にネットワークパケットに付与できるメタデータを用いて相互にコミュニケーションを取っています。メタデータについては、XDPの例でネットワークパケットにアクセスする話をしたときに触れました。これらのプログラムはパケットの宛先への配送だけではなく、ネットワークポリシーに基づくパケットのドロップもしています。

8.6.3　ネットワークポリシーの強制

　本章の冒頭でeBPFプログラムがパケットをドロップする方法を確認しました。パケットをドロップするとパケットは宛先に届かなくなります。これはネットワークポリシーの強制の基本です。伝統的なファイアウォールも、クラウドネイティブなファイアウォールも、やることは本質的には同じです。ネットワークポリシーはパケットをドロップすべきかどうかをパケットの送信元もしくは宛先、あるいはその両方の情報をベースに決定します。

　伝統的な環境では、IPアドレスを特定のサーバに長期間割り当てます。しかし、Kubernetesでは IPアドレスを動的に生成、削除します。ある日あるアプリケーションPodに割り当てたアドレスは、次の日には全く別のアプリケーションが使っていることがあります。このため、伝統的なファイアウォールはクラウドネイティブな環境では使えません。ファイアウォールのルールをIPアドレスが変更されるたびに手動で再定義することは現実的ではありません。

　その代わり、KubernetesはNetworkPolicyリソースというものを使います。NetworkPolicyリソースでは、ファイアウォールのルールを、IPアドレスではなく、Podに付与されたラベルに基づいて記述します。このリソースはKubernetes自身が定義していますが、ポリシーを強制するための処理はKubernetes本体ではなくCNIプラグインにあります。NetworkPolicyリソースをサポートしないCNIドライバはNetworkPolicyリソースを無視します。

　CNIドライバはNetworkPolicyリソースよりも高度なネットワークポリシーを設定するカスタムリソースを定義することもできます。例えば、CiliumはDNSベースでのネットワークポリシールールのような機能もサポートしています。この機能はIPアドレスベースではなく、例えば「example.com」のようなDNS名をベースにトラフィックを許可もしくは禁止することができます。また、レイヤ7プロトコル向けのポリシーも定義することができます。例えば、あるURLに対してHTTPのGET呼び出しを許可するがPOST呼び出しを禁止したりすることができます。

Isovalent の無料のハンズオンラボ「Getting Started with Cilium（Cilium を始めよう）」（https://oreil.
ly/afdeh）ではレイヤ 3/4 とレイヤ 7 のネットワークポリシーの定義の仕方を一通り学べます。他に
も、networkpolicy.io（http://networkpolicy.io）にあるネットワークポリシーエディタを使うと、
ネットワークポリシーの効果を視覚的に表現できます。

　ここまでに書いた通り、iptables のルールでトラフィックをドロップできますし、実装に多くの
CNI プラグインが Kubernetes の NetworkPolicy リソースのルールの実装に iptables を使ってきま
した。それに対して Cilium は eBPF を使ってルールに合致しないトラフィックをドロップします。
本章の前半でパケットをドロップする例を説明したので、みなさんはパケットをドロップする仕組
みをなんとなく理解しているはずです。

　Cilium は Kubernetes 上の識別子を使って、与えられたネットワークポリシールールを適用する
か否かを決めます。Kubernetes において Pod がどのサービスに属するかを Pod リソースに付与し
たラベルを使って定義するように、Cilium における Pod のセキュリティ識別子も Pod に付与した
ラベルによって定義します。Cilium が使う eBPF のハッシュテーブルのキーはこれらの識別子なの
で、非常に効率的にルールを検索できるようになっています。

8.6.4　コネクションの暗号化

　多くの組織は、アプリケーション間のトラフィックを暗号化することによってシステムやユーザ
のデータを保護しなければいけません。このために、個々のアプリケーションが mTLS（mutual
Traffic Layer Security）を使って HTTP や eRPC の接続をする必要があります。このような接続を
するには、まず通信するアプリケーション同士でそれぞれの身元を確認し、それが終わればお互い
の間を流れるデータを暗号化します。一般的に身元確認のために証明書の交換をします。

　Kubernetes では、アプリケーション間の通信の暗号化を、Kubernetes が提供するネットワーク
のレイヤ、あるいはサービスメッシュのレイヤで実現できます。サービスメッシュについては本書
では述べませんが、興味があれば筆者が the new stack に書いた記事を見てください。「How eBPF
Streamlines the Service Mesh（eBPF はどうサービスメッシュに流れていくか）」（https://oreil.
ly/5ayvF）ここではネットワークレイヤに話を絞って、eBPF がどうやってカーネルレイヤで通信
の暗号化を実現しているのかを見ていきましょう。

　Kubernetes クラスタの中でトラフィックを暗号化するには、**透過的暗号化（transparent
encryption）** をするのが最も簡単です。この方法はネットワークレイヤだけで実現しており、一
旦設定をしてしまうと運用の観点でやるべきことが他にほとんどなくなるため、「透過的」と呼ば
れています。アプリケーション自体は暗号化について全く気にしなくてもよくて、HTTPS 接続す
る必要すらありません。この方法は、Kubernetes の下のレイヤで何もしなくてよいという利点が
あります。

　カーネル内部の暗号化プロトコルとして、IPSec と WireGuard® の 2 つがよく使われます。どち
らも Kubernetes からは Cilium と Calico を通して利用できます。この 2 つのプロトコルの違いにつ
いては本書では述べませんが、どちらも 2 つのマシン間でセキュアなトンネルを構築します。CNI
ドライバは、これらのセキュアトンネルを通じて、Pod の間の eBPF エンドポイントを接続できま
す。

Ciliumのブログ（https://oreil.ly/xjpGP）は、Ciliumがノード間の通信を暗号化するためにIPSecと
WireGuard®をどのように使っているかについて書かれています。この記事は両者の性能特性につ
いても簡単に述べています。

　セキュアトンネルはトンネルの両端となるノードの識別子を用いて設定します。これらの識
別子はKubernetesが管理しているので運用コストは小さくて済みます。クラスタ上のすべて
のネットワークトラフィックを暗号化するので、多くの場合に適用できます。透過的暗号化は、
NetworkPolicyと併用することができます。NetworkPolicyは、クラスタ内の複数のエンドポイン
ト間でトラフィックを流すかどうかを記述するためにKubernetesの識別子を使います。

　マルチテナント環境では個々のテナントを強く分離する必要があります。これに加えてアプリ
ケーションエンドポイントの識別のために証明書が必須になります。これらをアプリケーションの
レイヤで実現するのは非常に大変です。このため、最近はこのような要件はサービスメッシュの
レイヤに委譲されることがあります。ただしサービスメッシュを実現するためには、サービスメッ
シュ用のコンポーネントをデプロイする必要があるため、追加のリソースを消費し、レイテンシが
悪化し、運用が複雑になります。

　eBPFを使うと**図8-8**に図解したような新しいアプローチ（https://oreil.ly/DSnLZ）を実現で
きます。このアプローチは透過的暗号化の上に成り立っていますが、証明書の交換とエンドポイン
トでの認証にはTLSを用います。TLSのアイデンティティはアプリケーションが実行されている
ノードではなくアプリケーション自体を表せるようになっています。

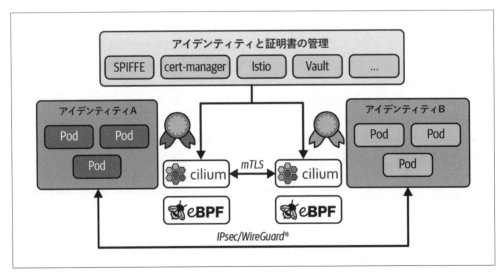

図8-8　認証されたアプリケーション識別情報の間での透過的暗号化

　認証が終わると、カーネル内部のIPSecもしくはWireGuard®を使ってアプリケーション間ト
ラフィックを暗号化します。この方法にはいくつかの利点があります。まず、cert-managerや
SPIFFE/SPIREのようなサードパーティの証明書・アイデンティティ管理ツールを使えます。さ

らにネットワークレイヤで暗号化をしていることによって、アプリケーションからは完全に透過的です。CiliumはKubernetesのラベルではなく、SPIFFE IDでエンドポイントを特定するようにNetworkPolicyを書くこともできます。そして一番重要なのは、このアプローチはIPパケットを扱うあらゆるプロトコルと併用できるという点です。これはTCPベースの接続でしか使えないmTLSと比べて大きな利点です。

本書の目的はCiliumの全貌を明らかにすることではないため、説明はここまでにしておきます。しかし、Kubernetes CNIドライバのような複雑なネットワーク機能を構築するために使えるほどeBPFが強力なプラットフォームであることはわかっていただけたのではないでしょうか。

8.7　まとめ

本章ではeBPFプログラムをネットワークスタックのさまざまな場所にアタッチできることを述べました。基本的なパケット処理の例によってeBPFがネットワーク機能を作る強力手段であることがわかっていただけたのではないでしょうか。ロードバランシング、ファイアウォール、セキュリティ対策、Kubernetesネットワークなどの現実世界でのeBPFの使用例も紹介しました。

8.8　演習と参考資料

次に示す演習によってネットワークについてのeBPFのユースケースを学べます。

1. XDPのサンプルプログラム`ping()`を改変して、pingリクエストとpingレスポンスで異なるメッセージを生成するようにせよ。ネットワークパケット上のICMPヘッダはIPヘッダの直後に存在する。これはIPヘッダがイーサネットヘッダの直後に存在するのと同様である。`linux/icmp.h`の`icmphdr`構造体を使い、その`type`フィールドが`ICMP_ECHO`または`ICMP_ECHOREPLY`を示していることを利用するとよいだろう。
   XDPプログラミングについて詳しく知りたければ、XDPプロジェクトのxdp-tutorial（https://oreil.ly/UmJMF）を参照すること。

2. BCCプロジェクトのsslsniff（https://oreil.ly/Zuww7）を使って、暗号化されたトラフィックの中身を表示せよ。

3. CiliumのWebサイト（https://cilium.io/get-started）にあるチュートリアルやそこからリンクされたリソースを活用してCiliumについて深掘りせよ。

4. `networkpolicy.io`（https://networkpolicy.io）のエディタを使って、Kubernetes環境におけるネットワークポリシーの効果を可視化せよ。

9章
セキュリティ用 eBPF

ここまで、eBPFがシステム全体のイベントをどのように観測し、イベントに関する情報をユーザ空間のツールにどうやって報告しているかを説明してきました。本章では、不正な活動を検出・禁止するeBPFベースのセキュリティツールを作成するためにイベント検出の概念を活用する方法を説明します。まずはセキュリティと他のタイプの可観測性の違いは何なのかについて理解していきましょう。

 本章のサンプルコードはGitHubリポジトリ（http://github.com/lizrice/learning-ebpf）のchapter9 ディレクトリからダウンロードできます。

9.1 セキュリティの可観測性に必要なポリシーとコンテクスト

セキュリティツールは、一般的なイベントを観測するためのツールと違い、通常の状態で起こるイベントと、不正な活動が行われていると考えられるイベントを区別しなければなりません。例えば、通常の処理の一環としてローカルファイル /home/<username>/<filename>にデータを書き込むアプリケーションを考えます。アプリがこのファイルに書き込んでいる限りはセキュリティの観点で懸念はありません。しかし、このアプリがLinuxのマシン内にあるセキュリティ上重要なファイルに書き込んだ場合は管理者に通知するのが望ましいでしょう。例えばアプリが/etc/passwdに保存されたパスワード情報を更新する必要があるとは思えません。

ポリシーはシステムが完全に機能しているときの通常の振る舞いだけではなく、エラー時に想定されている振る舞いについても考慮する必要があります。例えば、物理ディスクの容量がなくなったら、アプリケーションはこの状況をネットワークメッセージを通してシステム管理者に警告するでしょう。このようなネットワークメッセージはセキュリティイベントとしてみなしてはいけません。この種のメッセージは非常時のものですが、不正を疑う状況ではありません。エラー時の振る舞いを考慮に入れると効果の高いポリシーの作成が難しくなります。これについては本章の後半で再び触れます。

　ポリシーは何が想定されていて、何が想定されない挙動であるかを定義します。セキュリティツールは、ある活動とポリシーを比較し、その活動がポリシーの範囲外であれば疑わしい活動だとみなして何かしらのアクションを実行します。典型的なアクションはセキュリティイベントログの生成です。このログは多くの場合 SIEM（Security Information Event Management、セキュリティ情報イベント管理）プラットフォームに送られます。さらにシステム管理者にアラートを飛ばし、何が起こっているか調査するよう促すでしょう。

　利用できるコンテキストが詳細であればあるほど、なぜイベントが起きたかを調査しやすくなり、それが攻撃によるものか否かがわかりやすくなります。イベントが攻撃によるものだとすると、どのコンポーネントに影響を及ぼしうるか、いつどのようにその攻撃が行われたか、誰に責任があるのかなども判定しやすくなります。これらを明らかにするために、ツールはログを出すだけの単純なものから、**図9-1**に示したような、「セキュリティ可観測性」と言うべきものに進化することになります。

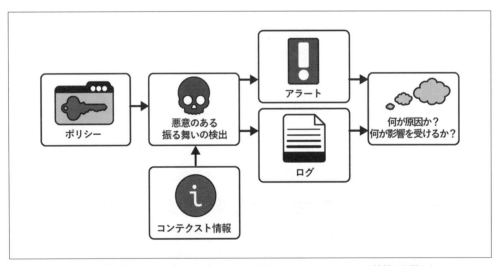

図9-1　セキュリティ可観測性のためのポリシー外のイベント検知においてはコンテキスト情報が必要になる

　eBPF プログラムがどうやってセキュリティイベントを検知し、対処するのかについて例を示します。eBPF プログラムはさまざまなイベントにアタッチできますが、長年にわたってセキュリティのために使われてきたイベントの1つがシステムコールです。最初にシステムコールの話をしますが、システムコールは eBPF でのセキュリティツールを実装する際に最も効率的な方法だとは限りません。本章の後半では新しくてかつ洗練された別のアプローチを紹介します。

9.2　セキュリティイベント用のシステムコールの使用

　システムコールはユーザ空間のアプリケーションとカーネルとのインタフェースです。あるアプリケーションが一部のシステムコールしか実行できないように制限すると、このアプリケーション

ができることを制限できます。例えば、open*() ファミリのシステムコール呼び出しを禁止すると、ファイルをオープンできなくなります。ファイルのオープンを想定していないアプリケーションにこのような制限をかけると、ファイルをオープンすることをきっかけとした攻撃を防げるようになります。DockerやKubernetesは、BPFを使ってシステムコールを制限するseccompという機能が使えます。

9.2.1 seccomp

seccompという名前は、「SECure COMPuting（安全なコンピューティング）」から大文字部分を抜き出したものです。「厳格な (strict)」と呼ばれるモードの場合、プロセスが使えるシステムコールをread()、write()、_exit()とsigreturn()だけに制限します。その目的は、信頼できないコードを不正な挙動ができない状態で実行することでした。信頼できないコードの一例として、インターネットからダウンロードしてきたプログラムなどがあります。

多くのアプリケーションは、まともに動作するためには厳格なモードで禁止されている多くのシステムコールを使う必要があります。といっても、ほとんどの場合は400以上の全システムコールを呼べるようにする必要はありません。アプリケーションが利用できるシステムコールの集合をきめ細かく制限できるようにすると便利です。コンテナの世界ではこれを実現するためにseccomp-bpfが使われてきました。このモードでは、使用できるシステムコールの一覧を定義するのではなく、BPFのコードを用いて許可/禁止するシステムコールを決めます。

seccomp-bfpでは、BPF命令のセットをフィルタという形でロードし、動作させます。システムコールを呼ぶたびに、フィルタがトリガーされます。フィルタ用のコードはシステムコールに渡される引数にアクセスできます。これを使ってシステムコールの種類と、引数の両方を使ってフィルタ結果を決定することができます。その結果に指定できるものは以下のようなアクションです。

- システムコールの実行を許可する。
- 所定のエラーコードをユーザ空間のアプリケーションに返す。
- スレッドをkillする。
- ユーザ空間のアプリケーションに通知する。この機能はseccomp-unotifyと呼ばれ、カーネルv5.0からサポートされている。

> BPFのフィルタについて知りたければ、Michael Kerriskがseccompの発表スライド（https://oreil.ly/cJ6HL）に書いた例を参考にするとよいでしょう。

システムコールの引数はポインタの場合がありますが、seccomp-bpfのBPFコードからそれらのポインタが参照するデータを見ること（デリファレンス）はできません。したがって、アクションの決定には値渡しされた引数しか使えません。また、設定はプロセスが開始したときに適用されなければなりません。プロセスに適用した設定をあとから変更することはできません。

seccomp-bpfを直接使っていなくても、人間が読んでも比較的理解しやすいseccompプロファイルという形で間接的に利用しているかもしれません。例えばDockerのデフォルトプロファイル

（https://oreil.ly/IT_Bf）が該当します。これは一般的なコンテナ化されたアプリケーションが使うために作られた汎用的なプロファイルです。このプロファイルは、数多くのシステムコールを許可しますが、ほとんどのアプリケーションは使わないであろう reboot のようなシステムコールは禁止します。

　Aqua Security によれば（https://oreil.ly/1xWmn）、ほとんどのコンテナ化されたアプリケーションは 40 から 70 個のシステムコールを使っているそうです。セキュリティを強化するためには、個々のアプリケーションに特化した、本当に利用する必要があるシステムコールだけを許可するプロファイルを使う方が望ましいでしょう。

9.2.2　seccomp プロファイルの自動生成

　平均的なアプリケーション開発者に、彼らが書いたプログラムからどんなシステムコールを呼び出しているのかと質問しても、何を言っているのかわからないという反応をされるでしょう。これは彼らを批判しているわけではありません。ほとんどの開発者は、プログラミング言語が提供する高水準機能を使っていて、それらがシステムコールの存在を隠蔽しているからです。例えば、彼らはアプリケーションがどんなファイルをオープンしたかは知っていますが、open() と openat() のどちらを使ってファイルをオープンしたかは知らないでしょう。したがって、アプリケーションの開発者に seccomp プロファイルを自作するよう頼んでもいい返事は返ってこないでしょう。

　解決策の 1 つは自動化です。例えば、アプリケーションが発行するシステムコールの集合を記録するツールを使う方法があります。以前は、strace を使ってアプリケーションの呼び出すシステムコールを集めて、それをもとにプロファイルを生成していました[1]。このやり方はクラウドネイティブな時代には適しません。なぜなら特定のコンテナや Kubernete の Pod 上で strace を実行するのは手間がかかりすぎるからです。また、プロファイルはシステムコールのリストではなく、Kubernetes や OCI 互換のコンテナランタイムが入力として受け取れる JSON 形式であることが望ましいでしょう。eBPF を用いてアプリケーションが呼び出すシステムコールの情報を収集してプロファイルを出力してくれるようなツールが存在します。

- Inspektor Gadget（https://www.inspektor-gadget.io）には、Kubernetes Pod の中にあるコンテナのためのカスタム seccomp プロファイルを生成してくれる、seccomp プロファイラが含まれている[2]。
- Red Hat は seccomp プロファイラを OCI ランタイムフック（https://oreil.ly/nC8vM）の形式で開発した。

　これらのプロファイラを使う際は、アプリケーションが呼び出すシステムコールをプロファイルに追加するために、アプリケーションを一定時間実行し続ける必要があります。本章の冒頭で述べたように、アプリケーションのエラー時の挙動についても考えなくてはいけません。エラー時に使用するシステムコールをブロックしてしまうと、より大きな問題を引き起こす可能性があります。

※1　例えば、Docker のデフォルトの seccomp プロファイルの開発者である Jess Frazelle の記事、「How to Use the New Docker Seccomp Profiles（新しい Docker seccomp プロファイルの使い方）」（https://oreil.ly/EcpnM）を読んでみてほしい。

※2　非常に簡素な Inspektor Gadget の seccomp プロファイラのドキュメントだけではなく、Jose Blanquicet による動画（https://oreil.ly/0bYaa）も見るとよいだろう。

そしてseccompプロファイルは多くの開発者には馴染みのないレイヤのものなので、できあがったプロファイルを彼らがレビューしても、それが正しいものなのか判断するのは難しいでしょう。

　OCIランタイムフックを例に取ると、eBPFプログラムはsyscall_enter Raw Tracepointにアタッチして（https://oreil.ly/sbWSc）、どんなシステムコールが観測されたかを追跡して記録し続けるeBPF Map（https://oreil.ly/czUM7）を作成、管理します。このツールのユーザ空間の部分はGo言語で書かれて、iovisor/gobpfライブラリ（https://oreil.ly/sYCT3）を利用しています。このライブラリやその他のGo言語のeBPFライブラリについては「**10章　プログラミングeBPF**」で述べます。

　次に示すのはOCIランタイムフックのコードの一部（https://oreil.ly/DOShA）です。このコードはeBPFプログラムをカーネルにロードしてTracepointにアタッチしています。出力を見やすくするために、一部の出力を省略しています。

```
src := strings.Replace(source, "$PARENT_PID", strconv.Itoa(pid), -1)    ❶
m := bcc.NewModule(src, []string{})
defer m.Close()

...
enterTrace, err := m.LoadTracepoint("enter_trace")                       ❷
...
if err := m.AttachTracepoint("raw_syscalls:sys_enter", enterTrace); err != nil ❸
    {
    return fmt.Errorf("error attaching to tracepoint: %v", err)
}
```

❶ この行ではeBPFソースコードの変数$PARENT_PIDをプロセスIDの数値で置き換えている。これは計測対象プロセスごとに個別のeBPFプログラムをロードするためによく使うパターンである。

❷ ここで、enter_traceという名前のeBPFプログラムをカーネルにロードする。

❸ enter_traceプログラムをraw_syscalls:sys_enter Tracepointにアタッチしている。このTracepointはすでに述べたように、あらゆるシステムコールの呼び出しに対応する。つまり、ユーザ空間のコードがどんなシステムコールを呼んでも、このTracepointに到達する。

　これらのプロファイラはsys_enterにアタッチされたeBPFプログラムを使い、使われたシステムコールの情報を集めて、seccompプロファイルを生成します。このプロファイルを使ってseccompが実際にプログラムにプロファイルを適用します。この後に述べるeBPFツールもsys_enterにアタッチします。これらはアプリケーションの振る舞いをシステムコールによって追跡し、その振る舞いをセキュリティポリシーと比較します。

9.2.3　システムコール追跡ベースのセキュリティツール

　システムコールの追跡をベースにしたセキュリティツールの中で最も有名なものは、CNCFプロジェクトのFalco（https://falco.org）でしょう。Falcoはセキュリティアラート機能を提供します。

Falcoはデフォルトではカーネルモジュールとしてインストールしますが、eBPFで実装したバージョンもあります。ユーザはルール（https://oreil.ly/enufu）を定義してどのイベントがセキュリティ関連のものであるか決定します。Falcoはルールで定義されたポリシーに適合しないイベントが起こった際に、さまざまなフォーマットでアラートを生成することができます。

　カーネルモジュールを使ったドライバと、eBPFベースのドライバのどちらもシステムコールにアタッチします。GitHub上のFalcoのeBPFプログラム（https://oreil.ly/Q_cBD）を読むと、次のように直接システムコールの入口と出口にプローブをアタッチしていることがわかります。

```
BPF_PROBE("raw_syscalls/", sys_enter, sys_enter_args)
```

```
BPF_PROBE("raw_syscalls/", sys_exit, sys_exit_args)
```

これに加えてページフォルトなどの他のイベントにもプローブをアタッチしています。

　eBPFプログラムは動的にロードでき、動作中のプロセスからトリガーされたイベントも検知できます。このためFalcoや、もしくは他の類似のツールも、動作中のアプリケーションに対してポリシーをアタッチできます。つまりアプリケーションのコードや設定の変更をせずにルールを変更、適用できます。これは、プロセスが起動したときにしか適用できないseccompプロファイルとは対照的です。

　ただし、システムコールの入口のフックをセキュリティツールのために使うというアプローチにはTOCTOU（Time Of Check to Time Of Use）という問題があります[3]。

　eBPFプログラムがシステムコールの入口でトリガーされたとき、プログラムはシステムコールの引数にアクセスできます。引数がポインタであれば、カーネルはポインタが指し示すデータをカーネル内にコピーしてから利用します。図9-2のように、eBPFプログラムがデータを確認してからデータをコピーするまでの間に攻撃者がデータを変更する可能性があります。このため、実際にカーネルが使うデータはeBPFプログラムから確認できるデータと同じである保証はありません[4]。

---

[3] 訳注：後述するような、データを確認したタイミング（Time Of Check）と、実際のそのデータを利用するタイミング（Time Of Use）との間でずれが生じうる場合に攻撃される脆弱性の一般的な呼び方。

[4] このような攻撃（Exploit）については、DEFCON 29におけるRex GuoとJunyuan Zengの「Phantom Attack: Evading System Call Monitoring（幽霊攻撃：システムコール監視の回避）」（https://oreil.ly/WguKq）という講演で触れられている。この手の攻撃のFalcoに対する影響はLeo Di DonatoとKP Singhによる「LSM BPF Change Everything（LSM BPFがすべてを変える）」（https://oreil.ly/17c-3）で詳しく説明されている。

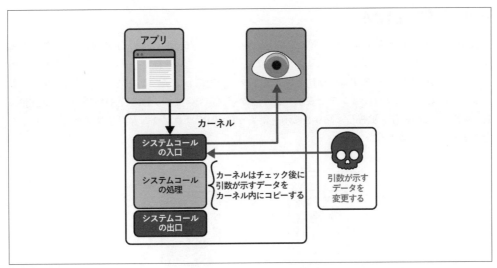

図9-2 攻撃者は、カーネルにアクセスされる前にシステムコール引数を変更することができる

これと同じ問題がseccomp-bpfにもありそうに思えますが、seccomp-bpfはユーザ空間のポインタをたどってデータにアクセスできないため、そもそも関係ありません。

TOCTOU問題はseccomp_unotifyにも起こります。seccomp unotifyとは最近のカーネルに追加された、検知したイベントをユーザ空間にレポートするためのseccompのモードです。seccomp_unotifyのマニュアル（https://oreil.ly/cwpki）では明示的に、「seccompのユーザ空間通知のメカニズムはセキュリティポリシーの実装のためには**利用できない**」と書かれています。

システムコールの入口へのアタッチは可観測性のためには非常に便利ですが、厳密なセキュリティツールにとっては不十分です。

Linux向けSysmon（https://oreil.ly/pbtF3）はTOCTOU問題に対してシステムコールの入口と出口の両方にアタッチすることで対処しています。システムコールの呼び出しが完了したら、Sysmonはカーネルのデータ構造を確認します。例えば、システムコールがファイル記述子を返していたら、出口にアタッチされたeBPFプログラムは、プロセスのファイル記述子テーブルを確認することによって、このファイル記述子が参照しているオブジェクトについての正確な情報を取得できます。このアプローチはセキュリティ関連のカーネル内の動きを正確に記録できる一方、攻撃を防ぐことはできません。確認した時点でシステムコールはすでに完了しているためです。

確実に、カーネルが実際に扱うことになるデータと同じデータをeBPFプログラムの中で確認するためには、引数がカーネルメモリにコピーされた後のイベントにeBPFプログラムをアタッチすべきでしょう。ただし、引数をカーネルメモリにどこでコピーするかはシステムコールごとに異なるため、「システムコールの入口」「出口」のように、「システムコールの引数をカーネル内にコピーしたところ」のような都合のよいイベントは存在しません。

この問題を解決するために、LSM（Linux Security Module）APIにeBPFプログラムをアタッチする新しい機能、BPF LSMが使えます。

9.3　BPF LSM

　LSM インタフェースは元々カーネルモジュール（https://oreil.ly/mF_OD）の形で実装される
セキュリティツールのために提供されたものです。LSM のフレームワークは、カーネルがその内
部のデータ構造にアクセスする直前に起動するフックを提供します。このフックから呼び出す関数
によって、対応するアクションを継続すべきか否かを決定できます。BPF LSM（https://oreil.ly/
KzaMT）はこの機能を拡張し、**図9-3**に示したように eBPF プログラムも同じフックにアタッチで
きるようにしたものです。

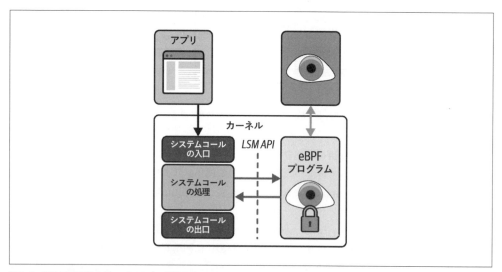

図9-3　LSM BPF により、eBPF プログラムは LSM フックイベントでトリガーできるようになる

　LSM のフックは100種類以上存在し、カーネルソースコード上のドキュメント（https://oreil.
ly/dO8jT）で詳しく説明されています。システムコールと LSM フックは1対1対応していませんが、
あるシステムコールにおいてセキュリティの観点で好ましくないことが起こりうる場合、そのシス
テムコールにはフックが存在する可能性が高いです。

　次に示すのは eBPF プログラムが LSM フックにアタッチするサンプルコードです。このサンプ
ルコードは、chmod コマンドの実行時に呼び出されます。「chmod」は「change modes」の省略で、
ファイルのアクセス権を変更するために使います。

```
SEC("lsm/path_chmod")
int BPF_PROG(path_chmod, const struct path *path, umode_t mode)
{
    bpf_printk("Change mode of file name %s\n", path->dentry->d_iname);
    return 0;
}
```

　このプログラムは chmod の対象となるファイル名を出力して、常に 0 を返すだけです。しかし、

ファイル名を使ってアクセス権の変更をすべきか否かを判断するプログラムをどう作ればいいか、なんとなく想像できるのではないでしょうか。0以外の戻り値は、アクセス権の変更を拒否するという意味になります。これによって、カーネルはアクセス権の変更処理を中断してエラー終了します。このポリシーチェックはカーネルの中だけで実施するため、性能的に有利です。

BPF_PROG()のpath引数はファイルを表現するカーネル内のデータ構造で、modeは変更後のアクセス権としてユーザが指定した値です。ファイル名はpath->dentry->d_inameというフィールドにアクセスすることで確認できます。

LSM BPFはカーネル5.7から追加されました。このため、本書執筆時点では多くのLinuxディストリビューションはこの機能を使えません。しかし数年後には、多くのベンダーがこのインタフェースを利用したセキュリティツールを開発するでしょう。LSM BPFが使えるようになる前から、Cilium Tetragonが同じような機能を提供していました。

9.4 Cilium Tetragon

Tetragon（https://oreil.ly/p-bdc）はCiliumプロジェクトの一部で、CNCFのプロジェクトの1つです。TetragonはeBPFプログラムをLSM APIフックにアタッチするのではなく、Linuxカーネルの任意の関数に対しアタッチするフレームワークです。

TetragonはKubernetes環境で使うよう設計されていて、TracingPolicyというKubernetesのカスタムリソースを定義しています。このリソースはeBPFプログラムがアタッチすべきイベントの集合と、eBPFがチェックすべき条件、条件に一致したときに取るべきアクションを定義するために使います。次に示すのはTracingPolicyのサンプルの一部です。

```
spec:
 kprobes:
 - call: "fd_install"
...
     matchArgs:
     - index: 1
       operator: "Prefix"
       values:
       - "/etc/"
...
```

このポリシーはプログラムがアタッチすべき一群のkprobeを定義しています。1つ目はカーネルの関数fd_installです。ここから、なぜこの関数にeBPFプログラムをアタッチするのかについて説明します。

9.4.1 カーネルの関数へのアタッチ

システムコールインタフェースとLSMインタフェースは、Linuxカーネルの安定したインタフェースとして定義されています。つまり、後方互換性が壊れる形では変更されません。これらのインタフェースを使ったコードを書けば、そのコードは将来のカーネルでも動作し続けるでしょう。

しかし、これらのインタフェースは3千万行を越える Linux カーネルのコードのうちのごく一部しかカバーできません。システムコールや LSM に加えて、Linux のコードベースの一部には、長期間にわたって変更されておらず、将来も変更されるとは考えにくい箇所も存在します。こういうコードは公式には宣言されていないものの、実質的には安定しているとみなせます。

　実質的に安定しているものの、公式には安定しているとみなされていないカーネル関数にアタッチする eBPF プログラムは、一定の期間機能すれば良いと割り切れるのであれば、書いても問題ありません。新しいバージョンのカーネルが広く使われるまでには通常は数年かかることを考慮すると、このようなプログラムも数年は動作し続けることが可能だと言えるでしょう。

　Tetragon のコントリビュータにはカーネル開発者がたくさんいます。セキュリティ機能を実装するための、eBPF プログラムが安全にアタッチできるカーネル内部の場所を特定するために、彼らのカーネルの知識を使っています。この知識を活用した TracingPolicy の定義の例（https://oreil.ly/51yRN）がいくつもあります。ここにはファイル操作、ネットワーク処理、プログラムの実行、権限の変更など、攻撃者が利用できそうなあらゆるパターンが書かれています。

　前述の fd_install にアタッチするポリシーの定義に戻りましょう。fd は File Descriptor（ファイル記述子）の略です。カーネル内のソースコードのコメント（https://oreil.ly/Tm6MN）によると、この関数は「ファイル記述子を fd の配列にインストール」します。この関数はファイルがオープンされたときに、ファイルのデータ構造がカーネル内部で作成されてから呼ばれます。前述の TracingPolicy の例では、1つ目のポリシーは /etc で開始するファイル名のものを対象としていました。この関数でファイルの名前を確認すると、前述の TOCTOU 問題は発生しないため、安全に判定できます。

　LSM BPF プログラムと同様、Tetragon の eBPF プログラムはセキュリティ的な決定を全部カーネル内部で行えるようにするために、コンテクスト情報へのアクセスが可能です。すべてのイベントをユーザ空間に報告するのではなく、セキュリティ関連のイベントはカーネルの内部でフィルタして、ポリシーに違反したイベントだけをユーザ空間に報告します。

9.4.2　予防的セキュリティ

　ほとんど eBPF ベースのセキュリティツールは eBPF プログラムを悪意のあるイベントの検知に使っています。この場合、eBPF プログラムは、ユーザ空間のアプリケーションに検知後に、アクションを起こすように通知をします。**図9-4**の通り、ユーザ空間のアプリケーションで取るアクションはすべて非同期的です。このため、アクションを実行するタイミングが遅すぎることもあり得ます。実行するのはデータが抜き出された後かもしれませんし、攻撃者がディスクに悪意のあるコードを永続化した後かもしれません。

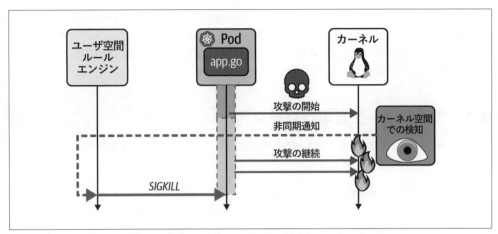

図9-4 カーネルからユーザ空間への非同期的な通知は、攻撃を成功させてしまう可能性がある

　カーネルv5.3以降には、`bpf_send_signal()`というBPFヘルパ関数が存在します。Tetragonはこの関数を予防的なセキュリティの実現に利用しています。ポリシー定義がSigkillアクションだった場合、マッチしたイベントの発生時にTetragonのeBPFコードはSIGKILLシグナルを発生させ、ポリシー外のアクションを行おうとしているプロセスを強制終了させます。**図9-5**の通り、この処理は同期的に発生します。つまり、eBPFのコードがポリシー外だと判定した動作が引き起こす攻撃は、未然に防げます。

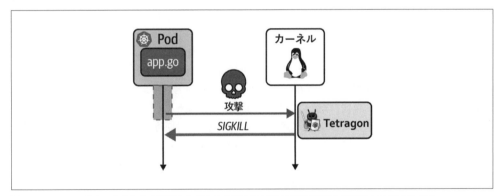

図9-5 Tetragonはカーネルから SIGKILL シグナルを送ることで同期的に悪意のあるプロセスを停止する

　Sigkillポリシーは細心の注意を払って使う必要があります。誤ったポリシーを設定すると、問題ないアプリケーションを終了させてしまいかねないからです。このような課題がありつつもTetragonはeBPFをセキュリティ用途に使った非常に強力なツールです。Tetragonを監査（audit）モードで実行すると、セキュリティイベントを生成しつつも、SIGKILLは発行しなくなります。このモードのおかげで、最初は監査モードで動作させて、予期せぬ事態を発生させないことを確認してからSIGKILLを発生させるモードにするということもできます。

Cilium Tetragonによるセキュリティイベントの検知に興味があれば、Natália Réka IvánkóとJed Salazarによる「Security Observability with eBPF（eBPFによるセキュリティ可観測性）」（https://www.oreilly.com/library/view/security-observability-with/9781492096719/）というタイトルの報告を読むとよいでしょう。

9.5　ネットワークセキュリティ

「**8章　ネットワーク用eBPF**」ではeBPFがネットワークセキュリティ機能の実装に適していることについて述べました。以下はまとめです。

- ファイアウォールやDDoS防衛の実装には、パケットがネットワークイングレスを通る初期段階にアタッチしたeBPFプログラムが適している。ハードウェアにオフロードされたXDPプログラムによって、悪意のあるパケットはCPUにすら到達させないこともできる。
- 高度なネットワークポリシーを実現するには、ネットワークスタックの各ポイントにeBPFプログラムをアタッチして、ポリシー外だと判断したパケットをドロップすればよい。高度なネットワークポリシーの例として、Kubernetesにおいて、どのサービス同士であればお互いに通信できるかを定義する例が挙げられる。

ネットワークセキュリティツールを予防的モードで使い、悪意のあるパケットを監査するだけでなくドロップすることがよくあります。これは悪意あるユーザにとって、ネットワーク経由の攻撃は試しやすいからです。デバイスをインターネットに接続してパブリックなIPアドレスを割り当てれば、すぐに攻撃と疑わしいトラフィックがやってきます。このため、多くの組織は予防的な対応をしなければいけません。

その一方で、多くの組織が侵入検知ツールを監査モードで利用しています。フォレンジックによって、疑わしいイベントが実際に悪意のあるイベントだったかどうかを判定し、どのような対策を取るべきかを決めています。出来が悪く、偽陽性（false-positive）が多いツールの場合は、予防的モードでなく監査モードで動かさざるを得ません。これは筆者の考えでもありますが、eBPFは今あるものよりも高度な、粒度の細かい、正確な制御ができるセキュリティツールを実現しようとしています。現状ファイアウォールは予防的なモードで使っても期待通り動作すると考えられています。将来はネットワーク系ではないセキュリティ関係のツールも予防的モードで動作させるのが主流になっていくでしょう。さらに、それぞれのアプリケーション自体がeBPFベースのセキュリティ機能を提供するようにもなるでしょう。

9.6　まとめ

本章ではeBPFをセキュリティ機能のために使う方法を紹介しました。低レベルのシステムコールチェック、高度なセキュリティポリシーのチェック、カーネル内部のイベントのフィルタリング、実行時のポリシー適用について述べました。

eBPFのセキュリティ目的での利用については、今も活発な開発が続いています。筆者はこの分野のツールがさらに進化し、今後数年で広く受け入れられるであろうことを確信しています。

10章
プログラミング eBPF

本書のここまでで、eBPFに関するたくさんのことを学び、さまざまなアプリケーションにおいてどう使われているかについて多くの例を見てきました。本章は、みなさんがこのようなeBPFプログラムを書きたい場合にどうすればいいのかについて述べます。

すでに述べたように、eBPFプログラミングは2つの部分から成り立っています。

- カーネルで動作するeBPFプログラムを書く部分
- eBPFプログラムを管理し、相互にやり取りをするユーザ空間のコードを書く部分

本章で筆者が取り上げるライブラリや言語を使う場合、ほとんどのものについては両方の部分のコードを書く必要があります。何がどこの部分に対応しているかを意識する必要があります。ただし、最もシンプルなeBPFプログラミング言語であるbpftraceを使えば2つの部分を意識せずに済みます。

10.1 bpftrace

bpftraceプロジェクトのREADMEページ冒頭の説明には「bpftraceはLinux eBPFのための高レベルなトレース用言語であり、… AWKとC、また既存のトレーサーであるDTraceやSystemTapなどに影響を受けている」と書かれています。

bpftrace（https://oreil.ly/BZNZO）は、高レベル言語で書かれたプログラムをeBPFのカーネルコードに翻訳し、結果を出力するフォーマット機能も提供するコマンドラインツールです。使用時にカーネル空間とユーザ空間の分離を意識する必要はありません。

プロジェクトのドキュメントには、便利なワンライナーのサンプルをふんだんに使ったチュートリアル（https://oreil.ly/Ah2QB）があります。簡単な「Hello World」スクリプトを書くところから始まり、カーネルデータ構造からデータをトレースできるような高度なスクリプトを書けるところまでユーザのレベルを引き上げてくれます。

bpftrace がどんな機能を提供してくれるかは、Brendan Gregg の bpftrace チートシート（https://oreil.ly/VBwLm）を見ればわかります。bpftrace と BCC の詳細を知りたければ *BPF Performance Tools*（https://oreil.ly/kjc95）を読むとよいでしょう[1]。

　名前の通り、bpftrace は kprobe、uprobe、tracepoint などのさまざまなトレースイベント（Perf 関連イベント）にアタッチできます。例えば、-l オプションを使えば、動作中のマシン上で利用できる Tracepoint と kprobe の一覧を表示できます。

```
$ bpftrace -l "*execve*"
tracepoint:syscalls:sys_enter_execve
tracepoint:syscalls:sys_exit_execve
...
kprobe:do_execve_file
kprobe:do_execve
kprobe:__ia32_sys_execve
kprobe:__x64_sys_execve
...
```

　この例では名前に「execve」を含むすべてのアタッチポイントを出力しています。ここから、do_execve と呼ばれる kprobe にアタッチ可能であることがわかります。次に見せるのが、このイベントにアタッチするための bpftrace のワンライナースクリプトです。

```
bpftrace -e 'kprobe:do_execve { @[comm] = count(); }'
Attaching 1 probe...
^C

@[node]: 6
@[sh]: 6
@[cpuUsage.sh]: 18
```

　{ @[comm] = count(); } の部分は、このイベントにアタッチしているスクリプトです。この例では別々の実行可能ファイルがトリガーしたイベントの回数を数えています。

　bpftrace のスクリプトは複数の、別々のイベントにアタッチする eBPF プログラムを一度に書けます。例えば、opensnoop.bt スクリプト（https://oreil.ly/3HWZ2）はシステム中でオープンされているファイルを一覧表示します。次に示すのが抜粋です。

```
tracepoint:syscalls:sys_enter_open,
tracepoint:syscalls:sys_enter_openat
{
    @filename[tid] = args->filename;
}

tracepoint:syscalls:sys_exit_open,
tracepoint:syscalls:sys_exit_openat
```

※1　訳注：残念ながら *BPF Performance Tools* の邦訳は翻訳時点では存在しないが、同じ著者による『詳解 システム・パフォーマンス 第2版』（オライリー・ジャパン、2023）にも bpftrace や BCC ツールの利用例が解説されている。

```
/@filename[tid]/
{
    $ret = args->ret;
    $fd = $ret > 0 ? $ret : -1;
    $errno = $ret > 0 ? 0 : - $ret;

    printf("%-6d %-16s %4d %3d %s\n", pid, comm, $fd, $errno,
        str(@filename[tid]));
    delete(@filename[tid]);
}
```

このスクリプトは2つの別々のeBPFプログラムを定義していて、それぞれがさらに2つの違っ
たカーネルのTracepoint、つまりopen()とopenat()の入口と出口にアタッチしています※2。2つ
のシステムコールはファイルを開くときに使い、ファイル名を引数に取ります。このプログラム
はこれらのシステムコールがファイルを開こうとしたときにトリガーされ、現在のスレッドID
をキー、ファイル名を値としてMapに保存します。出口のtracepointがヒットしたときは、/@
filename[tid]/の行で、キャッシュされたファイル名をMapから取り出します。

このスクリプトを実行すると、以下のような出力が得られます。

```
./opensnoop.bt
Attaching 6 probes...
Tracing open syscalls... Hit Ctrl-C to end.
PID    COMM          FD ERR PATH
297388 node          30  0 /home/liz/.vscode-server/data/User/
                             workspaceStorage/73ace3ed015
297360 node          23  0 /proc/307224/cmdline
297360 node          23  0 /proc/305897/cmdline
297360 node          23  0 /proc/307224/cmdline
```

前述の通り、4つのeBPFプログラムがtracepointにアタッチされています。では、なぜこの出
力には6つのプローブが表示されているのでしょうか。答えはBEGINとEND節のための「特別なプ
ローブ」が存在していて、スクリプトの初期化とクリーンアップのための処理を行い、これらの
処理もプログラムの一部とみなされているからです。BEGINとENDはAWKユーザにはおなじみの
ものです。説明を簡単にするために本書では、これら2つの節を省略していますが、GitHub上の
ソースコード（https://oreil.ly/X8wgW）の中には存在します。

bpftraceを使うときは、ツールの裏にあるeBPFプログラムやMapについて知っておく必要は
ありません。しかし、みなさんは本書をここまで読んできたので、これらについて理解しています。
bpftraceのプログラムを実行したときにカーネルにロードするプログラムやMapがどのようなも
のかに興味があれば、「**3章　eBPFプログラムの仕組み**」で述べたようにbpftoolを使って簡単に
確認できます。次に示すのが、opensnoop.btを実行したときのbpftoolの出力です。

※2　システムコールの入口にアタッチしているため、このスクリプトには前章で述べたTOCTOU（Time Of Check To Time
　　Of Use）攻撃への脆弱性がある。これによってこのツールの価値が減るわけではないが、セキュリティ防衛の目的の場合、
　　このツールだけに頼ってはいけないと言える。

```
$ bpftool prog list
...
494: tracepoint  name sys_enter_open  tag 6f08c3c150c4ce6e  gpl
        loaded_at 2022-11-18T12:44:05+0000  uid 0
        xlated 128B  jited 93B  memlock 4096B  map_ids 254
495: tracepoint  name sys_enter_opena  tag 26c093d1d907ce74  gpl
        loaded_at 2022-11-18T12:44:05+0000  uid 0
        xlated 128B  jited 93B  memlock 4096B  map_ids 254
496: tracepoint  name sys_exit_open  tag 0484b911472301f7  gpl
        loaded_at 2022-11-18T12:44:05+0000  uid 0
        xlated 936B  jited 565B  memlock 4096B  map_ids 254,255
497: tracepoint  name sys_exit_openat  tag 0484b911472301f7  gpl
        loaded_at 2022-11-18T12:44:05+0000  uid 0
        xlated 936B  jited 565B  memlock 4096B  map_ids 254,255

$ bpftool map list
254: hash  flags 0x0
        key 8B  value 8B  max_entries 4096  memlock 331776B
255: perf_event_array  name printf  flags 0x0
        key 4B  value 4B  max_entries 2  memlock 4096B
```

これによると4つのtracepointプログラム、ファイル名をキャッシュするハッシュテーブルMap、そしてカーネルからユーザ空間に出力データを受け渡すperf_event_arrayが定義されています。

> bpftraceユーティリティはBCCの上に作られています。BCCについてはすでに何度も説明してきましたし、本章でもこの後に出てきます。bpftraceのスクリプトはBCCのプログラムに翻訳され、それらはその後実行時にLLVM/Clangツールチェーンでコンパイルされます。

eBPFベースの性能測定用コマンドラインツールが必要なときもbpftraceを使うとよいでしょう。ただし、bpftraceはeBPFをトレース目的で使う強力なツールなのですが、eBPFができることをすべてカバーしているわけではありません。

eBPFのすべての潜在能力を利用したければ、eBPFのカーネル用プログラムとユーザ空間のプログラムを自分で書く必要があるでしょう。これらの2つの部分は、それぞれ別の言語で書くことができますし、実際そうするケースは多いです。まずはカーネルで動くeBPFコードをどんな言語で書けるか見ていきましょう。

10.2　カーネル向けeBPFのための言語の選択肢

eBPFプログラムはeBPFバイトコード[3]で直接書くことができます。しかし、ほとんどの場合は、C言語かRustで書いたコードをバイトコードにコンパイルします。これらの言語には、出力ターゲットとしてeBPFバイトコードをサポートするコンパイラがあります。

---

[3]　実例を確認するには、Cloudflareのブログ記事「eBPF, Sockets, Hop Distance and manually writing eBPF assembly（eBPF、ソケット、ホップ距離と手書きのeBPFアセンブリ）」（https://oreil.ly/2GjuK）を読むとよい。

コードをコンパイルするタイプの言語でも、eBPFバイトコードの出力には向かないものもあります。Goのランタイムや Java の仮想マシンのように、言語がランタイムのコンポーネントを持っている場合、eBPFの検証器を通すバイトコードを出力するのは難しいでしょう。例えば、メモリのガベージコレクション機能が検証器のメモリ安全性のチェックをすべて通過するのは困難です。同様に、eBPFのプログラムはシングルスレッドでなければならないので、プログラムの並行化機能を使えません。

　本物のeBPFではないのですが、XDPLua（https://oreil.ly/7_3Fx）と呼ばれる興味深いプロジェクトがあります。XDPLuaは、XDPのプログラムをLuaスクリプトで書いてカーネルで直接実行させることを想定しています。しかし、このプロジェクトの最初に行われた研究結果によると、eBPFが今後さらに高機能、高速になっていくであろうことを考えると、Luaをどうしても使いたいという気持ちがないのであれば、XDPLuaを使う利点があるとははっきりと言えないとのことでした。

　筆者は、eBPFカーネルコードをRustで書く人は、ユーザ空間のコードもRustで書く傾向があるのではないかと思っています。なぜなら、こうすると両者が共有するデータ構造をカーネルとユーザ空間で重複して書く必要がなくなるからです。ただし、ユーザ空間のコードをRustで書く必要はなく、ユーザ空間のコードは好きな言語を使って構いません。

　カーネル側のコードとユーザ空間のコードを両方C言語で書くこともあります。これについては本書でコード例を紹介してきました。しかし、C言語はとても低水準な言語であり、プログラマはメモリ管理などのさまざまな細かい処理を自分で書かなければいけません。そうすることが好きな人もいますが、多くの人はユーザ空間のコードを高水準な言語で書きたいと思うでしょう。どんな言語を使うにせよ、「**3章　eBPFプログラムの仕組み**」で紹介したようなシステムコールインタフェースを直接呼ばなくて済むように、eBPFのサポートを提供しているライブラリがあるとよいでしょう。ここからは、さまざまな言語に存在するeBPFライブラリについて述べます。

10.3　BCC Python/Lua/C++

　「**2章　eBPFの「Hello World」**」で最初に紹介した「Hello World」の例はBCCライブラリを用いたPythonのプログラムでした。このプロジェクトにはさまざまなBCCを使った便利な性能測定ツールがあります。後述する `libbpf` を使った実装もあります。

　性能測定のための既製のBCCツールの使い方について書かれたドキュメント（https://oreil.ly/Elggv）に加え、BCCはリファレンスガイド（https://oreil.ly/WgeJA）とPythonプログラミングチュートリアル（https://oreil.ly/hR3xr）を用意しています。これらの情報は、このフレームワークを使ってeBPFツールを開発するのに役立つでしょう。

　「**5章　CO-RE、BTF、libbpf**」ではBCCの移植性のアプローチについて書きました。BCCは、eBPFコードを実行時にコンパイルして、対象となるマシンのカーネル内のデータ構造と互換性を持たせます。BCCでは、カーネル側のeBPFプログラムコードを文字列として定義します。あるいはファイルとして用意したプログラムを、BCCが文字列として読み出します。この文字列をClangコンパイラに渡す前に、BCCは文字列に対していくつか前処理をします。これによってBCCはプログラマに便利なショートカットを提供できます。便利な機能のうちいくつかは本書で

紹介しました。例えば、chapter2/hello_map.pyには以下のようなコードがあります。

```python
#!/usr/bin/python3                              ❶
from bcc import BPF

program = """                                   ❷
BPF_RINGBUF_OUTPUT(output, 1);                  ❸
...
int hello(void *ctx) {
    ...
    output.ringbuf_output(&data, sizeof(data), 0);  ❹

    return 0;
}
"""

b = BPF(text=program)                           ❺
...

b["output"].open_ring_buffer(print_event)       ❻
...
```

❶ Pythonのプログラムで、ユーザ空間で実行される。

❷ 文字列programはeBPFプログラムを保持しており、それはコンパイルされてその後カーネルにロードされる。

❸ BPF_RINGBUF_OUTPUTはoutputというBPFリングバッファを定義するBCCのマクロである。これはprogram文字列の一部なので、バッファはカーネル内に定義する。outputは❻に再度出てくる。

❹ この行はringbuf_output()メソッドをobjectに対して呼び出しているように見える。しかし、オブジェクトに対するメソッド呼び出しはC言語ではサポートされていない。BCCは上述の前処理によって、メソッドをBPFヘルパ関数に展開している（https://oreil.ly/vLVth）。ここではbpf_ringbuf_output()に展開している。

❺ この部分でプログラム文字列を書き換え、ClangがコンパイルするBPFのCコードにしてからコンパイルしている。コンパイル後のプログラムをカーネルへロードするのもここで行う。

❻ ユーザ空間のPythonコードでは定義していないoutputリングバッファを使っている。BCCは❸で示した行を前処理する際に、ユーザ空間とカーネルのパートが通信するためのリングバッファを作成する。

　この例が示すように、BCCは本質的には独自のC風の言語をBPFプログラミング用に提供しているだけです。この言語は、カーネルとユーザ空間の両方からアクセスする共有データ構造の定義、BPFヘルパ関数をラップする便利なショートカットの提供など、さまざまなことをしてくれます。このため、eBPFについてよく知らなくても、特にPython経験者であれば、BCCはとっつきやす

いでしょう。

BCCプログラミングを一通り学びたければ、Pythonプログラマ向けのチュートリアル（https://oreil.ly/0pHKY）を読んでみてください。本書で紹介したものより多くのBCCの機能を一通り学ぶことができるでしょう。

　ドキュメントに明示されていませんが、BCCはeBPFツールのユーザ空間のコードのための言語として、Pythonだけではなく、LuaやC++もサポートしています[4]。luaとcppというディレクトリがサンプル（https://oreil.ly/PP0cL）の中に存在しているので、参考にしてください。ドキュメントが整っているわけではないので、使うには苦労するかもしれません。

　BCCを使うことでプログラミングは楽になりますが、「**5章　CO-RE、BTF、libbpf**」で述べたようにツールとともにコンパイラも配布しなければいけないという欠点があります。このため、本番環境での利用に耐える品質のツールを作りたいのであればこの後に紹介するライブラリを使う方がよいでしょう。

10.4　C言語と libbpf

　ここまでに、C言語で書かれて、LLVMツールチェーンを使ってeBPFバイトコードにコンパイルされるeBPFプログラムをたくさん紹介してきました。また、BTFとCO-REをサポートするためにClangが拡張されたという話もしました。Clang以外にも有名なCコンパイラとしてGCCがあります。嬉しいことにGCCもバージョン10からeBPFがコンパイルターゲットに追加されました（https://oreil.ly/XAzxP）。しかし、LLVMが提供する機能をすべてサポートしているわけではありません。

　「**5章　CO-RE、BTF、libbpf**」で述べたように、CO-REとlibbpfを使えば、eBPFのツールにコンパイラツールチェーンを同梱させなくて済むようになります。BCCプロジェクトには、BCCバージョンの性能計測ツールをlibbpfを利用して書き直したバージョンもあります。全般に、libbpfを使って書き直したBCCツールは、元のバージョンより優れています。なぜならコンパイラを同梱しなくてよい、メモリ使用量も少ない、起動が高速、という利点があるからです[5]。

　C言語プログラムを苦にしないのであれば、libbpfを使うとよいでしょう。

本書を読み終えた後にlibbpfプログラムをC言語で書く際は、まずlibbpf-bootstrap（https://oreil.ly/4mx81）を読むとよいでしょう。このプロジェクトのモチベーションはAndrii Nakryikoのブログ記事（https://oreil.ly/-OW8v）を読めばわかるでしょう。

　libxdp（https://oreil.ly/374mL）と呼ばれる、libbpfの上に書かれたライブラリも存在し、XDPプログラムの開発と管理を簡単にしてくれます。これはxdp-toolsの一部です。このプロジェ

※4　訳注：日本ではRubyも人気があり、BCCをRubyから扱うためのライブラリ（gem）がGitHub（https://github.com/udzura/rbbcc）上に公開されている。Python版の実装と同様、libbccをFFIで呼び出している。このRbBCCは本家であるBCCを順次移植しているため、サポートしていない機能もある。基本的なトレーシング機能は利用可能。

※5　例えば、Brendan Greggによる計測結果（https://oreil.ly/fz_dQ）を見ると、libbpfベースのバージョンのopensnoopは9 MBのメモリを必要とするが、Pythonベースのバージョンはそれと比べ80 MBを必要とする。

クトには eBPF プログラミングのための優れた学習コンテンツがあります。XDP チュートリアル（https://oreil.ly/E6dvl）[6]です。

　C言語はとても扱いが難しい低水準言語です。Cプログラマはメモリ管理やバッファの取り扱いなどの細かいことを自分でやらなければなりません。セキュリティ的な観点でも、脆弱性を含むコードを書いてしまうリスクが高いです。ポインタの扱いを間違えるとプログラムは簡単にクラッシュしてしまいます。BPF検証器はカーネル側のコードは検証してくれますが、ユーザ空間のコードについては何もしてくれません。

　C言語を使いたくなければ他のプログラミング言語で libbpf のインタフェースをラップしたライブラリや、libbpf に似た再配置機能を提供することで、移植性のある eBPF プログラムを作ることができるライブラリも使えます。以下に有名なものをいくつか紹介します。

10.5　Go言語

　Go言語はインフラやクラウドネイティブなツールの開発に広く使われています。Go言語には eBPF のコードを書く方法もあります。

Michael Kashin の記事「Getting Started with eBPF and Go」（https://oreil.ly/s9umt）は Go 向け eBPF ライブラリ同士の比較をしています。

10.5.1　gobpf

　おそらく最初の実用的な Go 言語の eBPF ライブラリ実装は gobpf（https://oreil.ly/pC0dF）プロジェクトでしょう。これは IO Visor プロジェクトの一部で、BCC と並行して開発されました。しかし、最近は積極的にメンテナンスされていませんし、非推奨にすべきという議論（https://oreil.ly/MnE79）も存在します。gobpf を使う場合はこのような背景があることを念頭に置きましょう。

10.5.2　ebpf-go

　Cilium プロジェクトの一部になっている eBPF の Go ライブラリ（https://oreil.ly/BnGyl）は広く使われています。筆者が調べた限りでは1万以上の Github プロジェクトから参照されており、かつ、プロジェクトのスター数は5,000を超えています。ebpf-go は eBPF プログラムと Map を管理したりロードするための便利な関数を提供し、CO-RE をサポートしており、すべて Go 言語で実装されています。

　このライブラリを使えば eBPF プログラムをバイトコードにコンパイルした上で、そのバイナリを Go のソースコードに埋め込めます。bpf2go（https://oreil.ly/-kDbH）というツールを使い、ビルド中に LLVM/Clang コンパイラを実行することによってこの埋め込みを実現します。Go のコードをコンパイルしてできた実行ファイルは、eBPF バイトコードを埋め込んでいます。このバ

※6　eBPF と Cilium のオフィスアワーライブストリーミングのエピソード13（https://oreil.ly/9SaKn）には筆者が登場する。

イトコードはビルドに使ったものとは異なるバージョンのカーネルで動作する移植性を持ち合わせています。配布するときはこの実行ファイルを配布するだけで済みます。

cilium/ebpfライブラリも、*.bpf.oファイルのような単独のELFファイルとしてビルドされたeBPFプログラムのロードと管理ができます。

本書執筆時点では、cilium/ebpfライブラリはXDPやcgroupのソケットへのアタッチなど、ネットワークプログラムタイプに加えて、比較的最近のカーネルに導入されたfentryイベントもサポートします。

cilium/ebpfのexamplesディレクトリ（https://oreil.ly/Vuf9d）では、カーネル内プログラムのためのC言語のコードと、それに対応するユーザ空間のGoのコードが同じディレクトリに配置されています。

- C言語のコードは`// +build ignore`で始まり、Goコンパイラに無視するように指示している。本書執筆時点では、より新しい`//go:build`スタイルのビルドタグに変更中である（https://oreil.ly/ymuyn）。
- ユーザ空間のファイルは次のような行を含んでいて、Goコンパイラに対してC言語のファイルを対象にbpf2goを起動するよう指示する。

```
//go:generate go run github.com/cilium/ebpf/cmd/bpf2go -cc $BPF_CLANG
                  -cflags $BPF_CFLAGS bpf <C filename> -- -I../headers
```

`go generate`をパッケージで実行すると、ワンステップでeBPFプログラムを再ビルドし、スケルトンコードを再生成する。

「5章　CO-RE、BTF、libbpf」で見た`bpftool gen skeleton`のように、bpf2goはeBPFオブジェクトを操作するためのスケルトンコードを生成し、プログラマが書かなければいけないユーザ空間のコードを最小限にしてくれます。2つのツールの違いは、生成するのがC言語ではなくGo言語のコードであるということです。出力されたファイルにはバイトコードを含んだ*.oオブジェクトファイルが埋め込まれています。

実は、bpf2goは2つの.oバイトコードファイルを生成します。それぞれビッグエンディアンとリトルエンディアンのアーキテクチャ用です。これと同様に、2つの.goファイルも作られます。ターゲットとなるプラットフォームに適したものをコンパイル時に選択して使います。例えば、cilium/ebpfのkprobeの例（https://oreil.ly/CgwVd）にある自動生成ファイルは次の通りです。

- ELFファイル、bpf_bpfeb.oとbpf_bpfel.o。これらはeBPFバイトコードを埋め込んでいる。
- Goのソースファイルbpf_bpfeb.goとbpf_bpfel.go。これらは先述のバイトコードの中で定義したMap、プログラム、BPF Linkに対応したGoの構造体と関数を定義している。

自動生成されたGoコードが定義しているオブジェクト等を、生成元であるC言語のコードと対応付けることができます。次に示すのは、このkprobeの例でMapなどのオブジェクトを定義しているC言語のコードです。

```
struct bpf_map_def SEC("maps") kprobe_map = {
...
};

SEC("kprobe/sys_execve")
int kprobe_execve() {
...
}
```

自動生成されたGoのコードはすべてのMapとプログラムに対応する構造体を含んでいます。ただし、この場合では、それぞれ1つだけです。

```
type bpfMaps struct {
    KprobeMap *ebpf.Map `ebpf:"kprobe_map"`
}

type bpfPrograms struct {
    KprobeExecve *ebpf.Program `ebpf:"kprobe_execve"`
}
```

KprobeMapやKprobeExecveといった名前はC言語のコードで使われたMapやプログラムの名前をもとに決められます。これらのオブジェクトはbpfObjects構造体にまとめられ、カーネルにロードされたあらゆるものを表現できるようになっています。

```
type bpfObjects struct {
    bpfPrograms
    bpfMaps
}
```

これでユーザ空間のGoコードから、これらのオブジェクトの定義に対応した、自動生成された関数を使うことができます。これらの使用例として、同じくkprobeの例（https://oreil.ly/YXAjH）の中からmain関数を抜粋します。説明を簡単にするため、エラーハンドリング処理は省略しています。

```
objs := bpfObjects{}
loadBpfObjects(&objs, nil)                        ❶
defer objs.Close()

kp, _ := link.Kprobe("sys_execve",
                     objs.KprobeExecve, nil)      ❷
defer kp.Close()

ticker := time.NewTicker(1 * time.Second)         ❸
defer ticker.Stop()

for range ticker.C {
    var value uint64
```

```
    objs.KprobeMap.Lookup(mapKey, &value)              ❹
    log.Printf("%s called %d times\n", fn, value)
}
```

❶ バイトコードの形で埋め込まれたBPFオブジェクトをロードし、先ほど説明した通り自動
　生成されたbpfObjects構造体に埋め込む。

❷ sys_execve kprobeにプログラムをアタッチする。

❸ プログラムを定期的に実行するためにGoのTickerオブジェクトを設定し、1秒ごとにMap
　をポーリングさせる。

❹ Mapからアイテムを読み出す。

cilium/ebpfディレクトリには他にもさまざまな例があるので、必要に応じて参照してください。

10.5.3　libbpfgo

　Aqua Securityによるlibbpfgoプロジェクト（https://oreil.ly/gvbXr）はlibbpfのC言語コー
ドのGoによるラッパーを実装して、さらにプログラムのロードやアタッチのためのツールや、イ
ベントを受信するためのチャネルのようなGoネイティブな機能を提供します。libbpfの上で作ら
れているので、CO-REもサポートします。

　次に示すのはlibbpfgoのREADMEからの抜粋です。これを見ると、このライブラリが何をしよう
としているのかがわかるでしょう。

```
bpfModule := bpf.NewModuleFromFile(bpfObjectPath)              ❶
bpfModule.BPFLoadObject()                                      ❷

mymap, _ := bpfModule.GetMap("mymap")                          ❸
mymap.Update(key, value)

rb, _ := bpfModule.InitRingBuffer("events", eventsChannel, buffSize)
rb.Start()
e := <-eventsChannel                                           ❹
```

❶ eBPFバイトコードをオブジェクトファイルから読み出す。

❷ バイトコードをカーネルにロードする。

❸ eBPF Mapのエントリを操作する。

❹ GoプログラマはBPFリングバッファまたはPerfリングバッファからのデータをチャネル
　から受信できる。チャネルは非同期的なイベントを取り扱うためにGoが提供する機能なの
　で、使い勝手が良い。

　このライブラリはAqua社のTracee（https://oreil.ly/A03zd）セキュリティプロジェクトのた
めに作られ、他のプロジェクトでも使われるようになっています。例えばPolar SignalsのParca
（https://oreil.ly/s8JP9）はeBPFベースのCPUプロファイリングを提供します。libbpfgoで問題
が起きるのは、主にlibbpfのC言語とGoの境界となるcgoの部分です。例えば性能問題がよく発

生します※7。

　Goはここ10年、インフラ周りのプログラミングのための定番の言語でしたが、最近はRustを好む開発者の数がどんどん増えています。

10.6　Rust

　Rustをインフラ関連のツールの開発に使う人は増えています。Rustは主にC言語が扱うような低レイヤにアクセスしつつ、メモリ安全性という恩恵を受けられます。実際、Linus Torvaldsは2022年にLinuxカーネルにRustのコードを取り込み始めると言っていましたし（https://oreil.ly/7fINA）、実際カーネルv6.1ではRustがサポートされるようになりました（https://oreil.ly/HrXy2）。

　本章の前半で述べたように、Rustのコードは eBPF バイトコードにコンパイルできます。このため、ライブラリによっては eBPF ユーティリティのためのユーザ空間、カーネルの両方のコードをRustで書くことができます。

　RustでeBPF開発をするには libbpf-rs、Redbpf、Ayaなどを使います。

10.6.1　libbpf-rs

　libbpf-rs（https://oreil.ly/qBagk）は libbpf プロジェクトの一部で、libbpf のC言語コードのRustラッパーを提供し、eBPFコードのユーザ空間の部分をRustで書けるようにしたものです。プロジェクトのサンプルコード（https://oreil.ly/6wpf8）を読めば、eBPFプログラム自体はC言語で書かれていることがわかります。

> libbpf-bootstrap（https://oreil.ly/ter6c）プロジェクトでは libbpf-rs を使う例を紹介しています。libbpf-bootstrap は Rust で eBPF プログラムを書く際のテンプレートとして使えます。

　libbpf-rs は eBPF プログラムを Rust ベースのプロジェクトに同梱するには便利ですが、カーネル側のコードを Rust では書けないので、それを実現してくれるプロジェクトについて後述します。

10.6.2　Redbpf

　Redbpf（https://oreil.ly/AtJod）は libbpf のインタフェースとなる Rust のクレートで、eBPFベースのセキュリティ監視エージェントである foniod（https://oreil.ly/dwGNK）の一部として開発されています。

　Redbpf は Rust が eBPF バイトコードをコンパイルできるようになる前から存在していたという経緯で、コンパイル処理が複数の段階に分かれています（https://oreil.ly/DuHxE）。まずは Rustから LLVM の中間表現を生成し、それをもとに LLVM ツールチェーンで eBPF バイトコードを生成して、最終的に ELF フォーマットを出力します。Redbpf は tracepoint、kprobe、uprobe、XDP、

※7　Dave Cheneyの2016年の記事「cgo is not Go（cgoはGoではない）」（https://oreil.ly/mxThs）はcgoに関する問題についてよいまとめとなっている。

TC、いくつかのソケットイベントなどのプログラムタイプをサポートします。

RustコンパイラであるrustcがeBPFバイトコードを直接生成できるようになると、Ayaという プロジェクトがこの機能を利用するようになりました。本書執筆時点では、ebpf.ioのコミュニティサイト（https://oreil.ly/WynV6）においてAyaは「新進の（emerging）」プロジェクトだとみなされている一方、Redbpfはメジャーなプロジェクトに位置付けられています。個人的にはAyaに人気が傾きつつあるように見えます[8]。

10.6.3 Aya

Aya（https://aya-rs.dev/book）はシステムコール呼び出しのレベルまでRustで書かれています。したがってlibbpfに依存しません。もちろんBCCやLLVMツールチェーンにも依存しません。このライブラリはBTFをサポートし、「5章　CO-RE、BTF、libbpf」で説明した、libbpfが行っているような再配置を実現しています。このため、libbpfと同レベルのCO-REの機能があり、一度コンパイルすれば、得られたバイナリは他のカーネルで動作します。本書執筆時点では、AyaはRedbpfよりも多くのeBPFプログラムをサポートしています。例えばトレース /Perf関連のイベント、XDP、TC、cgroup、LSMへのアタッチなどがあります。

Rustコンパイラによる eBPFバイトコードへのコンパイル（https://oreil.ly/a5q7M）を利用しているため、Ayaではカーネルとユーザ空間の両方のeBPFプログラミングにRustを使えます。

> LLVMへの中間的な依存なしに、カーネルとユーザ空間の両方のコードをRustで書くことができるのはRustユーザにとって嬉しいでしょう。lockcプロジェクト（https://oreil.ly/_-L6z）という、LSMフックを使ってコンテナ上のワークロードのセキュリティを向上させるeBPFベースのプロジェクトがあります。lockcがlibbpf-rsからAyaに乗り換えた理由についてのdiscussion（https://oreil.ly/nls4I）がGitHub上に存在します。

このプロジェクトはaya-tool（https://oreil.ly/Kd0nf）という、カーネルのデータ構造と、それに対応するRustの構造体定義を生成するツールを提供しています。aya-toolによってプログラマは手間を省けます。

Ayaは開発者の体験向上を重要視していて、初学者が簡単にコードを書き始められるようになっています。また、「Aya book」（https://aya-rs.dev/book）内のサンプルコードは、詳しく説明されていて、非常に読みやすいです。

eBPFのコードをどのようにRustで書くのかイメージできるように、Ayaを使ってすべてのトラフィックを許可するXDPのサンプルコードの一部を抜粋します。

```
#[xdp(name="myapp")]                                    ❶

pub fn myapp(ctx: XdpContext) -> u32 {
    match unsafe { try_myapp(ctx) } {                   ❷
        Ok(ret) => ret,
        Err(_) => xdp_action::XDP_ABORTED,
```

---

[8] 訳注：Ayaは翻訳時点ではすでにEmergingのカテゴリには分類されていない。コミュニティとして、十分に安定したと判断しているだろう。

```
    }
}

unsafe fn try_myapp(ctx: XdpContext) -> Result<u32, u32> {    ❸
    info!(&ctx, "received a packet");
    Ok(xdp_action::XDP_PASS)
}
```

❶ この行はセクション名を定義している箇所で、C言語のSEC("xdp/myapp")と同じ。

❷ myappというeBPFプログラムはtry_myappという関数を呼び出して、XDPが受信したネットワークパケットを処理する。

❸ try_myapp関数はパケットを受信したという事実をログに書き、常にXDP_PASSの値を返して、カーネルにこのパケットを通常通り処理するよう指示する。

これまでに説明したC言語ベースのeBPFコードと同様、このRustで書かれたeBPFプログラムもコンパイルされてELFオブジェクトファイルに格納されます。違いは、AyaはClangの代わりにRustコンパイラを用いてそのファイルを生成しているという点です。

Ayaは、eBPFプログラムをカーネルにロードしてイベントにアタッチするというユーザ空間の処理のためのコードも生成します。以下は、先ほどと同じサンプルコードから別の箇所を抜粋したものです。

```
let mut bpf = Bpf::load(include_bytes_aligned!(
    "../../target/bpfel-unknown-none/release/myapp"
))?;                                                           ❶

let program: &mut Xdp = bpf.program_mut("myapp").unwrap().try_into()?;    ❷

program.load()?;                                              ❸
program.attach(&opt.iface, XdpFlags::default())              ❹
```

❶ コンパイラが生成したELFオブジェクトファイルからeBPFバイトコードを読み出す[9]。

❷ myappというプログラムをバイトコードから検索する。

❸ 見つかったプログラムをカーネルにロードする。

❹ 指定したネットワークインタフェースのXDPイベントにアタッチする。

みなさんがRustプログラマであれば、「Aya book」の他のサンプルコード（https://oreil.ly/bp_Hq）を読んで詳細な知識を得ることをお勧めします。Ayaを使ってXDPロードバランサーを書いているKongのブログ記事（https://oreil.ly/mUVIk）も参考にしてください。

AyaのメンテナであるDave TuckerとAlessandro Decinaが筆者と一緒にeBPFとCiliumオフィスアワーライブストリーミングのエピソード25（https://oreil.ly/U7bRu）に出演してくれました。その中で、彼らはAyaによるeBPFプログラミング入門のデモをしています。

※9　訳注：Rustユーザには見慣れた表記だが、末尾の?記号は、この関数呼び出しが失敗する可能性があること、失敗した場合はその場で直ちにエラー型を返却することを示している。

10.6.4 Rust-bcc

Rust-bcc（https://oreil.ly/prP_K）はBCCプロジェクトのPythonバインディングを模した
Rustのバインディングを提供しています。同様に、BCCにあるようなトレースツール（https://
oreil.ly/Dd2nO）のいくつかをRustで実装したものも提供しています。

10.7 BPFプログラムのテストとデバッグ

BPF_PROG_RUN（https://oreil.ly/Y2xPC）というbpf()のコマンドがあります。このコマンドは
テスト目的のためにeBPFプログラムをユーザ空間で実行するためのものです。

BPF_PROG_RUNは現在のところ一部のBPFプログラムタイプしか動かせません。サポートされて
いるのはほとんどネットワーク関係のプログラムタイプです。

他のデバッグ方法も紹介します。以下のコマンドを実行すると、eBPFプログラムの性能情報を
取得するための統計情報を有効にします。

```
$ sysctl -w kernel.bpf_stats_enabled=1
```

こうすると、bpftoolのプログラムに関する出力の中に、以下のような統計情報が追加されます。

```
$ bpftool prog list
...
2179: raw_tracepoint  name raw_tp_exec  tag 7f6d182e48b7ed38  gpl
        run_time_ns 316876 run_cnt 4
        loaded_at 2023-01-09T11:07:31+0000  uid 0
        xlated 216B  jited 264B  memlock 4096B  map_ids 780,777
        btf_id 953
        pids hello(19173)
```

出力を読むと、このシステムでプログラムはこれまで4回実行され、合わせておよそ300マイク
ロ秒のCPU時間を使ったことがわかります。

 この節で述べたことについてもっと知りたければ、Quentin MonnetのFOSDEM 2020での講演
「Tools and mechanisms to debug BPF programs（BPFプログラムのデバッグツールとその仕組み）」
（https://oreil.ly/l5Jhd）を参照してみてください。

10.8 複数のeBPFプログラム

1つのeBPFプログラムは、カーネル内の単一のイベントにアタッチされた1つの関数といえま
す。多くのeBPFアプリケーションは、目的を果たすために2つ以上のイベントにプログラムをア
タッチする必要があるでしょう。簡単な例がopensnoopです[10]。本書の冒頭でbpftraceバージョ
ンのこのツールを紹介しました。そこでは4つのシステムコールtracepointにBPFプログラムをア

タッチさせていました。

- syscall_enter_open
- syscall_exit_open
- syscall_enter_openat
- syscall_exit_openat

これらはカーネル内でopen()とopenat()システムコールを開始・終了する場所に相当します。2つのシステムコールはファイルをオープンするのに使い、opensnoopツールはその両方をトレースします。

これらのシステムコールの開始時と終了時の両方にプログラムをアタッチしているのはなぜでしょうか。開始時にアタッチする理由は、そこでシステムコールへの引数にアクセスできて、それにはopen[at]に渡されるファイル名と各種フラグが含まれているからです。ただし、この段階ではファイルのオープンに成功したかどうかはわかりません。ファイルのオープンが成功したかどうかを知るために、eBPFプログラムを終了時にもアタッチしているのです。

libbpf-toolsバージョンのopensnoop（https://oreil.ly/IOty_）のソースを読むと、ユーザ空間のプログラムは1つだけで、このプログラムが4つのeBPFプログラムをカーネルにロードして、対応するイベントにアタッチさせていることがわかります。4つのeBPFプログラムは独立したものですが、お互いに連携を取るためにeBPF Mapを使っています。

複雑なeBPFアプリケーションになると、実行中にeBPFプログラムを動的に追加したり削除したりする場合もあるでしょう。アプリケーションが利用するeBPFプログラムの数は一定とは限りません。例えば、Ciliumはそれぞれの仮想ネットワークインタフェースにeBPFプログラムをアタッチします。Kubernetesの環境では、Podの数に応じて仮想インタフェースの数も増減するため、それに伴ってeBPFプログラムの数も増減するのです。

本章で説明したライブラリのほとんどは、複数のeBPFプログラムを取り扱えるようになっています。例えば、libbpfとebpf-goは、関数を1つ呼び出せばオブジェクトファイルもしくはバッファに存在するバイトコード内の**すべての**プログラムとMapをロードしてくれるようなスケルトンコードを自動生成します。これに加えて、プログラムやMapを個別に操作するスケルトンコードも生成してくれます。

10.9　まとめ

eBPFベースのツールのほとんどのユーザはeBPFのコードを自分で書く必要はありません。しかし、みなさんがeBPFを使って何かを実現したい場合は、選択肢はたくさんあります。この分野は変化が激しいため、みなさんが本章を読んでいるときには、本書執筆時点では存在しなかった新しい言語やライブラリが出現していたりするかもしれません。あるいは、みんなが同じライブラリを使うようになっているかもしれません。eBPF関係の主要な言語のプロジェクトについてはebpf.ioのサイト（https://ebpf.io/infrastructure）にリストがあります。

トレース情報をてっとりばやく収集するには、bpftraceが便利でしょう。

より柔軟な実装や制御をしたい場合は事情が変わってきます。Pythonに慣れていれば、BCCが

有力な選択肢になります。ただしBCCは実行時にコンパイル処理が必要になるという欠点もあります。

　ツールを広く配布する必要があり、違ったバージョンのカーネルでも動作するようなeBPFのコードを書きたいのなら、CO-REが必要になるでしょう。本書執筆時点でCO-REをサポートするユーザ空間のフレームワークはC言語なら`libbpf`、Goなら`cilium/ebpf`と`libbpfgo`、Ruslなら`Aya`があります。

　気になることがあればeBPF Slack（http://ebpf.io/slack）に参加して質問を投稿したり、議論したりすることをお勧めします。このコミュニティには、これらのライブラリのメンテナも参加しています。

10.10　演習

　本章で説明したライブラリを試してみたければ、「Hello World」プログラムを書いてみるとよいでしょう。

1. 何らかのライブラリを使い、シンプルなトレースメッセージを出力する「Hello World」プログラムを書け。
2. `llvm-objdump`を使って上記プログラムのバイトコードを出力せよ。**「3章　eBPFプログラムの仕組み」** で見た「Hello World」の例で生成されたバイトコードと比較して、類似点を見つけよ。
3. **「4章　bpf()システムコール」** で見た通り、`strace -e bpf`を使えば`bpf()`システムコールの発行を記録できる。本演習で作った「Hello World」プログラムをstrace経由で実行し、想定した通りの振る舞いをしているかどうか、確認せよ。

11章
eBPFの将来の進化

eBPFはこれが完成形というわけではありません。ほとんどのソフトウェアと同様に、Linux
カーネルの一部として継続的に開発が続いています。Windowsにも追加されようとしています。
この章では、この技術の将来の可能性についていくつか議論していきます。

BPFは最初にLinuxカーネルに導入されてから現在に至るまでに、専用のメーリングリストと
メンテナを持つ独自のサブシステムに進化しました[1]。eBPFの人気が高まり、Linuxカーネルコ
ミュニティを超えて関心が広がるにつれ、利害関係者が増えていきました。これを受けて、彼らの
間を取り持つ中立的な団体であるeBPF財団が設立されました。

11.1　eBPF財団

2021年にGoogle、Isovalent、Meta（当時はFacebook）、Microsoft、NetflixがLinux財団の支
援を受けてeBPF財団を設立しました。この財団は、資金と知的財産を保有できる中立的な団体と
して機能し、さまざまな営利企業が協力し合えるようになっています。

eBPF技術がLinuxカーネルコミュニティとLinux BPFサブシステムの貢献者によって開発され
ているという現在の体制を変更するためのものではありません。財団がやることは、Linuxカー
ネルのBPFメンテナや他の主要なeBPFプロジェクトの代表者を含む、技術的な専門家からなる
BPF運営委員会によって決まります。

eBPF財団は技術基盤としてのeBPFと、eBPFの開発を支えるツールのエコシステムに関心を
集中させています。このため、eBPFを基盤としており中立性を保ちつつ進めたいプロジェクトで
あっても、別の財団で管理する方が適していることもあるでしょう。例えばCilium、Pixie、Falco
はどれもeBPFを利用していますが、すべてCNCFの一部です。これらはすべてクラウドネイティ
ブ環境で使用されることを意図しているため、CNCFに所属する方が理にかなっています。

既存のLinuxメンテナのコミュニティを超えてこのコラボレーションを推進する主な要因の1つ
は、MicrosoftがWindowsオペレーティングシステム内でeBPFを開発することに興味を持って
いたことでした。これを実現するため、あるOS上で動作するように記述されたプログラムを別の

※1　LinuxカーネルのBPFサブツリーのメンテナであるMetaのAlexei StarovoitovとAndrii Nakryiko、IsovalentのDaniel
　　 Borkmann、ありがとう！

OS上で使えるように、eBPFの標準を定める必要が生じます[※2]。この作業は、eBPF財団の支援を受けて進行中です。

11.2　Windows用のeBPF

Microsoftは、WindowsでeBPFをサポートしようとしています。2022年後半の本書執筆時点で、Windowsで実行されているCilium Layer 4ロードバランサーとeBPFベースの接続トレース機能のデモがすでに存在しています。

本書の中でeBPFプログラミングはカーネルプログラミングであると述べました。Linuxカーネルで実行するように書かれ、Linuxカーネルのデータ構造にアクセスできるプログラムが、全く異なるオペレーティングシステムで動作できるというのは直感に反するかもしれません。しかし実際には、特にネットワークに関連する場合、すべてのオペレーティングシステムでのそれぞれの処理には多くの共通点があります。ネットワークパケットは、Windowsで作られようとLinuxで作られようと同じ構造をしており、ネットワークスタックのレイヤではパケットを同じような方法で処理する必要があります。

前述のように、eBPFプログラムはカーネル内に実装された仮想マシン（VM）によって処理されるバイトコードです。そのVMはWindowsでも実装できるというわけです。

図11-1はeBPF for WindowsのGitHubリポジトリ（https://github.com/microsoft/ebpf-for-windows）から抜粋したWindows用eBPFのアーキテクチャの概要図です。この図からわかるように、eBPF for WindowsはeBPFエコシステムにすでに存在する、libbpfやeBPFバイトコードを生成するClangのサポートなどのような、オープンソースのツールやコードを利用しています。LinuxカーネルのライセンスはGPL v2ですが、Windowsはそうではないため、WindowsはLinuxカーネル内にある検証プログラムの一部を使えません[※3]。このため、WindowsではLinuxで通常使われるものと異なる、PREVAIL検証プログラムとuBPF JITコンパイラと呼ばれるものを使っています（どちらも許容ライセンスのため、より広範囲のプロジェクトや組織で使用できます）。

※2　Linux Plumber Conferenceにおいて、Dave Thalerはこの標準化プロセスについてプレゼンテーション（https://oreil.ly/4bo6Y）を行った。

※3　GPL v2でライセンスされたLinuxカーネル内のプログラムをWindowsで使おうとしたら、Windowsのソースコードを GPL v2の下に頒布しなければならなくなる。

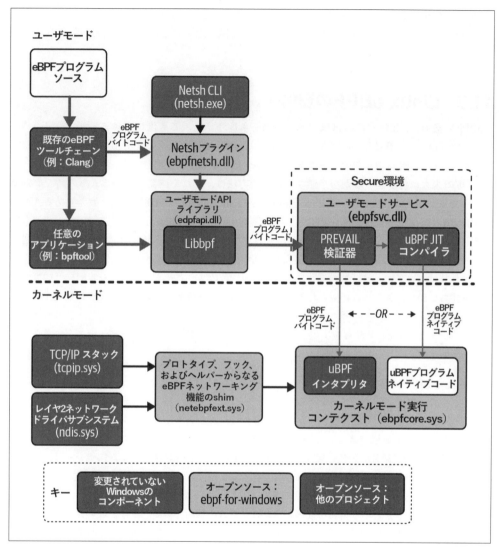

図11-1 eBPF for Windows のアーキテクチャ概要。eBPF for Windows のリポジトリ（https://oreil.ly/HxKsu）から引用

eBPFコードは、カーネルではなく、ユーザ空間のWindows Secure環境で検証およびJITコンパイルされます（**図11-1**に示すuBPFインタプリタは、デバッグビルドでのみ使用され、本番環境では使用されません）。

Linuxで実行するために記述されたすべてのeBPFプログラムがWindowsで動作すると期待するのは非現実的です。しかし、これは、異なるLinuxカーネルバージョンでeBPFプログラムを実行することの課題とそれほど変わらない状況です。CO-REをサポートしていても、カーネル内部のデータ構造はバージョン間で変更される可能性があり、追加または削除されることもあります。

eBPF プログラマは、これらの可能性に適切に対処する必要があります。

　Linux カーネルの変更について言えば、今後数年間で eBPF にどのような変更が見られるのでしょうか？

11.3　Linux eBPFの進化

　eBPF の機能は、3.15 以降のほぼすべてのカーネルリリースで進化してきました。特定のバージョンで利用可能な機能について知りたい場合は、BCC プロジェクトが有用なリストを公開しています。そして、今後数年間でさらに多くの機能が追加されることでしょう。

　eBPF の未来に何が起こるかを予測する最善の方法は、それを開発している人々の話を直接聞くことです。例えば、2022 年の Linux Plumbers Conference で、eBPF のメンテナである Alexei Starovoitov は、eBPF プログラムで使用される C 言語がどのように進化するかについての講演を行いました[4]。eBPF は、数千の命令しかサポートできない段階から、実質的に無制限に複雑な処理を書けるように進化しました。ループ処理のサポートのほか、BPF ヘルパ関数についても続々と追加され続けています。検証器の進化によって、eBPF C は、カーネルモジュール開発と同等の柔軟性を持ち、かつ、さらなる特徴として安全性と動的ロード機能を実現できるように進化する可能性があります。

　eBPF の新しい機能とそれらを実現するために検討および開発されているアイデアを、さらにいくつか示します。

署名された eBPF プログラム

　ソフトウェアサプライチェーンのセキュリティはここ数年注目されてきました。この分野では実行しようとしているプログラムが期待通りの提供元から来たものであり、かつ、改ざんされていないことを確認できることが重要視されています。これを実現するためには、プログラムに含まれるデジタル署名を検証するのが一般的です。eBPF プログラムについては、カーネルがこの操作を検証ステップの一部として行うことができそうに思えますが、残念ながらこれは簡単ではありません。これまで見てきたように、ユーザ空間のローダは BTF から Map がどこに配置されるかという情報を取得してプログラムを動的に変更します。この性質によって、作成者が意図した変更済みの CO-RE バイナリと悪意ある変更を加えられたバイナリとを区別するのが難しくなります。eBPF コミュニティはこの問題の解決に熱心に取り組んでいます（https://oreil.ly/ns03-）。

長寿命のカーネルポインタ

　eBPF プログラムはヘルパ関数、または Kfunc によってカーネルオブジェクトへのポインタを取得できますが、ポインタはそのプログラムの実行中のみ有効です。次回実行時に使うために Map に保存しておくことはできません。型付きポインタ（https://oreil.ly/fWVdo）を使えばもう少し柔軟な使い方をできるようになるかもしれません。

※4　Alexei Starovoitov は eBPF で使用する言語が制約付きの C 言語から拡張された安全な C 言語に進化してきたことについて YouTube の動画（https://oreil.ly/xunKW）で述べた。

メモリ割り当て

　kmalloc()などのメモリ割り当て関数をeBPFプログラムから直接呼び出すのは安全ではありません。しかし、eBPF固有の代替案が提案されています（https://oreil.ly/Yxxc5）。

　新しいeBPF機能が登場したとき、それはいつ利用できるようになるのでしょうか。エンドユーザとしては、eBPFのどの機能を使用できるかは、動作中のシステムで使用しているカーネルのバージョンによって変わります。また、前述したように、Linuxの新しいバージョンがリリースされてから、Linuxのディストリビューションの安定版がそのバージョンのカーネルを採用するまでに数年かかる場合があります。個人ユーザであれば最先端のカーネルを使えますが、ほとんどの組織はサーバ用にディストリビューションがサポートされているバージョンを使用しています。eBPFプログラマは、カーネルに追加された最新の機能を利用するコードは、ほとんどの環境で数年間は使えないことを考慮する必要があります。新しいeBPF機能をいち早く使いたいような一部の組織の場合は、できるだけ最新版に近いカーネルを使うこともあります。

　例えば、「building tomorrow's networking」という未来を見据えた講演において、Daniel Borkmannは、Big TCPと呼ばれる機能を説明しました。この機能はカーネルで処理されるネットワークパケットをバッチ処理することによって100 Gbps（ギガビット毎秒）以上の転送速度を実現するためのもので、Linuxのバージョン5.19に追加されました。ほとんどのLinuxディストリビューションは、この最新のカーネルを数年間サポートしないでしょう。ですが、大量のネットワークトラフィックを処理する必要がある組織は、早めにカーネルバージョンをアップグレードする価値があるかもしれません。Big TCPサポートをeBPFとCiliumに追加した場合、そのような最新に追いついている組織ではすぐに利用できるようになりますが、ほとんどのユーザにとってしばらくは使えません。

　eBPFはカーネルの挙動を動的に変更できるため、「今まさに現場で起きている問題」に対処するために使える場合があります。**「9章　セキュリティ用eBPF」**では、eBPFを使用してカーネルの脆弱性を緩和する方法について説明しました。マウス、キーボード、ゲームコントローラなどのヒューマンインタフェースデバイス（HID）などのハードウェアデバイスをeBPFによってサポートしようとする動きもあります。これは、**「7章　eBPFのプログラムとアタッチメントタイプ」**で説明した、赤外線コントローラで使用されるプロトコルをデコードするための既存機能を活用しています。

11.4　eBPFはプラットフォームであり、機能ではない

　10年近く前にはコンテナ技術が注目すべき新技術でした。誰もがコンテナとは何か、そしてコンテナの利点は何かについて語っていました。現在はeBPFが同様の段階にあり、多くのカンファレンスの講演やブログがeBPFの利点を喧伝しています（一部については本書で紹介しました）。現在、Dockerやその他のコンテナランタイムを使用してローカルでコードを実行したり、Kubernetes環境にコードをデプロイしたりする多くの開発者にとって、コンテナは日常生活の一部となっています。eBPFも今後すべての人が使うようなツールになるのでしょうか？

　私はそうは思いません。少なくとも、ほとんどのユーザは直接eBPFプログラムを記述したり、

bpftool などのユーティリティによって直接 eBPF を使うことはないでしょう。しかし、性能測定、デバッグ、ネットワーク、セキュリティ、トレース、その他多くのことを実現するために、eBPF を使用して開発されたツールを使うことになるでしょう。ユーザは、コンテナを使用するときに名前空間や cgroup などのカーネル機能を直接使わないように、eBPF を知らず知らずのうちに使うことになるかもしれません。

eBPF の知識を持つプロジェクトやベンダーは、eBPF の強力さや利点を強調します。eBPF ベースのプロジェクトや製品が普及し、市場シェアを獲得しつつあります。そういう状況なので、eBPF は基盤系ツールを作る際のプラットフォームとしてデファクトスタンダードになりつつあります。

eBPF プログラミングの知識は現在、持っていることは望ましいが、持っている人はまだまだ珍しいというスキルです。この状況は今後も続くでしょう。これは、ビジネスアプリケーションやゲームの開発スキルに対するカーネル開発スキルに近いものがあります。システムの下位レベルに飛び込み、重要な基盤系ツールを作りたい場合は、eBPF のスキルが役立ちます。そのときに本書が役立つことを願います。

追加情報

本書の中で参照してきたいくつかの記事やドキュメントに加えて、以下に追加で参考情報を記載しておきます。

- eBPF のコミュニティサイト ebpf.io（http://ebpf.io）
- Cilium プロジェクトのドキュメント（https://docs.cilium.io/en/v1.13/bpf/#bpf-guide）にある BPF と XDP のリファレンス
- Linux カーネルの BPF についてのドキュメント（https://oreil.ly/q8xh3）
- Brendan Gregg の Web サイト（https://www.brendangregg.com）の中の、性能測定や可観測性のために eBPF を使っているもの
- Andrii Nakryiko の Web サイト（https://nakryiko.com）：特に CO-RE と libbpf についてのもの
- Lwn.net（https://lwn.net）：BPF を含む Linux カーネルの最新状況を追うのにとても役立つサイト
- Elixir.bootlin.com（http://elixir.bootlin.com）：Linux のソースコード
- eCHO（https://oreil.ly/2AATZ）：eBPF コミュニティ、Cilium コミュニティの情報を公開するために毎週開催されているライブストリーミング。筆者は毎回出演している

11.5 結論

本書の最後までお読みいただき、ありがとうございました。

本書が、みなさんにとって、eBPFの力を知るためのこの上のない機会になったのならば大変嬉しいです。eBPFのコードを書いたり、筆者が紹介したツールを試したりする気になったかもしれません。eBPFプログラミングをやってみようと思ったならば、どのように始めればいいか、本書がお役に立てれば幸いです。演習をすべて終えられた方は…素晴らしいです！

eBPFに興味がある場合は、コミュニティに参加してみてください。やり方を知るにはWebサイトebpf.io（http://ebpf.io）にアクセスするのが最善の方法でしょう。ここからeBPFや関連プロジェクトの最新情報、イベント開催情報などにアクセスできます。eBPF Slack（http://ebpf.io/slack）チャンネルへのリンクもここにあります。このチャンネルでは、あらゆる質問に回答してくれる専門家を見つけられるでしょう。

本書に対するフィードバック、コメント、およびテキストの修正を受け付けています。何かありましたら、本書で紹介したGitHubリポジトリ（https://github.com/lizrice/learning-ebpf）から私に連絡してください。直接コメントをいただいても構いません。私はインターネット上の多くの場所で@lizriceというアカウントを使っています。

索 引

A

Aya...............................187-188

B

BCCフレームワーク
    BPF関数呼び出し..............................29
    Hello Worldプログラム............15-34
    Python/Lua/C++..............179-181
    移植性に対するアプローチ..............75
Borkmann, Daniel...........xii, 3-4, 10, 145, 193, 197
BPF（Berkeley Packet Filter）
    eBPFの起源..............................1
    eBPFへの進化..............................2
    リングバッファ..............67-69
BPFアタッチメントタイプ..............133-134
BPFトランポリン（BPF trampoline）..............124
BPF Map
    BTF情報を含むMap..............83
    BTFデータの調査..............84
    CO-REプログラム用の定義..............88
    Map要素の読み出し..............70
    Tail Call..............29-33
    アクセス..............99
    関数呼び出し..............28
    グローバル変数..............48-50
    検索..............69
    作成..............59
    情報の読み出し..............69-71
    特定の操作のためのMap..............20
    定義..............20
    ハッシュテーブルMap..............21-23
    ユーザ空間から操作..............61-62
bpf()システムコール..............55-73
    BPFリングバッファ..............67-69
    BPF_PROG_RUNによるテスト..............189
    BTFデータのロード..............58-59
    kprobeイベントへのアタッチ..............65
    Mapからの情報の読み出し..............69-71
    Mapの作成..............59
    Mapをユーザ空間から操作..............61-62
    Perfイベント..............66
    Perfリングバッファ..............64
    プログラムとMapへの参照..............62-64
    プログラムのロード..............60
    ラップする関数を提供するlibbpf..............96
BPF_MAP_CREATE..............59
BPF_MAP_GET_FD_BY_ID..............70
BPF_MAP_GET_NEXT_ID..............70
BPF_MAP_UPDATE_ELEM..............61, 64-67
BPF_OBJ_GET_INFO_BY_FD..............70
BPF_PERF_OUTPUT..............23, 25
BPF_PROG_ATTACH..............71
BPF_PROG_LOAD..............71
BPF_PROG_RUN..............189
BPF_RAW_TRACEPOINT_OPEN..............71
bpftool
    BPFスケルトンコードの自動生成..............96-101
    BPFの再配置..............95-96
    BTF情報の調査..............84
    BTF情報をリストアップ..............79-80

JITコンパイルされた機械語 45
Mapの内容を表示 61
perfサブコマンド 121
XDP 145
カーネルからプログラムを削除 51
カーネルにロードされたMapを表示 49
カーネルヘッダファイルの生成 85
カーネルへのプログラムのロード 42, 50
コントロールフローの可視化 107
情報の読み出し 69-70
スケルトンの生成 78
ネットワークインタフェースからのデタッチ 50
ピン留め 62
プログラムの一覧表示 42
プログラムをイベントへアタッチ 46
ヘルパ関数 120
翻訳後のバイトコードを表示 44
bpftrace 175-178
BSD Packet Filter .... BPFを参照
BTF(BPF Type Format) 78-84
bpftoolを使用してBTF情報をリストアップ 79-80
BTF情報を含むMap 83
BTFにおける型情報 80-83
BTFデータのロード 58-59
MapとプログラムのBTFデータを調査 84
オブジェクトファイル内の情報 94
カーネルヘッダ 85-86
関数と関数プロトタイプのBTFデータ 83-84
導入 4
有効なTracepoint 127
ユースケース 78

C

C言語
eBPFプログラミング 181-182
「Hello World」プログラム 15-34
カーネル側のコード 178
C++ 181
Capability 19, 122, 129
cgroup(control groups) 133
Cilium
ebpf-goライブラリ 182-185
起源 3
ネットワークプログラム同士の連携 156-158

Cilium Tetragon 171-174
カーネル関数へのアタッチ 171-172
予防的セキュリティ 172-174
Clangコンパイラ 39, 77, 86, 92
CNI(Container Network Interface) 156, 158
CO-RE(compile once, run everywhere)プログラム
.... 86-93
BPF再配置情報 95
オブジェクトファイル内のBTF情報 94
基本 75
再配置 77

D

DDoS防衛 39, 137-138

E

eBPF(generally)
Berkeley Packet Filter 1
BPFからの進化 2
eBPFプログラムの動的ロード 9
Linuxカーネル 5-8
Windows用 194-196
カーネルへの新機能の追加 7-8
カーネルモジュール 8
仮想マシン .... eBPF仮想マシンを参照
基本 1-14
クラウドネイティブな環境 11-13
高性能なeBPFプログラム 10
プログラム .... eBPFプログラムを参照
ヘルパ関数 120
本番環境に向けての進化 3-4
用語 4
eBPF仮想マシン 35-37
命令 35-37
レジスタ 36
eBPF財団 193
ebpf-go 182-185
execve()システムコール 99

F

Facebook 3
Falco 167
fentryプログラム 124
fexitプログラム 124

G

Go言語 ⸻ 182
gobpf ⸻ 182
GPLライセンス ⸻ 110
Gregg, Brendan ⸻ 3

I

ioctl ⸻ 65-67
IO Visor ⸻ ix, 37, 41, 59, 85, 182
ip link ⸻ 47-48, 53, 63
IPアドレス ⸻ 158
IPsec ⸻ 159-160
iptables ⸻ 156

J

Jacobson, Van ⸻ 1
JITコンパイル ⸻ 45

K

Katran ⸻ 3
kfuncs ⸻ 121
kprobe ⸻ 122-124
　eBPFプログラムのkprobeイベントへのアタッチ ⸻ 65
　起源 ⸻ 3
　システムコールのエントリポイントにアタッチ ⸻ 122
　その他のカーネル関数にアタッチ ⸻ 123
kube-proxy ⸻ 156
Kubernetes
　cgroup ⸻ 133
　CNI ⸻ 156, 158
　eBPFとKubernetesネットワーク ⸻ 153-161
　iptablesの回避 ⸻ 156
　コネクションの暗号化 ⸻ 159-161
　サイドカーモデル ⸻ 12
　ネットワークポリシーの強制 ⸻ 158

L

libbpf
　BPFスケルトン ⸻ 96-101
　eBPFプログラミング ⸻ 181-182
　ebpf-go ⸻ 182-185
　既存Mapへのアクセス ⸻ 99
　サンプルコード ⸻ 100-101
　プログラムとMapをカーネルにロード ⸻ 98
　ヘッダ ⸻ 87
　ヘルパ関数用のヘッダファイル ⸻ 87
　ユーザ空間 ⸻ 96-101
libbpfgo ⸻ 185
libbpf-rs ⸻ 186
Linuxカーネル ⸻ カーネルを参照
LLVM ⸻ 187
llvm-objdump ⸻ 40
LSM（Linux Security Module）
　LSM BPF ⸻ 4, 170-171
　プログラムのアタッチ ⸻ 128-129
Lua ⸻ 181

M

Makefile ⸻ 94
Map
　BPF ⸻ 20-33, BPF Mapも参照
　参照 ⸻ 62-64
　ハッシュテーブル ⸻ 21-23
McCanne, Steven ⸻ 1
Meta ⸻ 3
Microsoft ⸻ 194-196

N

Nakryiko, Andrii ⸻ xii, 4, 181, 193, 198

O

opensnoop ⸻ 189

P

packet encryption/decryption ⸻ 150-153
Packet-Of-Death（死のパケット）脆弱性 ⸻ 138
Perf関連のプログラム（perf-related program） ⸻ 121
Perfリングバッファ ⸻ 23
　BPFリングバッファとの違い ⸻ 23, 67
　Perfイベントの設定と読み出し ⸻ 66
　管理 ⸻ 100
　初期化 ⸻ 64
perf_event_open() ⸻ 65
PMU（性能測定ユニット） ⸻ 65
Pod ⸻ 154
Python ⸻ 179-181

R

Red Hat Enterprise Linux(RHEL) 8
redbpf 186-187
RHEL(Red Hat Enterprise Linux) 8
Ruby 181
Rust 186-189
　Aya 187-188
　libbpf-rs 186
　redbpf 186-187

S

SEC()マクロ 38-39, 89
seccomp
　seccompプロファイルの自動生成 166-167
　基本 165
　導入 2
sockmap操作 131
SSLライブラリ 150-153
Starovoitov, Alexei xii, 2, 4, 64, 193, 196

T

Tail Call 29-33
TC(トラフィックコントロール) 131, 146-150
Tetragon Cilium Tetragonを参照
TOCTOU(Time Of Check to Time Of Use) 167-169
Tracepoint 125-127

U

USDT(User Statically Defined Tracepoint) 127

W

Windows 194-196
WireGuard 159-160

X

XDP(eXpress Data Path)
　オフローディング 39, 145
　パケットのパース 139-142
　プログラムタイプ 131
　メモリアクセス 110
　戻り値 120, 138
　ロードバランサーとパケットの転送 142-145

あ行

アタッチメント(attachment)
　プログラムをイベントへアタッチ 46-48
　ユーザ空間 127-128
アタッチメントタイプ(attachment type)
　BPF 133-134
　eBPFプログラム 119-135
暗号化(encryption)
　コネクションの暗号化 159-161
　透過的 160
　パケットの暗号化と復号 150-153
暗号化プロトコル(encryption protocol) 159-161
移植性(portability) CO-REを参照
イベント(event)
　eBPFのkprobeイベントへのアタッチ 65
　プログラムをアタッチ 46-48
イベントバッファ(event buffer) 100
オブジェクトファイル(object file)
　確認 40-42
　コンパイル 39-40

か行

カーネル(kernel)
　eBPFプログラムのロード 42
　カーネルヘッダファイルの生成 85-86
　機能の進化 ix
　基本 5-8
　新機能の追加 7-8
　定義 5
　プログラムを削除 51
　ロードしたプログラムの確認 42-46
カーネルヘッダファイル(kernel header file) 85-86
カーネルモジュール(kernel module) 8
可観測性ツール(observability tool) 163
確認(inspecting)
　検証器による
　　到達不可能な命令 116
　　不正な命令コード 116
　　戻り値 116
　メモリアクセス 110-113
　ライセンス 110
　ロードしたプログラム 42-46
　　BPFプログラムのタグ 44
　　JITコンパイルされた機械語 45

翻訳後のバイトコード............................44
仮想マシン(virtual machine)....eBPF 仮想マシンを参照
カプセル化(encapsulation)....................132, 157
　軽量トンネリング............................132
関数(function)..............................83-84
関数プロトタイプ(function prototype)............84
関数呼び出し(function call)..............28, 51-52
擬似ファイルシステム(pseudo filesystem)........63
クラウドネイティブ(cloud native)..............11-13
グローバル変数(global variable)..............48-50
軽量トンネリング(lightweight tunnel)..........132
権限(privilege)..............................19
　eBPF プログラムの実行........................19, 42
検証器(verifier)............................103-118
　検証のプロセス............................103-105
　コンテキストへのアクセス......................114
　コントロールフローの可視化......................107
　到達不可能な命令の確認........................116
　不正な命令コードの確認........................116
　プログラムの実行完了の保証......................114
　ヘルパ関数の検証............................108-109
　ヘルパ関数の引数............................109
　ポインタの参照をたどる前のチェック..............113
　メモリアクセスの確認........................110-113
　戻り値の確認..............................115
　ライセンスの確認............................110
　ループ....................................115
　ログ....................................105-107
　検証器によるアクセス........................114
コンテキスト引数(context argument)............119
コンテナ(container)....................54, 76, 128
　cgroup..................................133
コンパイル(compilation)
　eBPF バイトコード..........................93-94
　　Makefile の例............................94
　　最適化..................................93
　　ターゲットアーキテクチャ......................93
　　デバッグ情報............................93
　eBPF プログラム............................93-94
　　eBPF プログラムのセクション................89-91
　　Map の定義..............................88
　　概要..................................77
　　ヘッダファイル............................86-88
　　メモリアクセス............................91-92

ユーザ空間コード............................96
ライセンス定義............................92-93

さ行

最適化(optimization)........................93
サイドカーモデル(sidecar model)................12
再配置(relocation)..........................95
サブプログラム(subprogram)..............29, 51-52
参照(reference)
　Map....................................62-64
　プログラムと Map............................62-64
　　BPF Link..............................64
　　ピン留め..............................62
　ポインタの参照をたどる前のチェック..............113
　GitHub リポジトリ............................ix-x
システムコール(system call)
　bpf()....................bpf() システムコールを参照
　kprobe をエントリポイントへアタッチ..............122
　Linux カーネル............................4
　seccomp................................165
　seccomp プロファイルの自動生成..............166-167
　システムコール追跡ベースのセキュリティツール
　....................................167-169
　セキュリティイベント用........................164-169
ジャンプ命令(jump instruction)................28
状態の枝刈り(state pruning)....................105
スケルトンコード(skeleton code)
　bpftool による自動生成........................96-101
　Map へのアクセス............................99
　イベントバッファの管理........................100
　自動生成..................................77
　プログラムと Map をカーネルにロード..............98
　プログラムのイベントへのアタッチ..............99
スピンロック(spin lock)......................78
性能測定ユニット
　(Performance Measurement Unit:PMU)........65
赤外線コントローラ(infrared controller)........133
セキュリティ(security)......................163-174
　Cilium Tetragon........................171-174
　Kubernetes におけるコネクションの暗号化......159-161
　LSM BPF................................170-171
　seccomp................................165
　seccomp プロファイルの自動生成..............166-167
　可観測性ツールとセキュリティツールとの違い........163

セキュリティイベント用にシステムコールを使用
　　　　　　　　　　　　　　　　164-169
　　ネットワークセキュリティ　　　　174
　　パケットの暗号化と復号　　　150-153
　　パケットのドロップ　　　　　138-142
　ソケット（socket）　　　　　　　　131

た行

ターゲットアーキテクチャ（target architecture）
　　CO-REプログラム　　　　　　　　93
　　BPFプログラム　　　　　44, 47, 189
デタッチ（detaching）　　　　　　　　50
デバッグ（debugging）　　　　　　　　93
透過的暗号化（transparent encryption）　160
到達不可能な命令（unreachable instruction）116
動的ロード（dynamic loading）　　　　　9
ドキュメント（documentation）　　　　41
トラフィックコントロール（traffic control：TC）
　　　　　　　　　　　　　131, 146-150
トレーシング（tracing）
　　bpf_trace_printk()　　　17, 19, 39
　　fentry/fexit　　　　　　　　　124
　　kprobeとkretprobe　　　　122-124
　　LSM　　　　　　　　　　128-129
　　Perf関連のプログラム　　　121-129
　　Tracepoint　　　　　　　125-127
　　トレース用パイプ　　20, 27, 38, 48, 140
　　ユーザ空間へのアタッチ　　　127-128
ドロップカウンタ（drop counter）　　　24
トンネル（tunnel）　　　　　　　157-160
　　軽量　　　　　　　　　　　　132
　　セキュア　　　　　　　　　　160

な行

ネットワーク（networking）
　　eBPF　　　　　　　　　　137-161
　　eBPFプログラムタイプ　　　129-133
　　KubernetesとeBPF　　　　153-161
　　XDPオフローディング　　　　　145
　　セキュリティ　　　　　　　　174
　　トラフィックコントロール　　146-150
　　ネットワークセキュリティ　　138-142
　　パケットの暗号化と復号　　　150-153
　　パケットのドロップ　　　　　138-142

　　ポリシーの強制　　　　　　　158
　　ロードバランサーとパケットの転送　142-145
ネットワークインタフェース（network interface）
　　「Hello World」プログラム　　38-39
　　プログラムのデタッチ　　　　　50
ネットワークセキュリティ（network security）150-153, 174
　　パケットの暗号化と復号　　　150-153
　　パケットのドロップ　　　　　138-142
ネットワークプログラムタイプ
　（networking program type）　129-133
　　cgroup　　　　　　　　　　133
　　XDP　　　　　　　　　　　131
　　軽量トンネリング　　　　　　132
　　赤外線コントローラ　　　　　133
　　ソケット　　　　　　　　　　131
　　トラフィックコントロール　　　131
　　トレーシング関連のタイプとの違い　130
　　フローディセクタ　　　　　　132

は行

バイトコード（bytecode）
　　JITコンパイルされた機械語　　　45
　　翻訳後　　　　　　　　　　　44
パケット処理（packet processing）　　38
パケットのドロップ（packet drop）　138-142
　　XDPパケットのパース　　　139-142
　　XDPプログラムの戻り値　　　　138
ハッシュテーブルMap（hash table map）21-23
ピン留め（pinning）　　　　　　　　62
ファイアウォール（firewalling）
　　定義　　　　　　　　　　　　138
　　ネットワークポリシーの強制　　158
ファイル記述子（file descriptor）　　59
複雑性の制限（complexity limit）　　　4
フレームポインタ（frame pointer）　　110
フローディセクタ（flow dissector）　　132
プログラミング（programming）　175-191
　　BCC Python/Lua/C++　　179-181
　　bpftrace　　　　　　　　175-178
　　Cとlibbpf　　　　　　　181-182
　　Go言語　　　　　　　　　182
　　Rust　　　　　　　　　186-189
　　カーネル向けeBPFのための言語の選択肢　178-179
　　テスト　　　　　　　　　　189

　　複数のBPFプログラム ⋯⋯⋯⋯⋯ 189
プログラム（program） ⋯⋯⋯⋯⋯⋯⋯ 35-54
　　BPF to BPF Call ⋯⋯⋯⋯⋯⋯⋯⋯ 51-52
　　bpf() システムコールでロード ⋯⋯⋯ 60
　　BTFデータの調査 ⋯⋯⋯⋯⋯⋯⋯⋯ 84
　　eBPFオブジェクトファイルの確認 ⋯ 40-42
　　eBPFオブジェクトファイルのコンパイル ⋯ 39-40
　　eBPF仮想マシン ⋯⋯⋯⋯⋯⋯⋯⋯ 35-37
　　kfuncs ⋯⋯⋯⋯⋯⋯⋯⋯⋯⋯⋯⋯ 121
　　kprobeイベントへのアタッチ ⋯⋯⋯ 65
　　Tail Call ⋯⋯⋯⋯⋯⋯⋯⋯⋯⋯ 29-33
　　アタッチメントタイプ ⋯⋯⋯⋯ 119-135
　　アンロード ⋯⋯⋯⋯⋯⋯⋯⋯⋯⋯⋯ 51
　　イベントへアタッチ ⋯⋯⋯⋯⋯⋯ 46-48
　　カーネルから削除 ⋯⋯⋯⋯⋯⋯⋯⋯ 51
　　カーネルへのロード ⋯⋯⋯⋯⋯⋯⋯ 42
　　グローバル変数 ⋯⋯⋯⋯⋯⋯⋯⋯ 48-50
　　高性能 ⋯⋯⋯⋯⋯⋯⋯⋯⋯⋯⋯⋯ 10
　　コンテキスト引数 ⋯⋯⋯⋯⋯⋯⋯ 120
　　仕組み ⋯⋯⋯⋯⋯⋯⋯⋯⋯⋯⋯ 35-54
　　実行完了の保証 ⋯⋯⋯⋯⋯⋯⋯⋯ 114
　　セクション ⋯⋯⋯⋯⋯⋯⋯⋯⋯ 89-91
　　タグ ⋯⋯⋯⋯⋯⋯⋯⋯⋯⋯⋯⋯⋯ 44
　　動的ロード ⋯⋯⋯⋯⋯⋯⋯⋯⋯⋯⋯ 9
　　トレーシング ⋯⋯⋯⋯⋯⋯⋯⋯ 121-129
　　ネットワークインタフェースからのデタッチ ⋯ 50
　　ネットワークタイプ ⋯⋯⋯⋯⋯ 129-133
　　ヘルパ関数と戻り値 ⋯⋯⋯⋯⋯⋯ 120
　　ロードしたプログラムの確認 ⋯⋯⋯ 42-46
ヘッダファイル（header file） ⋯⋯⋯⋯ 38
　　CO-RE eBPFプログラム ⋯⋯⋯⋯ 86-88
　　libbpfからのヘッダ ⋯⋯⋯⋯⋯⋯⋯ 87
　　アプリケーション固有のヘッダ ⋯⋯ 87-88
　　カーネルヘッダ ⋯⋯⋯⋯⋯⋯⋯⋯⋯ 87
　　カーネルヘッダファイルの生成 ⋯⋯ 85-86
ヘルパ関数（helper function） ⋯⋯⋯ 120

ま行

命令（instruction）
　　eBPF仮想マシン ⋯⋯⋯⋯⋯⋯⋯ 35-37
　　検証器による到達不可能な命令の確認 ⋯ 116
　　検証器による不正な命令コードの確認 ⋯ 116
　　複雑性の制限 ⋯⋯⋯⋯⋯⋯⋯⋯⋯⋯ 4

メモリアクセス（memory access）
　　CO-REを用いた ⋯⋯⋯⋯⋯⋯⋯ 91-92
　　検証器による確認 ⋯⋯⋯⋯⋯ 110-113
　　カーネル ⋯⋯⋯⋯⋯⋯⋯⋯⋯⋯⋯⋯ 8
戻り値（return code）
　　XDPプログラムの戻り値 ⋯⋯⋯⋯ 138
　　検証器による確認 ⋯⋯⋯⋯⋯⋯⋯ 116
　　プログラムタイプ ⋯⋯⋯⋯⋯⋯⋯ 120

や行

ユーザ空間（user space）
　　CO-RE ⋯⋯⋯⋯⋯⋯⋯⋯⋯⋯⋯⋯ 96
　　libbpfライブラリ ⋯⋯⋯⋯⋯⋯ 96-101
　　SSLライブラリ ⋯⋯⋯⋯⋯⋯⋯ 150-153
　　イベント ⋯⋯⋯⋯⋯⋯⋯⋯⋯ 127-128
　　カーネル ⋯⋯⋯⋯⋯⋯⋯⋯⋯⋯⋯ 4-5
予防的セキュリティ（preventative security） ⋯⋯ 172-174

ら行

ライセンス（licenses）
　　CO-RE ⋯⋯⋯⋯⋯⋯⋯⋯⋯⋯⋯ 92-93
　　eBPF検証器 ⋯⋯⋯⋯⋯⋯⋯⋯⋯ 110
リターンコード（return code） ⋯⋯⋯ 戻り値を参照
リングバッファ（ring buffer） ⋯⋯⋯⋯ 67-69
　　Perfリングバッファとの違い ⋯⋯ 23, 67
　　基本 ⋯⋯⋯⋯⋯⋯⋯⋯⋯⋯⋯⋯⋯ 23
　　ドロップカウンタ ⋯⋯⋯⋯⋯⋯⋯⋯ 24
リングバッファ Map（ring buffer map） ⋯ 23
ロードバランシング（load balancing） ⋯ 142-145
　　kube-proxy ⋯⋯⋯⋯⋯⋯⋯⋯⋯⋯ 156
　　検証器 ⋯⋯⋯⋯⋯⋯⋯⋯⋯⋯ 105-107

わ行

ワイド命令エンコーディング
　（wide instruction encoding） ⋯⋯⋯ 37, 41

著者紹介

Liz Rice（リズ・ライス）

Isovalent社のeBPFエキスパート、COO（チーフオープンソースオフィサー）。Ciliumのクラウドネイティブネットワーク、セキュリティ、オブザーバビリティプロジェクトの開発者。CNCFの運営委員会、OpenUKの理事、2019-2022年のCNCFの技術監視委員会の議長、2018年のKubeCon+CloudNativeConの共同議長を務めた。O'Reillyの「Container Security」（日本語版はインプレス『コンテナセキュリティ』）の著者でもある。ネットワークプロトコル、分散システム、デジタル技術（VOD、音楽、VoIPなど）の分野で、ソフトウェア開発、チーム、プロダクトマネジメントの豊富な経験を持つ。

コードを書いていないとき、話していないときは、生まれ故郷のロンドンよりも気候の良い場所でバイクに乗るのが大好き。Zwiftでバーチャルレースに参戦し、Insider Nineという名義で音楽活動をしている。

訳者紹介

武内 覚（たけうち さとる）

2005年から2017年まで、富士通（株）においてエンタープライズ向けLinux、とくにカーネルの開発、サポートに従事。2017年からサイボウズ（株）技術顧問。2018年、サイボウズ（株）に入社。cybozu.comの新インフラのストレージ開発に従事。これまでに「［試して理解］Linuxのしくみ—実験と図解で学ぶOS、仮想マシン、コンテナの基礎知識【増補改訂版】」（技術評論社）を執筆。共訳書に『入門 モダンLinux』（オライリー・ジャパン）がある。

近藤 宇智朗（こんどう うちお）

ECサービス、オンラインゲーム、ホスティング系の基盤開発、データ基盤開発などを経て、2022年から（株）ミラティブに入社。インフラ・ストリーミングチームに所属し、ミドルウェアから下のソフトウェア開発・運用に従事する。BCCのRubyバインディングであるRbBCCを開発するなど、eBPFを現場で使うツール類やノウハウを追求している。著書に『Webで使えるmrubyシステムプログラミング入門』（C&R研究所）ほか。

査読協力

大岩 尚宏（おおいわ なおひろ）、武内 祐子（たけうち ゆうこ）、鳥井 雪（とりい ゆき）、多田 健太（ただ けんた）、森田 浩平（もりた こうへい）

入門 eBPF
——Linuxカーネルの可視化と機能拡張

2023年12月15日　初版第1刷発行

著　　　者	Liz Rice（リズ・ライス）	
訳　　　者	武内 覚（たけうち さとる）、近藤 宇智朗（こんどう うちお）	
発　行　人	ティム・オライリー	
制　　　作	スタヂオ・ポップ	
印刷・製本	日経印刷株式会社	
発　行　所	株式会社オライリー・ジャパン	
	〒160-0002　東京都新宿区四谷坂町12番22号	
	TEL　（03）3356-5227	
	FAX　（03）3356-5263	
	電子メール　japan@oreilly.co.jp	
発　売　元	株式会社オーム社	
	〒101-8460　東京都千代田区神田錦町3-1	
	TEL　（03）3233-0641（代表）	
	FAX　（03）3233-3440	

Printed in Japan （ISBN978-4-8144-0056-0）
落丁、乱丁の際はお取り替えいたします。